A Reporter's Personal Journey
into the World of Egg Freezing and the
Quest to Control Our Fertility

The Big Freeze

Natalie Lampert 娜塔莉・蘭珀特
蔡丹婷 譯

獻給所有因卵巢而面臨不確定性及相關問題的人

年輕時我曾以為生活是我在控制和主導的。現在我只覺得：我們真是亂七八糟，有這麼多彼此矛盾的衝動，有這麼多關於自己的事我們永遠無法完全了解。

——英國女作家莎娣・史密斯（Zadie Smith），
《Lenny Letter》採訪，2017 年 12 月

我們都是 yes。我們足夠有價值，我們通過了審查，我們在胚胎期卵母細胞大規模滅絕中倖存。至少從這個意義上來說——姑且稱之為機械精神意義——我們都是天生注定。我們都是好卵，每個人都是。

——娜塔莉・安吉爾（Natalie Angier），
《女身：最私密的身體地理學》（*Woman: An Intimate Geography*）

目次

作者註記   7

序   這一路，我和我僅存的卵巢結伴同行   9

第一部   諮詢

第一章   **年輕、豐饒且美好**   15
走進未來／手術、金礦以及為何要說這個故事／如履薄冰

第二章   **親密地理學**   35
「子宮頸是什麼？」／卵子與女性性腺：入門課／
第一次凍卵約診

第三章   **卵子冷凍的興起**   57
自己身體的主人／卵子冷凍登場／顛覆局面推力1：
玻璃化冷凍／顛覆局面推力2：不再是實驗性的／
顛覆局面推力3：蘋果與Facebook／優點和缺點

第二部   培訓

第四章   **駭用荷爾蒙**   84
蕾咪：冷凍卵子培訓／避孕藥的功效──
以及意想不到的後果／蕾咪：小心輕放

第五章	**女性為何冷凍卵子**	112
	第二次凍卵約診／曼蒂:「定時炸彈」／希望與心碎	
第六章	**生育力最佳化**	137
	色必發或巴斯特／「月經的智慧追蹤裝置」: 生育追蹤器的興起／私人小革命:荷爾蒙檢測的真相／ 蕾咪:打針、打針、打更多針	
第七章	**不是我們的身體、不是我們自己**	177
	恥辱與汙名／知識差距／近看凍卵／搖擺不定	

第三部　刺激

第八章	**預備、開始、破卵針**	203
	蕾咪:讓卵子來吧／勾選完成的方框與渴望／ 卵子冷凍有用嗎?／生育力智商	
第九章	**女性科技革命**	230
	卵子冷凍,商品化／「保證生子,否則退款」:凍卵費用／ 當胚胎銷毀遇上反墮胎／拒之門外	
第十章	**超速運轉的卵巢**	262
	蘿倫:柳菩林驚魂記／生育藥物:真實本質／ 「沒有已知風險」和其他半真半假的說法	

第四部　取卵

第十一章　疤痕組織 … 286
讓卵子與精子結合／無處可依／曼蒂：有韌性的卵巢／
心碎、注射荷爾蒙和計劃改變

第十二章　生育力產業複合體 … 310
可愛的露易絲／金錢、行銷和醫藥：一場完美風暴／
曲折的情節，糾結的網

第十三章　遠大卵程 … 327
蕾咪：不眠夜和17顆卵子／心靈的平靜與控制的幻覺／
親職經濟學／那個小卵巢……會不會？

第五部　凍卵

第十四章　無活性 … 351
儲罐故障與隱患／生殖疏忽／你的卵子仍在冰封中／
全在一個籃子裡

第十五章　重新想像生殖 … 381
無法想像／生育之地／醫學、道德以及對親職的追求

第十六章　一名記者和她的卵巢 … 405
走進過去／變樣的故事／11個美麗的卵泡

致謝 … 425

作者註記

關於這份報導

　　這本著作不是虛構故事,所有人名都是真實的,如有使用化名會在註腳中標明,並在書後的註釋中提供解釋。雖然為了篇幅,我不得不省略一些人物和細節,但絕無編造的人物或事件;而且只有在不影響故事真實性或實質內容的情況下,我才會加以省略。

　　這本書主要由訪談和研究構成,大多數場景和對話都來自我親身所見所聞。書中偶爾會描述我未能親自在場的事件,這時我會諮詢他人並查閱大量紀錄。為了寫這本書,我展開沉浸式的第一人稱探索,倚仗日記和醫療紀錄,以及我自己和他人的記憶。當然,記憶可能會出錯;我只能盡力而為。

　　註釋部分旨在提供相關研究、統計數據和主題領域的詳細信息,並指引讀者尋訪公開可用的資源。

關於局限的語言和觀點

我的目標是呈現以人物為主的當代凍卵現狀敘事。書中討論的大部分研究都集中在異性戀、白人、順性別（cisgender）女性的經驗上，因為她們是目前構成這一現狀的主要群體——儘管她們絕不是唯一使用和（或）需要人工生殖技術（assisted reproductive technology, ART）的人。LGBTQ+族群、同性伴侶、單親父母，以及其他許多有別於傳統男女關係者，如果想要下一代，通常也都要依靠生育治療來實現。

在本書中，我使用「女性」和「女人」這兩個詞指稱具有卵巢的人，儘管並非所有具內生殖器者都認為自己是女性或女人；「男性」和「男人」也是同樣情形。性別是一道光譜，擁有卵巢的人包括跨性別、非二元性別、雙性、性別不一致、性別酷兒和無性別。

黑人、原住民和有色人種女性，通常較難接觸到生育治療和技術，這是美國生殖保健中種族和民族不平等現象更廣泛且不公平的表現。本書的主角之一曼蒂是亞裔美國人，我希望讀者，特別是有色人種的女性讀者，能從她的凍卵經驗中看到自己。

我很清楚這份報導以及書中描述的研究和發現有其局限。更重要的是，我承認這本書無法涵蓋有卵巢的人可能經歷的所有複雜情況。無論你的身分認同為何，無論你是否有卵巢和卵子，我都希望這本書能讓你有所收穫。

序

這一路，我和我僅存的卵巢結伴同行

這不是我原本想寫的書。

我在 20 多歲時開始動筆寫這本書，現在我邁入 30 歲了，當時根本想不到在這段期間會發生什麼事。對許多人來說，即使在正常情況下，20 歲後半和 30 歲初期也是動盪而易感的時期，對我來說當然也是如此，儘管有時我的情況絕對不尋常。

一個我特有、這些年來都沒有改變的不尋常情況是，我只有一個卵巢，原因之後我會再解釋。現在提到這一點，是因為當初醫生建議我冷凍卵子以保留生育能力，結果這件事在近五年中占據了我大部分的心神。這種困境成為我深入研究的主要動力，進而催生了這本書。

正如書中所記錄的，我的生活一直在變化，這反過來又改變了本書的最終面貌。一開始是對卵子冷凍和生殖技術的簡單調查，後來演變成一本關於控制的書。關於我們——女性、人類、我們所有人，試圖控制什麼，為什麼我們要這樣做，以及

我們最終能控制的其實比以為的要少得多。即使我們試圖相信或冷凍它，或以其他方式獲取。

在第一個透過體外人工受精（IVF）受孕的「試管嬰兒」誕生近半個世紀後，三分之一的美國成年人表示，他們自己或認識的人曾使用生育治療嘗試生子。[1] 能成功冷凍卵子是生殖醫學最偉大的成就之一，在 21 世紀的前 20 年裡，冷凍卵子在人類體外受孕過程中的地位不可小覷。曾經的科幻小說情節，現在成了科學：生育能力可以凍結保存。如同體外受精，卵子冷凍正成為人口結構巨大轉變的一環，也就是推遲生育的全球趨勢，尤其是在富裕階層。另一方面，隨著愈來愈多男性考慮保留生育能力，精子冷凍也在不斷增長。[2] 我們結婚生子的年紀愈來愈晚，而凍卵可以讓女性在自覺適合的時間親自生下孩子。至少說是這麼說，而有愈來愈多的女性相信了這件事。

我們擁有子宮，卻沒有所有權

在美國歷史上的大部分時間裡，許多女性對自己的身體沒有合法權利，而我們至今仍在承受可怕的後遺症。如今美國有關墮胎的衝突，證明了有多少人仍然相信女性的子宮應該屬於政府。同時，我們所生活的時代又重視最佳化和掌控，而女性應該掌控自己未來生育能力的這種想法，即使她的生育權利目前還不穩定，對許多人來說，已經成為現代女性的重要信念。

想要掌控生育能力的壓力，有助於解釋卵子冷凍的快速成長，以及為什麼它已成為某些女性群體主流、可行的選擇。希

冀「全都要」的女性,把這看成可行的最佳技術解決方案。從會議室到臥室,卵子冷凍被吹捧為征服生理時鐘最直接有效的方法。愈來愈多雇主將涵蓋這類手術費用作為職場福利,名人對其歌頌有加。我們之間多數人都有認識的人去凍卵,或是曾在社交媒體上看到相關廣告,甚至在最喜歡的電視節目中看過類似情節。即使我們只是聽說過冷凍卵子,也知道它對女性打著什麼號召:對生育力握有更多自主權,規劃家庭時更有彈性、更多選擇、更多掌控。

是否該冷凍卵子的思慮,將我帶往生育的前線——未來女性生殖自主權的最前線。我打算竭盡所能了解人工生殖技術的最新發展,以及這些發展如何影響我未來的選擇。當時的我是心懷使命的年輕記者,決心挖掘出我和許多女性對此一無所知的資訊。

一路走來,我造訪了世界著名的生殖診所,旁聽了高中性教育課程,也探查過實驗室內的培養皿。我參加了卵子冷凍聚會和醫學會議,訪問了數十位生殖內分泌科醫師和生育專家,追蹤了一些年輕女性凍卵和選擇不凍卵的經歷。我拜訪了科學家和新創公司創辦人、胚胎學家和倫理學家、臨床醫生和企業主管。我請教了專門研究生殖創傷的治療師,和專門研究生殖權利的律師。我甚至與世界上第一個試管嬰兒露易絲·布朗(Louise Brown)坐下來聊過,她向我一一展示她的12個紋身,我們還談論了經痛、炸魚薯條和分娩。

這關乎每個人誕生的自由與選擇

　　當我決定研究卵子冷凍的科學時，原本希望這些探索能告訴我該如何選擇。我的確因此做出了決定——但不是以我預期的方式。我花了數年時間，才得出之後我寫在書中的結論。有些是明確且令人滿意的，其他的則比較模糊，因為我們對卵子冷凍仍然有不了解的地方，而且近期內也無法了解。我寫這本書，是為了將我們目前掌握的，所有關於卵子冷凍的資訊集於一處，讓大家更容易了解。

　　我翻找了很多石頭後才走到這裡，臉上沾著泥直起身來，拍掉手上的灰土，開口說：「好吧，事情是這樣的。」現在我知道要問什麼問題，以及向誰提出這些問題。我花了很長一段時間屏息以待，想知道卵子冷凍這項令人難以置信的技術，以及其背後利潤豐厚的產業，是否能夠兌現其承諾。我在漫長艱辛的摸索中探尋答案。為了自己，也為了你。在這個過程中我逐漸意識到，我的使命有兩個密不可分的目標。在了解所有事實之前，我無法決定是否要冷凍卵子。除非我親身投入，並且開誠布公說明，為什麼做出這個選擇，會變得如此困難。諷刺的是，一開始我以為很容易，否則我無法幫助女性認清，並提出有關卵子冷凍的正確問題。我的探索變成了一股雙螺旋，將新聞客觀性與個人利益交織在一起，因為我決心為你探索真相，並試圖為自己做出決定。最終，我所發現的答案，促使我從完全不同的角度和全新的眼光，去思考我的問題以及所有線索。事實上，無論是在新聞業還是在生活中，這樣的轉變比比

皆是。

　　我走得愈遠，我的報導就愈是深入到鮮為人知的世界，其中醫學、政治、商業、技術和性糾結交錯。這是一個女性以及關心女性的人，都應該了解的世界。因此，這本書不僅僅是我尋找答案的成果，也是一個探索生育未來的故事，而故事的背景是生殖權利被廢除、女性自由被剝奪。身為女性和記者，我發現最重要的事實是：對於擁有卵巢的人來說，了解自己的身體、了解能有的選擇和了解生殖自主權以及了解威脅這一切的勢力，從未如此重要。

　　不過，一開始出發時我只有一些簡單的想法，口袋裡裝著筆記本，耳後夾著一支筆，一手拿著象徵「記者」的隱喻帽子，另一隻手拿著象徵「女人」的隱喻帽子。我和我的一個卵巢孤身上路，並為此傾盡所有。

第一部

諮詢

第一章

年輕、豐饒且美好

走進未來

我和生育未來的正式接觸來自卵子銀行——EggBanxx，這是一家新創公司，為潛在客戶提供冷凍卵子的融資選擇。一個九月初的下午，我在推特（Twitter）上看到一則資訊，在曼哈頓下城將舉辦一場名為「清涼一下」的活動。由 EggBanxx 主辦，主旨是讓女性聚在一起學習凍卵相關知識，同時用可口的雞尾酒緩解她們的焦慮。其實我不太清楚活動內容，但還是上網報名了活動，並立即收到一封確認信，這封電子邀請函上面寫著：別再揮汗在夏日豔陽下尋找真命天子！秋天到了，聰明的女性將在明晚的 EggBanxx 派對上清涼一下！我們希望您能像我們一樣期待，一邊啜飲我們的特調雞尾酒，一邊談論三件事：樂趣、生育力和冷凍！我之所以報名僅僅是出自無聊的好奇心。生育能力——尤其是我的卵子和唯一的卵巢，最近一

直令我掛心。

第二天晚上，我前往克羅斯比街酒店（Crosby Street Hotel）一探究竟。

「女士們，你們年輕、豐饒而且美好！」活動現場的生殖內分泌學家陳（Serena Chen）這樣說。她對著一群迷人的與會者微笑，一身白袍和一頭柔順的黑髮散發著權威。我周圍一百多個女人吃著爆米花，拿著裝滿覆盆子的香檳酒杯。有幾個女人直直坐著，一臉期待……期待什麼？我不清楚。大多數人看起來都在三、四十歲左右，衣著時尚，膚色晒得健美，秀髮吹得柔順。放眼望去都是閃閃發光的鑽戒和名牌包，感覺就像是《慾望城市》（Sex and the City）中的場景。而我則是背著背包——我剛到紐約大學讀研究所——而且可能是房間裡最年輕的，和大家至少差了五歲。

那時是 2014 年，才成立沒幾年的 EggBanxx 因為一系列時髦的雞尾酒會在紐約備受矚目。EggBanxx 在最先進的生殖治療市場上，充當醫生和患者之間的媒人。EggBanxx 創辦人巴塔西（Gina Bartasi）在《華盛頓郵報》（Washington Post）的一篇文章中表示：「我們將來會像 Uber 一樣，只是媒合的是冷凍卵子。」[1] 作為生殖行銷領域的先驅，EggBanxx（兩個 x 代表女性染色體）與生殖科醫生協商，為患者提供更低的治療價格，並向想要冷凍卵子的女性提供折扣和低利率貸款。「我們知道千禧世代不喜歡支付零售費用，」當時擔任 EggBanxx 患者護理總監的帕倫博（Jennifer Palumbo）在接受採訪時告訴我。帕倫博在三十多歲時一直苦於不孕症，她到 EggBanxx 任

職前就已經冷凍了自己的卵子。巴塔西同樣難以自然受孕，她的雙胞胎兒子是後來透過體外受精得來的，即讓精子和卵子在實驗室中融合成胚胎，再植入女性的子宮。

那場簡報進行到一半時，聽眾都已全神貫注，完全忘了雞尾酒。我環顧四周，有部分的我感到格格不入，但我的子宮又讓我有歸屬感，就好像它讓我擁有進入某種女士限定俱樂部的門票。

你可以為「你的」卵子買一張機票

在紐約市初秋的這個夜晚，一群女性齊聚一堂，聽幾位生殖科醫生談論我們的卵子。這一切有著一種隱隱令人愉悅的古怪。我在筆記本上寫下以前從未聽過的字詞：解凍資料、脫水方案、自體循環。在頁邊空白處，我記下一些有待釐清的地方：胚胎＝受精卵，是嗎？更換講者時，房間裡充斥著低低的交談聲。我感受到空氣中瀰漫著一股同在一條船上的戰友情，上次我有這種感覺時還是大一的迎新活動。

陳博士放完最後一張投影片，開始回答問題。有人問，如果女性凍卵後自然懷孕，是否有任何退款政策。陳博士回答說沒有。更多人舉起手來。「我不太確定該怎麼說，」後面一位女士說道。「如果你的卵子……被煮了（亦指被盜）怎麼辦？」大家哄堂大笑。我也笑了，但這句俏皮話讓我頓了一下。我們這是把烹飪比喻用在未來可能有的孩子身上嗎？

我舉起了手。幾分鐘後——這個場地很大，又有好幾個問

第一章　年輕、豐饒且美好　　17

題獲得解答後才輪到我,有人遞給我麥克風。「嗨,」我說,「我叫娜塔莉,今年 25 歲,我想知道如果我五年或十年後住在比如說南太平洋,想要生兒育女,但我的冷凍卵子在紐約這裡,那該怎麼辦?」

「等你弄清楚自己身在何處,決定好你想做什麼,我們可以把卵子寄給你,」陳博士回答,「卵子會裝在液態氮容器中運送,然後嘛,希望它們不會被落在碼頭上⋯⋯」我旁邊的幾個女人咯咯地笑起來。陳博士接著說:「但如果是要運送卵子等貴重物品,我們通常建議你為卵子買張機票,把它們帶到你要去的地方。」房間裡的幾位女性都點了點頭,似乎覺得陳博士的回答很有道理。我無言以對,只能坐下,把麥克風遞出去。好像注射價值數千美元荷爾蒙所造成的經濟負擔還不夠重,現在我還得算上自己卵子的機票費用?

我原本希望關於後勤的詢問能夠得到一個簡單的答案,至少在所有關於黏度和解凍資料的討論中,能有一個令人安心又直接的回答。但也難怪我們的問題有時過於輕率,即使出於善意,都夾雜著尷尬的隱喻:我們無法完全理解幻燈片或這些博士告訴我們的內容。我們試著用笑聲掩飾自己的無知和不適,就像我們在性教育課看到放大的陰莖圖片時偷笑一樣。那時,我們坐在教室的硬椅子上,或是盤腿坐在冰冷的體育館地板;現在,則是坐著高級座椅、腳蹬高跟鞋,一條腿穩穩地搭在另一條腿上。年長和成熟並沒有改變這個事實:我們之中許多人現在和當時一樣懵懵懂懂──並且同樣渴望遮掩我們其實不懂。我意識到,我和這些女人唯一的差別就是,十年歲月和一

個背包。和她們一樣,這項令人興奮的技術和將生殖生物學問題掌握在自己手中的想法,讓我感到眼花撩亂。但也有一種不安感,一種痛苦的感覺,我和這些女人,在某個時刻錯過了機會,就好像我們在看電影時眼睛移開了一下,結果錯過了關鍵情節。

幻燈片繼續播放;其他生殖專家陸續上台。其中一位要求我們在推特上關注她。這場演講以陳博士的「認清現實」喊話作為結束。「除了坐在後面那位 25 歲的,」她一邊對眾人搖著手指,一邊語帶警告地說,「各位女士,你們所有人的卵子都老了。」

不那麼豐饒又美好了。

會後,聽眾和講者在大廳中三三兩兩聚在一起,手裡拿著新的飲料。我退到酒吧的一角,腦袋嗡嗡作響。在後來的日子裡,隨著我掛心多年前醫生給我的凍卵建議,以及我對生殖基礎知識的疑問愈來愈多,我把這一夜視為我尋求資訊的正式起點。那一夜即將結束時,我遇到一位生殖科醫生,她在聽完我的故事並詢問我的年齡後,將一張名片塞到我手裡,讓我打電話給她的診所預約。我走出去的時候,一位 EggBanxx 專員遞給我一個禮品袋。裡面有一個檸檬綠的杯子和一把巧克力蛋,中間夾著一張價值一千美元的折價券,可以用於凍卵療程。

我準備啟程。

手術、金礦以及為何要說這個故事

在我參加 EggBanxx 晚會的四年前，發生了兩件大事，讓我開始走上一條面對自己生育能力的道路。

在那個微風吹拂的炎熱初夏，20 歲的我剛從大學回到家，有一天早上吃完早餐後，我的左下腹開始疼痛。下午三點左右，我整個人蜷縮在浴室地板上，噁心得頭暈目眩。疼痛從我的骨盆蔓延到胸部下緣，愈來愈尖銳深入。我爸爸坐在浴缸邊，用一條濕毛巾貼著我的額頭。他輕聲說：「我們得去醫院。」我攀著浴缸撐起身來。坐上救護車又換了兩個急診室後，我仰躺在檢查室裡，雙腳撐在金屬馬鐙上。只有我一個人，還有兩名男醫生用手電筒探看我的雙腿之間。一隻戴著手套的手按住我的膝蓋，兩名醫生輪流把手伸進我的體內，試圖找出問題所在。淚水從我的眼角滑落到耳朵和頭髮。在醫生挖掘答案的同時，我瞪著刺眼的日光燈，努力不要因為身側的劇痛和醫生手指的戳刺而哭出聲來。

凌晨三點左右，診斷出來了：左側卵巢，出血性五公分黃體囊腫，全附屬器官雙蒂扭轉。我左側卵巢上的一個良性腫塊內部出血。更糟的是，膜囊（membranous sac）的重量導致卵巢相對於支撐組織扭轉。輸卵管也像扭結的澆花水管一樣扭曲，阻礙血液流向附近器官並引起劇烈疼痛。醫生嘗試將我的卵巢復位，如果他們失敗了，我就會失去它。

卵巢釋放卵子；卵子變成寶寶。正常的女性解剖結構包括兩個卵巢，但我並不正常。在我 12 歲的時候，醫生進行了緊

急手術，切除了我的右側卵巢和輸卵管：多個過度生長的囊腫（與現在引起問題的囊腫不同），使我的卵巢腫脹到兩倍大，導致它相對於卵巢韌帶扭轉了一圈，完全切斷了血液供應，扼殺了我的卵巢。近十年後，因為不同的病因，我有可能接著失去左邊那個，和其中僅剩的一半卵子，以及我生育親生孩子的能力。對一個12歲的女孩來說，這種威脅意義不大。對於一名半裸著躺在手術台上、讓護理師為她剃陰毛的20歲女性來說，這關係重大。

我內心篤定的事情不太多，但從我記事以來，就確信自己想要體驗懷孕、生產和養育孩子。我並不是幻想成為母親是一項簡單或總是幸福的事。我懂，就和只差親為人母的人所能懂的一樣多。而且母親身分，是我人生待辦事項清單上唯一不容分說的項目。然而，自從開始有性事以來，我對自己懷孕能力的唯一關切就是抑制它。「生育力」是未來才會用到的字眼。至少到現在為止都是如此。

但躺在冰冷的手術室裡時，我沒有想到孩子或生物學。在手術前那幾分鐘，我感到赤裸無助，魂不守舍。我的身體最近剛擺脫青春期後的青少年時期，正在經歷各種變化，這讓我對它的關注有所不同，而現在它卻背叛我。這是一種我從未有過、原始的、血淋淋的無力感。

來自專業的評估──凍卵

手術後，當我睜開眼睛，媽媽就站在我的病床旁。她捏了

捏我的手，在我的大腦還來不及拼湊出問題之前，就回答了：醫生救了我的卵巢和輸卵管，我還可以有自己的孩子。

之後我在醫院住了一個星期。醫生說我的卵巢扭轉所引發的疼痛，比生產時的疼痛還要劇烈。聽到這裡，我媽媽睜大了眼睛——她已經生過三次，所以她能體會。但對我來說，聽到我的痛苦被拿來對比，改變不了它曾經有多痛苦，也影響不了我仍然有多痛。我用手指摸過恥骨上方腫脹的紅色傷口，那裡的皮膚開始結痂變硬，之後會慢慢變成一道約 7.5 公分長的蒼白疤痕，除了我之外幾乎不會有人注意到。在手術後的幾天裡，我仍然很難理解一個核桃大小的器官，為何會引起這麼多的痛苦和麻煩。但預後看起來不錯：我僅剩的一個卵巢現在狀況良好。然而，當醫生得知我渴望有一天擁有親生孩子時，他們建議我考慮凍卵。我點點頭，儘管不明白這是什麼意思。

幾個月後，我開始上大四。我僅剩的卵巢復原得很好，但醫生建議我凍卵的話仍然縈繞在我的腦海裡。我想要聽聽第二意見。因此，某一天下課後，我坐在學生會裡，打開筆記型電腦，在 Google 搜尋欄輸入「在我附近的卵子冷凍」。幾週後，我翹掉了經濟學，到鄰鎮的生育診所看診。一位朋友知道我沒車，好心地提議開車送我。到了診所，護理師把我帶到檢查室，要我換上一件有圖案的病患服。我躺在診療台上，緊握雙拳，生殖內分泌科醫生檢查我的雙腿之間，將一根塗有冷凝膠的經陰道超音波探頭在我體內從左向右移動。在我左邊的螢幕上，醫生指著我的卵巢笑了笑。

「娜塔莉，你有一個可愛的卵巢，」她說。這是我收過

最好的讚美之一。「卵子冷凍技術現在還非常新而且具實驗性，」醫生繼續說道。「你還年輕。你的卵巢很健康——很可愛。」她再次說道，看我臉紅她又笑了。「我認為你沒有必要現在冒這個險，以後也不一定需要。」

之後診所將那次看診的註記寄給我，部分內容如下：「我們討論了卵巢刺激卵母細胞冷凍保存」——即卵子冷凍——「這是實驗性的，而且價格昂貴，現在對她來說可能不是一個好選擇。未來幾年，可能有更多關於冷凍卵子的數據和懷孕率，她可以晚一點再做考慮。」檢查結束時，醫生告訴我，為了我的卵巢和未來的生育能力著想，我能做的最好的事就是立即重新服用避孕藥，持續服用直到我準備懷孕。兩年前我曾經服用，但現在不吃了。事實證明以我的特殊情況，突然停用荷爾蒙避孕藥是糟糕的舉動，稍後會再細說。

能有一套方案保護我的卵巢，讓我鬆了一口氣。我也很高興聽到醫生說不需要急著保存我的卵子。因此，我暫時放棄了冷凍卵子，並開開心心地再次開始抑制我的生育能力。

我們什麼時候會開始思考「生育」這件事？

我想要調查自己生育能力的第二個動力，比較沒那麼私人，更多的是專業考量。在差點失去第二個卵巢的前幾個月，在大三時我出國留學了一個學期，到迦納（Ghana）當交換學生。我帶著打開眼界的心情到了西非，又帶著成為記者的強烈願望離開。

在迦納的首都阿克拉當地大學的課間，我搭乘巴士前往幾個小時車程外的多處金礦，為我的學士論文進行田野調查。我的論文主題，是探討採礦業對迦納西部低度開發社區的影響。[2] 我成天泡在文獻中，那些文獻描述困擾許多非洲國家的資源詛咒。迦納的礦產成長是國家發展的重要推動力，提振著經濟，而迦納最近發現大量石油，導致政府授予多家國際公司開採權。換句話說，迦納正在向外國公司出售特許權（對自然資源的合法所有權），以便在資源特別豐富的西部地區建立採礦作業。迦納西部石油和礦產的產地，也是許多貧困加納人的居住地，然而這些農民根本不知道自己住在名副其實的金礦上因此這些較貧困的社區也沒有因此得到好處。我請一位迦納朋友跟我一起去普雷斯特亞（Prestea），那是阿克拉西部的礦業小鎮。這位朋友會說當地的特維語（Twi），他是在採礦活動頻繁的地區長大的。多年後，我才知道這類人有個專門的新聞術語「Fixer」幫助安排訪問並陪同記者的當地人。但當時，我只是不想獨自前往。

歷經七個小時車程和換乘幾次巴士後，我們抵達普雷斯特亞。我採訪了幾位當地男子和他們的家庭成員，他們在大公司接管前在自己的社區裡爭先恐後地開採黃金。而他們的後院——他們的食物和生計來源，正被推土機和採礦過程摧毀。我記下筆記，拍攝因汞汙染而劣化的溪流，並尷尬地贈送禮物給村裡的長者，感謝他們允許我用一大堆問題騷擾村裡的人。

這是我初嘗報導、塵土和費時耗神的滋味。那時我還不知道新聞業的規則是什麼，不過相當肯定自己違反了不只一條。

結束漫長的一天時，我的大腦嗡嗡作響，手腳沾滿泥土，我感覺自己被某種無法清晰表達的東西攫住了。採訪結束後，一位赤裸著上身的礦工問我：「你願意幫忙說出我的故事嗎？」就是這個，我被迷住了。一種止不住的渴望湧上心頭——探索、揭露、講述重要的故事。並盡我所能，公正地複述。

大學畢業後，我獲得了傅爾布萊特獎學金（Fulbright scholarship），前往斯里蘭卡生活和教學。兩年後，我到紐約市讀研究所：在紐約大學修讀新聞學碩士課程。我夢想成為駐外記者或調查記者，記錄來自衝突地區的片段，或發現隱藏在一堆新解密文件中的關鍵事實。我確信，我會在這些地方找到被掩蓋的真相或被忽視的故事，寫出能改變人們理解世界方式的敘事。

就在我進入新聞學院的第一個月，我聽說了 EggBanxx 派對。這時我早就將當初醫生建議我考慮凍卵的事拋諸腦後，但仍然很好奇。我可以趁機了解更多資訊，並享受一杯免費的氣泡酒，也許還能遇到一、兩個我可以在報導的導論課程中採訪的消息來源。

這也是我開始意識到生殖現實的時刻。

我們對自己的身體所知甚少

傷口上的腫脹消退後，我一直在想，在失去一個卵巢和幾乎失去另一個卵巢之間的八年裡，我對自己的身體幾乎沒有更進一步的了解，更不用說去關心生育機率了。但隨著年齡增

長，我發現自己愈來愈擔心這些事。我對自己生育能力的感覺是，它顯然很脆弱，非常令人困惑，也許我應該多了解一點。我的手術讓我感到震驚又打起十分警惕，就像車禍後的人開始重視安全帶。我差點失去的東西很重要——我只是不太清楚為什麼。

20歲時，我對卵巢、保險套和性病已經有一些了解，再加上對月經和避孕藥的粗淺認知。但事實上，我對自己生殖系統的理解，仍停留在12歲。在我的成長過程中，父母沒有向我和兄弟姐妹隱瞞有關身體或性的資訊，但也從來沒有坐下來詳細談論。而我在學校學到有關性解剖學和生殖的知識，可以歸納為一句話：不要讓精子靠近你的卵子。訊息就是這樣，也是最重要的一點。在我開始有性事之前，我對這種行為的認知純粹是機械性的。我不記得曾參與過任何有關性快感、自慰或堅定拒絕的討論。

關於性別認同和性取向，我不是從基礎解剖學課程或坦率的對話中學到，而是從媒體、文化和自身經驗中獲得線索。我對自己身體和性別的認識——而且仍在認識中，是來自我的朋友；來自光鮮亮麗的女性雜誌；來自我 iPhone 上的應用程式；來自色情片；來自電影；最基礎的是來自我更小的時候，童年時讀過的《你的照顧與守護》（*The Care and Keeping of You*，暫譯），這是一本關於身體變化的美國女孩書。（我那本上面寫著：2000年復活節。給娜塔莉，在你的身體成長與變化的時刻。愛你的媽媽。）在我10幾歲和20多歲時，我從沒聽過子宮內膜異位症（endometriosis）、子宮肌瘤或多囊性

卵巢症侯群（polycystic ovary syndrome, PCOS），儘管這些病症非常普遍。沒有人對我講解過關於荷爾蒙或卵子品質的事；也沒有人向我解釋，女性在 35～40 歲之間，懷孕的能力會大幅下降，到了 45 歲時，生育能力就幾近於零。沒有人告訴過我，女性可以請醫生進行診斷檢測：檢查卵巢儲備、卵子的數量和品質等，以了解自己目前生育能力的概況，並推測未來可能狀況。

直到我們準備好為止

也許我以為身邊的成年人：父母、老師和其他人，會對這些事情有所了解，是個挺愚蠢的想法。或許我們多數人都對這些幾乎一無所知。只是因為 20 歲時的緊急手術，我被迫比大多數同齡人更早面對生殖健康問題。除了唯一的卵巢使我在生理上與一般女孩不同，我們在其他方面都相似；我在 12 歲和 20 歲時患上兩種不相關的卵巢囊腫，也可能發生在任何人身上。我有一個健康的卵巢，裡面有卵子，這就是我所需要的。卵巢和腎臟在這一點上是相似的：有一個就行了。現在，我剛告別二字頭，在研究過程中學到很多，多到足以讓我明白還有多少東西需要學習。

我終於意識到，在我開始研究生育能力之前，我一直生活在無知和沉默的巨大泡沫中。我所有朋友幾乎都是如此，美國和世界各地數百萬年輕女性也是如此。在這個泡沫裡，太多女性只是應付自己的身體，而不是真正去了解。不分種族、階級

或教育程度，都是如此。我們欠缺有關體內運作的重要資訊。我們把生殖健康和生育能力視為理所當然——因為沒有人告訴我們不應該這樣做。對於我認識的幾乎所有年輕、雄心勃勃的女性來說，推遲懷孕是一種信念，一種榮譽徽章。對我們許多人而言，從月經初次來潮到三十幾歲甚至 40 歲，懷孕是需要避免的事。我們宣稱不會讓人用生育能力來定義我們。身為這個世代的女性，我們從小就知道自己可以事業家庭兼得。我們可以嫁給自己的真愛。我們可以像男孩一樣盡情玩樂。而這些意味著我們當中許多人，決定直到 25 歲、32 歲或 38 歲之前，都不會懷孕並安定下來。孩子可以等一等——直到我們準備好。

如履薄冰

我成為記者時，心裡想的是我會在世界偏遠、陰暗的角落，找到最需要述說的故事。然而，令我驚訝的是，我意識到在我眼前就有一個大故事——在我以及其他許多女性的體內。原來卵子也有故事需要述說。

我愈是意識到我對自己的生育能力有多麼無知，就愈下定決心要調查。在 EggBanxx 聚會之後的幾天裡，我一直在思考那些比我大 10 ～ 20 歲、仍在尋找基本問題答案的女性。我也一直在想剩下的卵巢，我突然意識到差點失去它，是一個我不知道自己需要的警鐘。它讓我走上一條自我教育的道路，去了解我身體的特殊之處和基礎知識，去面對我生孩子的機率可能

會降低的事實。我想要孩子——我一直都知道自己想要孩子，從記事以來這種強烈渴望從未消退。這是我一股腦投入了解生育知識的另一個原因，身為只有一個卵巢的年輕女性，再加上我所知道的一切，我開始意識到需要做出重大的個人決定：我應該冷凍我的卵子嗎？它是怎麼做的，它一定有用嗎？它安全嗎，不僅是對我，對全世界的女性來說也安全嗎？或者它是一種只有五成把握的醫療方法，卻被當成整容手術或最新的高科技產品一樣行銷，說得輕鬆便利，但很少提到潛在缺點？

身為記者，我對凍卵的快速成長很感興趣。根據官方統計和實際經驗，冷凍卵子的女性人數正處於歷史新高。[3] 2009年，美國只有 482 名[4]健康女性冷凍她們的卵子，2022 年[*]有 22967 人。[6]在短短十多年時間，成長了 4000％ 以上。[†]如今，國際生育醫學會聯盟（International Federation of Fertility Societies）將冷凍保存稱為「人工生殖技術近期最重要的進步之一」。[8]然而，十年前，這個用語會讓大多數人皺起眉頭，也許是因為聽起來像是反烏托邦電影；如果有人談起這件事，那也只會在醫生的診療室，或是在喝咖啡時與朋友低聲交談。而不是像現在這樣，會在與同事談天說笑時提起，或在網路上大肆討論。現今，凍卵幾乎擺脫了它曾經被貼上的所有標籤，成為我們的日常用語之一。

---

[*] 截至本文撰寫時，可獲得最新官方數據的年分。2022 年冷凍卵子的初步數據於 2024 年公布。人工生殖技術統計資料的匯整，通常會延遲兩年。如需進一步說明，請參閱書末的註釋。[5]

[†] 這還只是美國而已。近年來，英國冷凍卵子的女性數量也創下歷史新高。[7]

她們都在這麼做

在社群媒體、雜誌、地鐵上，你很難逃脫生育科技產業的女權主義式友善、直接針對消費者的行銷方式，從招募卵子捐贈者的 Instagram 廣告，到鼓勵「和朋友一起冷凍」的團體折扣，再到 TikTok 上瘋狂流傳的 #凍卵（#EggFreezing），許多年輕用戶盛讚在生理「黃金時期」冷凍卵子的好處。[9] 電視節目、紀錄片、podcast 節目，以及幾乎所有主要串流媒體服務和媒體的特別報導，將生育技術作為切入點。如今，你在閱讀新聞或滑動螢幕時，幾乎不可能不看到與生產、親職或嬰兒相關的標題或貼文。

澳洲知名女演員威爾森（Rebel Wilson）、印度女演員喬普拉（Priyanka Chopra）和美國名模泰根（Chrissy Teigen）等名人都公開、熱情地談論她們冷凍卵子的決定。其他人，例如珍妮佛・安妮斯頓（Jennifer Aniston），則感嘆自己沒有：「我願意付出任何代價，換取當初有人對我說，『冷凍你的卵子，幫自己一個忙。』」[10] 這位知名演員在《誘惑》（*Allure*）雜誌上，首度公開談論她的生育挑戰，和多年來努力做人的甘苦。泰根和她的歌手丈夫約翰・傳奇（John Legend）育有四個孩子，都是用她的冷凍卵子懷上的，其中一個是透過代理孕母產下。美國前總統小布希（George Walker Bush）和蘿拉・布希（Laura Bush）的女兒芭芭拉・布希（Barbara Bush），早就冷凍了自己的卵子，準備成為單身母親，之後才與丈夫認識並結婚。美國女演員艾米・舒默（Amy Schumer）分享了一

張她腹部瘀青的照片，因為她在冷凍卵子之前注射荷爾蒙；社交名媛考特妮・卡戴珊（Kourtney Kardashian）甚至將她冷凍卵子的準備過程拍成《與卡戴珊同行》（*Keeping Up with the Kardashians*）。歌手海爾希（Halsey）23 歲時接受了多次治療子宮內膜異位症的手術後，冷凍了她的卵子。演員奧立薇亞・孟恩（Olivia Munn）在安娜・法瑞絲（Anna Faris）的 podcast 中透露，她在 35 歲前就冷凍了卵子。「每個女孩都應該這樣做，」她自信地說。歌手席琳・狄翁（Céline Dion）在 42 歲時，用冷凍了八年的胚胎生下雙胞胎兒子。

生殖醫學的進步，從根本上改變了人們看待伴侶關係的方式，以及是否、何時以及如何建立家庭。思維方式的改變既是個人的。現今的年輕女性使用手機應用程式來約會、追蹤經期、買避孕用品，但當大家都這麼做，就會成為文化。一系列社會、經濟、法律和政治力量，共同構成了冷凍卵子等生育技術開發和使用的大環境。還有一些學者，如史丹佛大學的生物倫理學家格里利（Henry Greely），預測在未來 20～40 年裡，擁有良好醫療保障的人將不再依賴性來擁有小孩；相反地，大多數孩子將在實驗室中受精。[11] 這樣的世界將如何以及為何到來，是一個更廣泛且不同的主題，但技術創新，尤其是幹細胞療法的創新，所帶來的後果同樣重大。它們可能不會決定我們的行為，但確實會造成影響。就像卵子冷凍一樣，這些同樣不容忽視。

女性規劃未來必答的問題

我發現，談論冷凍卵子，就是在談論一個女人在世界上的位置、她的希望和價值觀，以及她與自己的身體、年齡和關係的糾葛。歸根究柢，凍卵是一個非常個人的決定。你有自己的觀點、目標和有限的時間範圍。生育能力受到許多變數的影響，其中一些是你獨有的，其他則不是。對於那些慷慨地與我分享她們的生育、性健康和生殖生活故事的人來說，也是如此。她們為本書提供了大量資訊，其中有數十名女性（我將專注於其中三位）正試圖做出有關生育的重要決定。我發現她們的經歷以及我的經歷，是講述這個故事的最佳方式。

蕾咪*現年三十多歲，是納許維爾（Nashville）的麻醉住院醫師。蕾咪決心掌控自己的生育能力，儘管她背負巨額醫學院貸款、信用卡債務，而且愛情生活也沒有照計劃進行。為了確保不會有任何事情妨礙她精心設計的未來，她找到的答案是冷凍卵子。

曼蒂30歲出頭，這位剛新婚的年輕專業人士住在舊金山灣區（The Bay Area），她和我一樣，出於醫療原因正在考慮冷凍卵子。她對難以找到有關該主題的優質資訊感到沮喪。這個重大且代價高昂的決定，開始讓她覺得就像一顆定時炸彈。雖然，她不確定自己有一天是否會想成為母親，但她知道如果可以的話，她想保有擁有親生孩子的選擇。

---

* 此處皆為化名。[12]

還有蘿倫，這位住在休士頓的企業家，在 39 歲生日前兩天冷凍了她的卵子。但在她試圖保護生育能力的過程出現可怕的轉折，凍卵以她從未想過的方式改變了她的生活。

我沒預料到的是：我對是否冷凍自己卵子的探索，會發展成關於試圖控制我生活幾乎每一個部分的思量。我現在才明白，管理我的身體和生育潛力所帶來的持續壓力，與社會對我作為女性的期望和我自身經歷，深深地交織在一起。擔心並試圖解決所有問題的傾向也是如此。當我面臨關於愛情和工作、我的身體和我的生育未來等重大決定時，我會想到我們這一代，擁有許多我們父母和老一輩沒有的機會。這是福氣，也是詛咒。我們很幸運地擁有許多選擇，但又淹沒在過多資訊中，而這些資訊經常是錯誤的。我們缺乏關於生殖健康和生育現實的基本知識，只是其中一例，但影響重大。更別說大多數優質資訊，都是針對患有不孕症的高齡婦女和無法自然受孕的夫婦。

問題在於，對於那些沒有已知的生育問題的年輕女性來說，這類資源極度匱乏，但正如本書即將寫到的，她們是女性晚育全球趨勢的一部分。因此，愈來愈多人得面臨年齡導致的生育率下降。有些年輕女性想了解她們能有哪些選擇，而不是等到她的長期伴侶對她說，他們永遠不打算要孩子；或者先前存在的醫療問題損害了她的生育能力；或是她一晃眼到了 35 歲，醫生開始用「高齡妊娠」和「高齡產婦」等術語。[13] 還有些年輕女性意識到，她所接受的生殖系統的基礎教育並不足夠。我決定為這些年輕女性寫一本書——部分原因是我就是那

個年輕女子。我想寫一本我希望在那道傷疤剛結痂,也就是我 20 歲時,就有人寫過的書。

如果我得在生育能力和未來的母親身分方面,面臨艱難的選擇,那我最好盡我所能地了解未來可能的情況。如果我要對自己的身體狀況充分知情,就需要弄清楚我在途中錯過了哪些必備資訊。如果要預備好針對基本面做出明智的決定,就必須知道是什麼擋在我和子宮之間。一路走來,我還想弄清楚,為什麼我學到的東西這麼少?以及如何彌補。

不過,首先我要想的是:該拿我的卵子怎麼辦?如果醫生建議我考慮凍卵,那麼我要做的第一件事就是,從我腦海中抹去一盒農場新鮮棕皮雞蛋的樣子。

第二章

親密地理學

子宮頸是什麼？

在維吉尼亞州北部的一所小型高中體育館裡，薇拉・勞埃德站在幾十名九年級學生面前。薇拉是公共衛生護理師，身材嬌小，一頭黑色短髮夾雜銀絲，她穿著一件淡色襯衫和夏季涼鞋。她就快滿 60 歲了，在斯塔福德縣（Stafford County）及其周邊地區工作了近 20 年。幾步之外，維拉的老同事凡妮莎・亞金，在一張折疊桌上擺放了避孕套和幾包避孕藥。

五月的某個星期一早上。初體驗。在華盛頓特區以南約 60 公里的一所高中體育館旁的摔角室裡，男孩和女孩們懶散地坐在藍色墊子上。日光燈下，幾個少年強忍著哈欠，勉強維持清醒；一個穿著運動短褲和亮白色運動鞋的男孩已經睡著了，他四肢攤放在地上，離薇拉站的地方不遠。學生們或三五成群，或是單獨坐著；有幾個人背靠牆，雙手交叉在胸前，一

副酷孩子的樣子。我來旁聽薇拉和凡妮莎的演講，因為我想觀摩現代性教育課程，理論上，這是我們了解自己身體的起點之一。今天是學校為期兩週性教育課程的第一天。此刻，薇拉正拿著一個塑膠窺器，談子宮頸抹片檢查。窺器張開時發出喀喀聲。幾個女孩倒吸了一口氣，驚恐地發現薇拉手中的物體——或者任何物體——要用來撐開陰道。「天哪，」一個綁著法式辮子的女孩低聲說道，邊用檸檬綠的文件夾遮住臉。薇拉提高聲量好蓋過隔壁體育課籃球彈跳的聲音，並詢問是否有任何問題。一名身穿黃色襯衫、上面寫著「女孩做得更好」的學生舉手。「如果你覺得衛生棉條掉在子宮頸裡面，那該怎麼辦？」幾個學生咯咯笑了起來。坐在我旁邊的一個女孩轉向她的朋友，低聲問道：「子宮頸是什麼？」

一團糟的性教育

　　兩位護理師把演講分成兩部分，她們每年一起教學時都是這麼做的。凡妮莎先以避孕方法開場，薇拉隨後用幻燈片演示有關性病的內容。她們帶來了常用的道具，這些道具總是很受學生歡迎。薇拉在提到細菌性陰道炎[1]時，拿起一條粉紅色丁字褲——「小姐們，」她用熟練的演講聲音說，「這不是內褲。」並解釋了那條細細的織物如何變成微生物的橋梁，使細菌極易從穿著者的臀部傳播到陰道。在談到陰道有點像是一個有自淨功能的烤箱時，薇拉不以為然地指著附近桌子上一包有香味的夏日女性清潔濕巾，強調陰道不應該聞起來像桃子和奶

油。她聽起來有點惱怒,真不知道她所有演講是否都是這樣開場的,巧妙地破除關於丁字褲、芳香濕巾和其他高中女生熟悉物品的迷思。

凡妮莎的視覺教具看起來很有趣,有一些看起來像是大賣場能買到的產品,有些則不是但它們有一個共同點:幾乎都是粉紅色的。學生們伸長了脖子以便看得更清楚。「精子毒藥,」凡妮莎一邊舉起裝有泡沫、乳膏和凝膠的軟管和容器,一邊宣布。接下來是女性避孕膜和一包避孕藥。當凡妮莎舉起女用保險套時,似乎沒有人——包括我在內,知道那是什麼。

「帥哥們,」凡妮莎拿起一盒看起來很眼熟的杜蕾斯男用保險套,「你們對戴這個有什麼要抱怨的嗎?」幾個學生竊笑起來。凡妮莎沒等男生回答就對女生們說。「別聽男生跟你說保險套尺寸不合那一套,」她說。她拆開一個保險套,雙手舉高,把乳膠套扯開到比尺還長。學生們哄堂大笑。「如果他想讓自我感覺良好,那就去買一個壯漢特大尺寸的保險套,」她一邊說,一邊把保險套拉得更寬,「但我敢保證,像這樣的普通保險套尺寸,就絕對夠他用了。」

薇拉坐在我旁邊的折疊椅上,從她正在閱讀的《準備退休》小冊子中抬起頭來。「就是必須說這些啊,」她嘆了口氣,搖搖頭。

用一句話來說,現代美國學校的性教育教學方式一團糟。原因或多或少與一個世紀前性教育開始時相同:誰的價值觀是正確無誤能教導給青少年,以及誰應該做出這個決定?紐約大學歷史與教育學教授齊默爾曼(Jonathan Zimmerman)在其著

作《燙手話題：全球性教育史》（*Too Hot to Handle: A Global History of Sex Education*，暫譯）中解釋，自從 20 世紀頭幾十年在學校引入性教育以來，批評者譴責性教育沒能達到原意的控制，反而助長了性開放。[2] 可想而知，這場爭論在意識形態分裂的美國愈演愈烈，關於家長、地方和聯邦政府對教育控制的爭論，主導了公共論述。

在全美各地，地方政治和信仰，決定了學區性教育課程的內容和風格。美國絕大多數此類課程都是基於禁慾或僅涉及禁慾，而不是基於證據和全面的。[3] 基於禁慾的課程，有時被稱為「性風險規避」課程，提倡婚前禁慾，並降低避孕失敗率。在美國一半以上的地區，學區不需要強制教導避孕方法。[4] 但事實是，幾乎沒有證據指出，在適當的情況下，提供準確的資訊會增加性活動。[5] 相反地，研究指出：全面的性教育可以降低青少年生育率和危險性行為的發生率[6]，以及兒童遭受性虐待的風險。[7]

求教無門的青春期

12 歲那年第一次手術後，當醫生解釋為什麼他切除了我的卵巢和輸卵管時，我心不在焉地聽著，依稀記得這些身體部位在五年級的健康課上過。其實是性教育，但有一個看似平凡的名字：家庭生活教育。等醫生離開房間後，我問母親這些器官是做什麼用的。當我 20 歲差點失去第二個卵巢時，我沒有問她同樣的問題，是因為尷尬，而不是因為我已經知道了。是

我特別無知嗎？人們普遍期望年輕女性知道如何處理月經、避孕、進行乳房自我檢查——但她們真的了解生育方面的知識嗎？如果她們像我一樣，在五年級的家庭生活教育課程後，並沒有接受過太多或足夠的性教育，那麼答案可能是否定的。事實證明，我的經驗非常典型。截至2023年，只有25個州[8]和哥倫比亞特區，強制要求學校同時教授性教育和愛滋病毒教育。大多數州允許父母代表孩子選擇退出。我很震驚地發現，只有17個州[9]要求在性教育課程中提供的資訊，必須是醫學上準確的。

那麼，在有教授性教育的州，性教育涵蓋了哪些內容？許多初中和高中教授的課程，將青春期的討論僅限於最基本的基礎知識：月經和意外懷孕、勃起和射精。這些課程要求學生識別女性和男性生殖系統的各個部分，但往往只關注女性的內部構造：子宮、卵巢、陰道；而跳過外部構造，就好像外陰*、陰唇†和陰蒂‡不存在一樣。其他生育基礎知識和如何抵抗不必要的性壓力等重要主題，很少被提及。女性快感或相關的暗示，幾乎永遠是禁忌話題。至於生育控制，這個嘛，研究指出，比起25年前，現在的年輕人獲得關於生育控制的資訊反而更

---

* 許多人說「陰道」時，指的其實是「外陰」，並且錯誤地相互使用這些術語。陰道是體內連接子宮和外陰部的肌肉管狀通道。「外陰」是指肉眼可見的外生殖器（包括陰阜、陰唇、陰蒂、陰道口和尿道口）。
† 陰唇是外陰皮層的內外肉質皺褶，位於陰道口。
‡ 陰蒂是性刺激的重點（對許多人來說是主要的）區域，位於陰道口上方，是由勃起組織和神經構成的複雜網絡。陰蒂包皮約為豌豆大小，是唯一可見的部分，但整個陰蒂要大得多。陰蒂的大部分位於體內，長約9～11公分，並以倒Y型向下延伸到陰道兩側。

少。[10]這原本該讓我感到震驚,但那時我已經對美國性教育的慘淡狀況了解夠多了,所以並不意外。

性教育的光與影

「這就好像我們收到了有關我們身體的文件,但所有重要資訊都經過了刪減,」凱蒂・惠勒(Katie Wheeler)在《華盛頓郵報》為千禧世代女性發表的《百合》(*The Lily*)中,反思她的性教育經驗時寫道。[11] 各州對公立學校性教育課程的教授內容和時間方面的規定各有不同,甚至有許多高中和初中不教授經美國疾病管制與預防中心(Centers for Disease Control and Prevention, CDC)認定,對打造健康年輕世代很重要的性健康主題。只有不到一半的青少年,接受過達到國家標準規定最低標準的性教育。[12]

對於鄉下地區的青少年來說,情況比城市社區的青少年更糟。例如,密西西比州學校的性教育教師,被禁止示範如何正確使用保險套和其他避孕用品。[13] 德州要求 18 歲以下學生的教育材料,必須聲明「同性戀行為不是一種可接受的生活方式,並且是刑事犯罪」。[14] 在田納西州,一項名為「門戶法」(Gateway Law)的法案,例如多年前就被加進該州的禁慾課程中,禁止性教育課程中包含鼓勵青少年從事「非禁慾行為」的「引導性行為」教學;不遵守規定的教育工作者可能會面臨懲罰措施。[15]「親吻和擁抱是到達陰部中央車站之前的最後一站,因此禁止所有導致性行為的事情很重要。」簽署該法案

的前田納西州州長比爾・哈斯拉姆（Bill Haslam）在電視節目《荷伯報告》（*The Colbert Report*）中說到。[16]

更重要的是，在大多數州，學區有權根據自己的需求，採用和審查性教育的各個方面。只有十個州[17]要求性教育課程提供對任何種族、性別或民族不帶偏見的指導，而少數州明確要求提供歧視LGBTQ+群體的指導。[18]在許多州如維吉尼亞州，地方對性教育的控制，使得學校很容易要求像薇拉這樣的護理人員，遵守限制且有害的性教育課程——這對性和性別少數的青少年尤其不利。「他們不讓我們談論同性戀，」薇拉告訴我。「他們不讓我們談論墮胎。」她補充道，如果學生在小組中提出這些主題，「我們就必須轉移話題。」

回到高中體育館，薇拉的性病課程簡直是由患病生殖器圖片組成的幻燈片秀。我的反應和學生一樣「這些圖片太可怕了」。看到螢幕上感染披衣菌的陰莖時，一名男孩尖叫出聲，並扯下運動衫的兜帽蓋住臉。「從陰莖中擠出膿液非常痛苦，」薇拉就事論事地說，同時點擊下一張幻燈片，這是一張出生時眼睛感染淋病的嬰兒照片。在場所有人，包括後方靠牆坐著的體育老師們都倒抽一口氣。我等著薇拉配合著恐怖圖片，說出美國同樣令人震驚的性病統計數據——例如：每年有2600萬性病新病例，其中年齡在15～24歲之間的人占了近一半[19]，或是美國每五人就有一人感染性病[20]——但她始終未曾提及。

「一旦你發生性行為，」薇拉有一次說，「你要麼會生下孩子，要麼會染上疾病，或者兩個都中。」幾個學生咯咯笑了

起來,但我挑起眉毛。聽起來她不像是在開玩笑。我想起電影《辣妹過招》(*Mean Girls*)中卡爾教練那句臭名昭著的台詞:「不要有性行為。因為你會懷孕。然後死掉。」正如電影中一樣,這枚針對學生的震撼彈顯然是刻意投下的。雖然,薇拉和凡妮莎有時相當正確地依靠幽默,來有效傳達她們的性教育觀點,但她們的訊息中同樣充滿警告和恐嚇。學生們臉上驚恐的表情說明了一切。我忍不住覺得,儘管薇拉和凡妮莎的出發點是好的,再說她們不被允許就某些話題發表更多言論,但那天早上的演講,可能會讓這些青少年對自己的身體和性,感到不安全和困惑,而不是更為了解且有把握。

你的身體是一個奇蹟

紐時暢銷書作家沃瑟姆(Jenna Wortham)在《紐約時報雜誌》(*The New York Times Magazine*)上寫道:「對於女性身體獨特的、有時甚至是怪異的功能,人們似乎仍然即拘謹又無知——考慮到世界上一半的人生來就是女體,這實在令人震驚。」[21] 圍繞女性健康的不透明並不是現代獨有的弊病,拘謹也不是。忽視向女性傳授生殖生物學和性解剖學基本科學原理的歷史,是一個根深蒂固且仍然存在的問題。在幾十年前乃至今天大多數性教育課程中,年輕女性都被教導她們的身體能夠而且將會創造生命。「你的身體是一個奇蹟」,這句話是一句安慰人的陳腔濫調,對可怕的性病故事和匆忙的生殖概述聊表安慰。話說得好聽,但事實是,我們集體的無知,部分要歸

因於性教育政策背後的宗教勢力。[22] 而這兩者目前看來難分難捨。教會與國家在性教育上的適當分離,顯然不是指日可待。

　　為什麼我認為性教育問題不太可能會有立即的改變?因為無論科學怎麼說,性教育都攸關政治。在美國,想要透過立法改善各州的性教育課程極為困難[23];許多人嘗試過但都失敗了。可是如果我們不能在學校裡,全面、透明地向年輕男女傳授關於他們的身體和性知識,那還能在哪裡?沒有一個論壇可以讓青少年談論性發展、自我探索或身體的實際運作。當然也沒有地方可以了解自慰或女性高潮。沒有一個安全的空間,可以擺脫社會對生殖器使用委婉語句所帶來的恥辱感。*

　　與我交談的一個女孩告訴我,她第一次來月經時,她以為自己快要死了。另一個人說第一個觸摸她陰蒂的是別人。還有一個人相信卡爾教練在《辣妹過招》中所說的另一句話是真的──「如果你們真的碰了對方,就會感染披衣菌,然後死掉。」──直到她十七、八歲時感染了披衣菌,結果沒有死。

　　那天早上,我坐在體育館裡掃視滿屋子稚氣未脫的青少年時,我想到了這些軼事和塑造性教育政策的無數力量。我忘不了他們看起來有多年輕。我想到了他們那天沒有學到的一切。男孩對保險套一無所知。女孩以為染上性病就會死。† 我很擔心,在教育年輕人了解自己的身體、塑造他們對性的想法和態度方面,我們的優先順序多麼不當。我也擔心全美各地拼拼湊

---

* 女性生殖器的拉丁文 pudendum,字面意思是「你應該感到羞恥的部位」。
† 聽起來很誇張,但的確是事實:某些性病,例如愛滋病毒和梅毒,如果不及時治療可能會致命。

第二章　親密地理學

湊的性教育法律，導致許許多多的孩子要麼聽的是只談禁慾的演講，要麼根本沒有。事實是，如果性教育的目標是讓年輕人為現實世界的活動和決定預做準備，那麼很明顯我們非常失敗。

卵子與女性性腺：入門課

不用具備高深知識也能想到，了解我們的身體和了解我們的生殖選擇之間存在直接關係。令人不安的是，周圍的矇矓讓我們跌跌撞撞，對於一些基本知識早就有的疑問，就像那女孩低聲問起的「子宮頸是什麼？」但始終沒有獲得解答，就像角落架子上落的一層灰，延續至成年。學校或多或少忽視性教育的做法，導致了一個國家的年輕人，對生殖和生育一知半解。成年以後，他們為自己的生活做出選擇——特別是為了追求事業、學位、感情而推遲生子，卻不了解自己在生物學上的限制。同時，年輕人現在或將來可能想、也可能不想用到的生殖技術，仍在繼續發展和變化。我採訪過一位名叫傑西的女性，她大學剛畢業，正如她所說：「了解生育選擇會帶來重大決定。如果我們沒有接受過有關這些選擇的教育，那麼我們做出的重大決定真的明智嗎？」

過去 20 年的大量研究指出，許多年輕女性對其生殖系統的限制知道的不多。其中之一是美國衛生與公共服務部（Department of Health and Human Services）2020 年的報告，報告中總結了對三千名年齡在 18～29 歲群體的調查結果，發

現只有不到一半的女性受訪者知道，卵巢不會持續產生新卵子直到更年期，只有 65％ 的人清楚女性的生育能力，在三十幾歲後會急劇下降。[24] 作者指出，受訪者缺乏知識「會大幅影響個人的生育規劃」；受訪者弄錯的一些話題「可能導致女性將懷孕推遲到不孕風險高的年齡期，造成非自願無子。」[25]

其他著重於生育意識的研究也證實了這一論點[26]，即育齡年輕人想要孩子，但對與年齡相關的生育能力下降和不孕風險因素了解不夠。他們往往嚴重高估自然生育和人工生殖技術的生育潛力及受孕機會；除了對年齡和生育能力的誤解外，許多女性還相信醫療可以可靠地將女性的生理時鐘，延長到四、五十歲。正如我們將看到的，事實並非如此。

研究人員之所以開始密切關注年輕人如何看待生育問題，部分原因在於另一個趨勢：女性通常直到 30 歲中後期，才會尋求治療不孕，但在這個年紀，她們懷孕並生下健康孩子的機會，已經十分渺茫。這代表女性對女性生育能力的重中之重，知之甚少：她們的卵子。

小而強悍的卵子

「如果你的卵子從來沒有出過問題，」娜塔莉·安吉爾（Natalie Angier）在《女身：最私密的身體地理學》（*Woman: An Intimate Geography*）一書中寫道，「如果你從來沒有擔心過自己的生育能力，那麼你可能沒怎麼想過你的卵子，也沒有仔細考慮過它們的尺寸。」[27] 小而強悍，人類的卵子是強大的生

第二章　親密地理學　　45

物組織。卵子的科學名稱是「ovum」，是女性生殖細胞。它是人體中最大的細胞，儘管它的直徑只有十分之一毫米——大約相當於一粒沙的大小。卵子的寬度大約是精子細胞的 35 倍，體積是精子細胞的一千萬倍。考慮到有多少男人，對自己的「種子」和強壯敏捷的「泳者」感到非常自豪，我認為女性更應該吹噓這一事實。男孩直到青春期才會產生精子，此時他們開始每隔幾個月產生新鮮的精子；大多數男性一生中會產生大約兩兆個精子細胞。與此形成鮮明對比的是，女嬰出生時卵巢中就有 100～200 萬個卵細胞，而且不會再增加了。*

人類卵細胞（剛開始發育時稱為卵原細胞），在胎兒仍在子宮中時就開始形成——嚴格來說是在女性胎兒的卵巢中，大約在妊娠七週時，到青春期才開始陸續成熟。一名少女出生時就擁有約 100～200 萬個卵細胞，到青春期時大約只剩下 25%。† 在她的生殖生涯中，從青春期開始到更年期結束，她每月會釋放一個卵子，持續約 500 個月。‡ 卵子保存在卵巢的庫房內，在稱為卵泡且充滿液體的小泡中生長，每個卵泡一個卵子。每 30 天左右，她的身體深處都會進行一次精緻的科學選擇。在她的一個卵巢中，一個優勢卵泡開始發育，而在其中

---

* 順帶一提，卵巢是女性性腺。性腺是男性和女性的主要生殖器官。（男性性腺是睪丸。）

† 當我詢問一位生殖科醫生，為什麼差距會這麼大時，她解釋說原因不明，但這就是卵子數量因人而異的部分原因。如果女性的卵子供應量低於其年齡預期，可能是她出生時的卵子數量較少或消耗速度較快。

‡ 有些女性每個月經週期可以釋放兩個卵細胞，這可能導致異卵雙胞胎的受孕。同卵雙胞胎——基因相同，與異卵雙胞胎不一樣——是在受精卵細胞一分為二時形成的。

生長的未成熟卵細胞（卵母細胞）獲選為「那一個」。隨著卵泡變大，其中的卵母細胞會轉變為完全成熟的卵子，並透過一系列複雜的荷爾蒙事件鏈接收到排卵訊號，然後卵泡破裂並釋放卵子。

但是那些沒有被選為「那一個」的潛在卵子呢？在女性的青春期和中年早期，有相當比例的卵母細胞，會透過稱為細胞凋亡的程序性細胞死亡過程而被徹底破壞。從月經週期開始到更年期，每 30 天大約有 1000 個卵母細胞死去，而這一千個卵母細胞之中只有一個能排卵。一般女性到青春期時，還剩下 30～50 萬個卵母細胞。[28] 到 37 歲時，卵母細胞數量降至約 25000 個；到接近更年期時，卵母細胞已經所剩無幾。然而，在所有這些未成熟的卵子中，只有大約 500 個能發育為成熟的卵子——如之前提到的，一般每 30 天會透過排卵釋放一個卵子——有可能變成寶寶。

因此，女性的卵子預算編列非常浮濫；女性天生就有大量的超額卵子，大多數卵子只停留在卵巢中，慢慢老化。雖說如此，卵子仍然是有限的，而且隨著女性年齡增長，能用的也逐漸耗盡。不會有未使用的延至下期這回事；在會計年度結束時，管理階層對未使用的資產說再見。這種退化和死亡的現象是完全自然的，不受任何荷爾蒙的產生、避孕藥、懷孕、營養補充劑、健康或生活方式影響。這就是自然運行的道理。「卵子不是單純地死亡——它們是自殺，」安吉爾寫道。「它們的膜像被風吹動的襯裙一樣皺起，然後破碎成碎片，一點一點地被吸收到鄰近細胞的核心中。透過大度、戲劇性地讓路，犧牲

第二章　親密地理學　47

的卵子給姐妹們留下了足夠的孵化空間。」[29] 數以千計的卵子優雅退場。這是一場精心安排的生滅之舞,與時間一樣悠久的儀式。

浮濫的卵子,有限的時間

旁聽完那堂性教育課後不久,我和朋友約好見面聊天,那時我滿腦子都是卵子。那位朋友今年 28 歲,擁有常春藤盟校碩士學位,在出版業工作。我們點了開胃菜,然後開始談論我最近的一些研究和報導。「等等,」我的朋友驚訝到猛地放下酒杯說,「你是說我有數千個潛在的卵子?現在就在我的身體裡?」

「是啊,」我一邊說,一邊拿起一片帕瑪森起司薯片。

她直勾勾地看著我,震驚地揚起眉毛,「我真的以為我只有四、五個──總共。」她說。

「嗯,」我回答,「我想你說的是卵巢吧?大多數女性都是兩個。」

「不是,我知道卵巢,」她說,她的臉亮了起來。「哇!真不敢相信我有數千個卵子。這太令人興奮了!」她拿起酒杯喝了一大口。

女性在出生時就擁有如此多的潛在生命,這讓人感到充滿力量,但女性應該謹記,卵巢也是第一個以極為深刻、真正改變生命的方式衰老的器官──至少是其他器官衰老速度的兩倍。[30] 儘管這一事實會激起許多女性的各種情緒,但這只是客

觀的生物學事實。還有另一個事實：女性的生育能力，取決於卵子的數量和品質。隨著年齡增長，生殖系統會慢下來，卵子的數量和品質都會下降，原因是卵巢中含有卵子的卵泡數量持續減少。卵子愈少，意味著每個月受孕的機會也愈少。而且年齡較大的卵子較易出現染色體異常，使得懷孕變得愈來愈困難。因此，女性的年齡是懷孕能力最重要的預測因子。女性到了四十多歲，在沒有人工生殖技術的情況下，懷孕的機會極低。*

雖然這些聽起來可能令人心驚，但生育率隨著時間下降的曲線與其說是斷崖，不如說是丘陵地形──有一些高峰和山谷，生育和不孕的週期波動──然後逐漸變得陡峭，特別是在女性 35～39 歲。「女性不是在某個特定年齡就變成南瓜。」生殖醫學專家兼婦產科教授安‧史坦納（Anne Z. Steiner）博士接受《紐約時報》採訪，提及她發表的一項衡量女性生育力下降的研究時說：「30 歲和 33 歲之間的差異微乎其微。但 37 歲和 40 歲之間的差異非常巨大。」[32]

現在，你能明白為什麼這是一個問題了吧。許多女性在最具生育力的年紀推遲生育，然後又期望一旦嘗試就能立刻懷孕──如果不能，還有生育治療這個萬靈丹。當我向紐約大學朗格尼醫學中心（Langone Medical Center）的生物倫理學家亞瑟‧卡普蘭（Arthur Caplan）詢問此事時，他說的也差不多：

---

* 人類女性的生育能力會隨著時間下降是一個生物學現實，但大多數雌性哺乳動物，包括黑猩猩，在一生大部分時間裡都保持著懷孕的能力。[31]

「有一種觀念是,你想什麼時候懷孕就能懷孕——有這個技術,我們有解決之道,一切都在你的掌控下。但在二十幾歲的時候不想懷孕,這與卵子的運作方式並不相符。」

如前所述,預防懷孕是基於恐懼的勸阻,植根於我們的學校健康課程。我們成長過程中所接收到的訊息,引導我們走向其他值得的追求:教育、工作、旅行。生兒育女是以後的事。然後突然之間——至少感覺是這樣——我們已經二十好幾、30歲出頭了,有關我們生育能力衰退的警告一下子緊逼到眼前。「預防懷孕」和「保護生育能力」,這兩個截然相反的訊息之間幾乎沒有喘息空間。身為正處於這群體中心的現代美國女性,我不禁感到困惑,也感到沮喪。到處都是混雜的訊息。我聽到要挺身而進。我聽到要低調。我聽到我應該想著全都要。我聽到我辦不到。我從一開始就使用各種形式的避孕措施,在我最具生育力的年紀,大部分時間都在避免懷孕,然後,在我「全心投入」剛起步的事業和關係後,我才知道我的卵子有保存期限,甚至可能快要過期了,而我應該嚴肅考慮將它們冷凍保存——早在昨日。

第一次凍卵約診

EggBanxx 的行銷很有效果。在卵子冷凍派對結束後僅兩週,我坐在紐約市一家生育診所的候診室裡,填寫一份長長的問卷。約診的那天早上,我很早就醒了。在沖澡時,我演練了自知會被問到的問題的答案:你上一次月經的日期?為什麼對

凍卵有興趣？啊，你只有一個卵巢嗎？說說是怎麼一回事？以及對沒有答案的解釋。我洗了頭，心裡已經因為又要告訴另一位醫生關於我卵巢的曲折故事，而感到有點惱火。

我搭地鐵到中央車站，然後往東北走幾個路口到達紐約大學朗格尼生殖中心（Langone Fertility Center）。在診所入口附近的一個轉角時，我停了下來。這是一個陽光明媚的早晨，足以讓整個城市都振奮起來——我的心情也是如此。我深吸了一口氣。

我在候診室裡填完了新病患要寫的資料，並簽下我的名字，感覺簽了十幾遍。當叫到我的名字時，我以為會被帶到檢查室，但護理師把我帶到一間豪華的診間並要我等待。我陷坐在一張超厚墊的椅子裡，環顧四周。桌子上方的牆上貼著一張粉紅色卡紙，上面畫著與樹木一樣高的紫色花朵。「親愛的妮可，」上面用孩子的口吻寫著。「謝謝你幫我出生。」這幅畫旁邊有一塊牌匾，宣告妮可・諾伊斯（Nicole Noyes）醫師是《紐約》（*New York*）雜誌的年度良醫。她就是在 EggBanxx 聚會上遞給我名片的生殖醫生。當我決定約診討論凍卵時，便從塞在衣櫃裡的禮品袋裡翻出了她的名片。至少這次初步諮詢，我的研究生健康保險計劃有涵蓋。

紐約大學朗格尼中心是美國最早的卵子冷凍計劃之一——於 2004 年開始提供非醫療原因[*]的生殖手術——諾伊斯醫生則是該計劃的先驅之一。在這次約診之後，我到處都能聽到和看到諾伊斯醫生的名字——在報紙文章中，在生殖技術會議的小組討論中，在與其他生殖醫生的對話中，從請她凍卵的女性

那裡。然而那天早上，我只知道她應該是個重量級人物。

諾伊斯醫生和大廳裡一名護理師說完話，就走進了診間。「你好，你好，」她一邊說，一邊伸出手與我交握。她有一頭棕色短髮，有瀏海，戴著時髦的眼鏡，穿著白袍。要我猜的話，她大概五十多歲。我立刻就被她時髦又精明的樣子鎮住，她看起來既熱情又冷靜。她坐在大辦公桌前，開始向我提出有關我生活的各種問題，包含我的教育、我的寫作、我的抱負。她對我的成就稱讚了幾句，並告訴我，我令人印象深刻。我們詳細討論了我病史的各個方面。手術，所有的恐懼。她問我有一天是否想要親生孩子。「那是我最想要的，」我回答。我的聲音很輕，突然感到不自在。那種高風險的感覺又回來了。「但在我失去卵巢後——在單側輸卵管卵巢切除術之後⋯⋯」我說，在我意識到我試圖讓自己聽起來很聰明之前，那一串醫學名詞就已經脫口而出。我想證明什麼？

「你很緊張嗎？」諾伊斯醫生突然說。

「沒有！我的意思是⋯⋯嗯⋯⋯」我一時語塞。我試著解釋，我開始相信，自己之所以發生兩個不相關的卵巢急症是有原因的。我認為我坐在她的辦公室裡也許不是巧合。我說，如果說我的手術還有那麼一點因禍得福的話，那就是我被迫在為時已晚之前，面對自己的生育能力。諾伊斯醫生把眼鏡推到頭

頂，審視著我。她在 EggBanxx 活動中那種公事公辦、正經嚴肅的風範退去了一些。她對我的生活，而不僅僅是我的生殖系統，提出了許多問題，這讓我感覺到了一些……人情味。「在你這個年紀，像你這樣接受過兩次這種大手術的人很少見，」她說。「卵巢要完全扭轉其實很困難。還有那種扭轉——真的是很劇烈的疼痛。」我點點頭。我想起第一次手術前的那幾天，我還是 12 歲時，那次痛楚最為強烈，我趴跪在地上，一邊哭一邊捶地。

諾伊斯醫師和我開始討論正題：生育控制和女性延後生育的問題。「我們基本上阻礙了我們的生物學，」諾伊斯醫師說，「我們得到一個重大訊息，好像在最有生育能力的時候生孩子是錯的——我認為，女性如何利用這些資訊至關重要。你不能假裝沒看到，然後說：『等我準備好了再來處理。』事實是，你具生育力的期間只有 16 ～ 38 歲。40 歲以後的都是上天恩賜了。」

她翻看著我帶來的健康紀錄。當她看到我去看生殖醫生，醫生告訴我有一個「可愛的」卵巢時，她皺起了眉頭。「可愛的？」她抬頭看著我說。「這不是一個醫學術語。」我輕輕聳了聳肩，假裝無辜，同時選擇不一頭熱地告訴這位酷醫生，這個有關我卵巢的評論當時對我有多重要——現在依然如此。

我們談論了我月經不規則的問題。「它光是流血，被糊弄了，」諾伊斯醫生說，她指的是我的卵巢。「你可能沒有排卵，沒有釋出卵子。這樣很好——對我來說啦。」她弄濕手指，繼續翻著我的圖表。她近乎自言自語地說：「我們也可以

第二章　親密地理學

把它縫在壁上，不讓它移動。」我不知道她是不是在開玩笑。

「我不擔心你會失去卵巢，」她說，再次抬頭看著我。「我不想因對你刺激不足，結果只得到五個卵子。我想至少得到十個。」我眨了眨眼。又一個急轉彎；直接進入凍卵階段。諾伊斯博士繼續說：「而且你正值這麼好的年紀，還有很多事情等著你。」她把手肘從桌上移開，有那麼一刻我以為她要鼓掌。「這會很棒，」她說。「很棒。」

排卵針

那天諾伊斯醫生沒有向我詳細解釋冷凍卵子。她輕描淡寫帶過基礎事項時，我做了筆記，後來我用自己的研究填補了漏洞。冷凍卵子有幾個步驟：卵巢刺激、取卵和冷凍。準備取卵的女性必須先自行注射荷爾蒙，以增強卵巢功能，促使卵巢每月產生比平常更多的成熟卵子。這部分稍後在談生育藥物時會再詳細介紹，但重點是：記住，在正常的月經週期中，只有一個含有單一卵子的卵泡，會在排卵時破裂並釋放一個卵子。在做卵子冷凍時，自行注射的藥物會刺激卵巢中的卵泡，使一、兩年份的未成熟卵子（多達十幾個以上）在一個月內成熟，並可望將全部或大部分取出的卵子成功冷凍。

女性在家中──或工作場所的空會議室、餐廳洗手間或任何地方──於 10～14 天內每天自行注射。在注射期間，每隔幾天就要回診監測卵泡的大小，並抽血檢查荷爾蒙濃度。然後，等卵巢豐滿成熟，裝滿了醫生預期的幾十個卵子時，她就

要在診所的私人診療室裡接受麻醉，透過手術取出卵子。取卵過程「無疤痕、無需縫線」，整個過程不到半小時。在取卵時，醫生在超音波技術的引導下，用一根又長又細的針刺穿陰道壁並推入卵巢，並操縱針刺穿一個又一個卵泡。醫生用輕微的吸力將卵泡液吸入針管中。卵子則漂浮在液體中。成功提取後，卵子可以在未受精的情況下冷凍儲存，也可以注入精子製成胚胎，然後將胚胎冷凍並置入低溫儲存，或立即轉移至子宮。

從頭到尾了解整個療程後，我放心了。我已經開始被凍卵帶來的希望動搖，因為它似乎非常適合我對人生的安排和對未來的計劃。不過，我也懷疑這個療程會很昂貴——貴到令人望而卻步、過程令人不快，而且也不是沒有風險。

諾伊斯醫生說她想進行血液檢查和一些檢測。意外的是，進了檢查室我反而放鬆了一些。至少，這些不舒服的環境讓我覺得熟悉。馬鐙、頭頂的燈光、單薄的病患服。我爬上墊著軟墊的檢查台，弄皺了墊著的紙巾，膝蓋向兩側打開。

諾伊斯醫生用超音波探頭探查我體內，她看了一下我的雙腿之間，然後指向我左邊的螢幕。「你的左卵巢非常活躍，」她宣布。我笑了。不管這是不是醫學術語，我都感到自豪。我活躍的卵巢確實很可愛。你，幹得好。我帶著卵巢的超音波照片和強烈建議我冷凍卵子的忠告，離開了診所。我走到東 53 街，手裡緊握著那張小小的照片，朝地鐵站走去。陽光溫暖了我的臉頰。不遠處的東河（East River）在蔚藍的天空下波光粼粼。我站直身子，拉緊肩上的背包帶，昂首闊步了起來。我發

現自己在笑，沒有什麼特別的原因，我只是很高興一位名醫認為我很適合凍卵。與早上醒來時相比，我對自己的生育能力有了更多了解，這對我來說意義重大。

回到公寓後，我把卵巢和卵泡的黑白照片貼在冰箱上。它一直被放在那裡，成為有如墨跡測驗[*]的圖像。我可以感覺到它的重要性在我內心匯聚，這張拍立得大小的影印照片——以及後來類似的照片——代表了生育力和母職對我的意義：我失去或幾乎失去的，以及我還能期待的一切。

---

[*] 譯按：一種人格測驗。

第三章

卵子冷凍的興起

自己身體的主人

美國布魯克林。1916 年 10 月中旬一個晴朗的日子,在布朗斯維爾(Brownsville,當時是布魯克林一個貧窮而人口稠密的地區),美國第一家生育控制診所在安博伊街 46 號開業。[1] 瑪格麗特・桑格(Margaret Sanger)忐忑不安地等待著,結果開業當天有一百多人前來,讓她大吃一驚。† 這家診所的廣告摺頁以英語、意第緒語和義大利語印製。上面寫著:「媽媽們!你能負擔得起一個大家庭嗎?你想要更多孩子嗎?如果答案都是否定的,為什麼要再生?不要殺害,不要奪走生命,而

---

† 在繼續講述桑格的故事之前[2],我必須提醒,桑格相信優生學——一種本質上的種族主義和殘障歧視意識形態,給某些人貼上不適合生育孩子的標籤——這使她爭取生育自由的運動有瑕疵,並對許多人造成傷害。這是美國爭取生殖權利的奮鬥與優生運動結成醜陋聯盟的眾多可怕例子之一。

是預防。安全、無害的資訊,可以從安博伊街46號經過培訓的護理師處取得。」接下來的幾天裡,桑格與她的護理師妹妹埃塞爾,和一位擔任口譯的朋友,一共向四百五十多名來客分發有關生育控制的資訊。[3]

開業十天後,這家診所遭地方當局強制歇業。桑格因散布避孕資訊而被捕,後來在皇后郡監獄服刑30天。[4]但她已經留下印記,一個長達一世紀的過程開始了。這家診所促使生育控制話題進入公眾辯論,標誌著女權運動的一個重要時刻,並引發人們對避孕藥看法的一系列變化。後來,桑格建立了今日的美國計劃生育聯盟(Planned Parenthood Federation of America)的前身。

「女人永遠不能稱自己為自由,除非她成為自己身體的主人。」桑格在一篇題為〈道德與生育控制〉的文章中寫道。[5]她是那一代打頭陣的女性革命家和運動人士,推動結構性變革並反擊對避孕和墮胎的壓制政策。桑格巧妙地展現了她的行銷技巧,她使用「生育控制」(birth control,字面意義為誕生控制)一詞,而不是「避孕」(contraception,字面意義為截斷受孕),前者聽起來至少不那麼苛刻。將性與生殖分開是關鍵的第一步,但這場運動的意義遠不止於此。她的新詞不會挑起性暗示、獨立宣言或威脅。「誕生」沒問題;沒有誕生就沒有生命,這一點每個人都能接受。強納森・艾格(Jonathan Eig)在《避孕藥的誕生》(*The Birth of the Pill*)一書中寫道,對於桑格來說,「關鍵字是『控制』。如果女性能夠真正控制生育的時間和頻率,如果她們能夠控制自己的身體,就握有前所未

有的權力。」[6]

從控制生育到婚育自由

在歷史上的大部分時間裡，女性對自己的身體都沒有置喙餘地——尤其是在臥室裡。已婚婦女通常被禁止就業，她們要花費大量時間撫養孩子，背負著生育和照顧孩子的重擔，幾乎沒有權力或自決權。桑格將改變這種情況作為一生使命，讓女性至少在生育方面獲得自主權。但由於沒有可靠的節育方法，大多數女性很難擺脫一再懷孕的困境。

她們不是沒試過。女性為避免懷孕而採取的最糟糕案例之一，是使用來舒（Lysol），一種用來拖地板和刷廁所的刺激性清潔劑。女性把它當成沖洗劑，而來舒的廣告也鼓勵女性用這種清潔劑來避孕。在大蕭條時期，它一度是最暢銷的避孕方法。[7] 實際上，來舒不能有效預防懷孕，甚至會傷害身體。後來女性還實驗了幾種其他避孕方法，但直到 1950 年代末口服避孕藥首次出現後，才有了重大轉變。*

1960 年，美國食品藥物管理局（Food and Drug Administration, FDA）批准了第一種避孕藥 Enovid。† 從那時起，荷爾蒙節育

---

* 在食品藥物管理局批准之前，當推動節育在許多州仍然是非法時，口服避孕藥被用來治療月經問題。[8]
† 1950 年代中期，Enovid 對居住在波多黎各一個住房計劃中的二百多名婦女進行臨床試驗。[9] 這些婦女並沒有被告知避孕藥是實驗性的，也沒有被告知可能會產生潛在的危險副作用。她們也沒有被告知，正在參加一項由生物學家格雷戈·里平卡斯（Gregory Pincus）和婦科醫生約翰·洛克（John Rock）主持的臨床試驗。最終有三名婦女死亡，她們的死因沒有被調查。

第三章　卵子冷凍的興起　59

使數百萬女性能夠控制自己的生育能力。但這開頭的路很崎嶇。雖然有了避孕藥，許多州的醫生卻無法合法開藥，因為聯邦政府和許多州都制定了反節育法。在法律正式允許節育服務前，女性是否可以合法地節育，基本上取決於她是否已婚。1965 年，最高法院裁定避孕藥對已婚婦女合法。直到 1972 年才被裁定對所有女性都是合法的，無論她們是否已婚。同時，廠商開始開發和銷售各種類型的子宮內避孕器（intrauterine devices, IUD）。現在的子宮內避孕器是 T 形裝置，大概有大型迴紋針那麼長，由彈性塑膠製成，有時由銅製成。在 1970 年代初期，美國有近 10％的女性使用子宮內避孕器避孕。[10]

然後子宮盾（Dalkon Shield）出現了。

在子宮內避孕器全盛時期的最初幾年，超過兩百萬的美國女性安裝了這種特殊子宮內避孕器（廣告將其宣傳為比避孕藥更安全的替代品），子宮盾很快就成為市場上最受歡迎的子宮內避孕器。然後安裝的女性開始生病。事實證明，子宮盾有缺陷，而且是害人一生的那種。這種新型子宮內避孕器——它被稱為盾，因為形狀類似警察的徽章——是由一名醫生和一名工程師發明，形狀近似圓形，兩側有五個塑膠小翅片，用來將裝置固定於子宮內膜（子宮的內壁組織）。因為這種裝置的表面積更大，所以需要比其他子宮內避孕器更耐用的尾繩。醫生和工程師兩人找到了一種名為「*Supramid*」的繩子，他們認為會很合用。「*Supramid*」是一種電纜型縫合材料，由數百根小纖維製成，並用護套包裹。然而「*Supramid*」的多股維纖導致細菌卡在線中被帶入子宮。最後有數千名婦女出現感染、流產

和其他嚴重問題。[11] 針對銷售子宮盾的 A. H. Robins 公司提出的索賠案，超過了 30 萬起。在支付了數十億美元的傷害賠償後，A. H. Robins 申請了破產保護，整起事件成為有史以來最著名的大規模人身傷害案件之一。[12]

這也導致 1976 年食品藥物管理局依法監管和批准醫療器械，包括子宮內避孕器。子宮盾的嚴重設計缺陷目前已修正；現代子宮內避孕器使用單絲線，細菌進入子宮的風險較小。但子宮盾已經損害了子宮內避孕器在美國的信譽和熱度[13]，而子宮盾留給人的惡劣印象，也是口服避孕藥長期以來如此受歡迎的原因之一。避孕藥對女性個人和日常生活來說非常重要，但它對於改變社會同樣至關重要。簡而言之，避孕藥為女性提供了主體性（agency），對女性的社會流動、婚姻選擇和經濟獨立產生了深遠的影響。它為女性大舉進入職場鋪平了道路。它幫助女性獲得學位、在企業中晉升，而不會因為意外懷孕而被解僱。它有效、廉價，而且讓女性以前所未有的方式，對自己的生育能力擁有發言權。特別是最後一個原因，讓避孕藥將控制生育能力的概念提升到一個全新高度。

事業衝刺期與黃金生育期

愈來愈多人打算推遲生育。在全球各地，愈來愈多的女性和男性等到 30 歲中後期，甚至 40 歲才組建家庭。[14] 我們延後生子的原因之一是我們晚婚。從 1940 年代初到 1970 年代初，美國女性的平均結婚年齡為 20 歲，現在則是 28 歲。[15] 另一個

原因是女性在生孩子之前，擁有更高的學歷和更長的工作經驗。與受教育程度較低的女性相比，擁有大學學歷的女性，更有可能在 30 歲之後才生子。[16] 她們比沒有大學學位的女性，約晚七年左右生孩子，並利用這段時間完成學業，進一步專注於事業目標。[17]

美國女性生育的中位年齡目前是 30 歲，處於歷史新高。[18] 過去 50 年來，初為人母的平均年齡明顯上升。1972 年是 21 歲，現在是 27 歲。[19] 這個年紀可能看起來還很年輕，但實際上並非如此。而且現代女性整體來說生育的孩子數量較少，部分原因就是女性生育第一個孩子的時間較晚。[20] 這種現象並非現在才有；自 1970 年代中期以來，30 歲以後仍然無子的女性人數一直呈穩定上升趨勢。自 1976 年以來——大約在子宮內避孕器得到改進，且避孕藥被裁定對所有女性都合法的時期——30～34 歲之間尚未生育的女性人數倍增，從該年齡段所有女性的 15% 左右增加到 30%。[21] 這不見得代表女性選擇不成為母親；事實上，根據皮尤研究中心（Pew Research Center）對美國人口普查局（U.S. Census Bureau）數據的分析，86% 的美國女性選擇成為母親。*[22] 這個現象代表的是，女性生育孩子的時間愈來愈晚。過去 30 年來，延後生育的現象在美國變得愈來愈普遍，二十多歲女性的生育率下降，而 30 歲中後期和 40 歲出頭的女性生育率則大幅上升。[24]

---

* 我很高興看到皮尤報告指出，它使用的「母親」一詞「指的是任何曾經生育過的女性，儘管許多沒有生育自己孩子的女性也確實是母親。」[23]

從這些統計數據得出的結論是,晚婚和推遲生育的趨勢短期內仍然不會改變。金錢是原因之一:許多女性推遲懷孕是為了爭取更高的薪水。人口普查局工作文件彙編的數據指出了一個有趣事實:如果女性在 25 ～ 35 歲之間生孩子,她們的收入會受到重大影響。[25] 這十年的時間占女性具生育力時期的一大段,當然,也是建立事業的黃金時期。該報告指出,在這十年間生育——也是女性的最佳生育期與她的薪資成長期,大致重疊的這段期間會加劇性別薪資差距。美國女性的平均收入,原本就僅為男性的 83%,對於黑人和西裔女性來說,這種不平等更加嚴重。[26] 按照生物學原本的規律,這個十年時段,到 35 歲結束——應該正好是之前還沒生孩子的女性,開始生孩子的年齡。然而,既然女性進入職場已經成為常態,那麼她們希望在人生這個階段避免懷孕也是有道理。她們想在這十年裡在事業上挺身而進,打破玻璃天花板,而不是與她們還不想要的孩子分享麵包。

避免母職逞罰的最佳解方

職業婦女希望延後生育,但對生孩子的渴望不亞於選擇不延後的女性。她們之所以推遲,部分原因是想要有更好的經濟能力再生兒育女。她們之所以推遲生子,是因為她們想避免所謂的「母職懲罰」[27],即前述的女性每生一個孩子就會帶來的收入下降,使她們在餘下的職業生涯中,困在收入較低的階層。*女性不想在事業和孩子之間做出選擇。所以,很多人就

不選擇。

這些重疊的、在某種程度上是相互競爭的願望，對生殖產業來說是天大的好消息。因為，儘管現代避孕方法已經使美國社會發生了巨大變化，但幾千年來，女性身體能夠自然生育孩子的年限始終不變。一切都與卵子有關，還記得嗎？我們無法逃避一個麻煩的事實：女性年齡愈大，生育能力就愈弱。截至2021年，大約五分之一的嬰兒是由35歲以上的女性產下[29]，如今美國有近20％的女性在30歲後才生育第一個孩子。[30]此外，近40年來，美國四十多歲女性生育的比例一直在穩定上升。[†]正如前文所述，這並不是我們身體想要生孩子的時間。

一方面是女性推遲生育加上避孕藥威力，這樣的巨大歷史轉變，另一方面是女性身體可以生育孩子的時期固定不變。那我們該如何解決這個無解的方程式呢？答案是尋找利用新科技延長生育時期的方法。面對這些人口結構上的變化，愈來愈多的女性和男性求助於人工生殖技術，以幫助他們克服因年齡和醫療狀況引起的生育問題。人工生殖技術泛指在女性體外處理卵子和胚胎，以幫助其懷孕的技術。因此，人們對醫療干預和生育治療的需求前所未有的高漲，而業界也急於滿足這一需求，試圖從一個非常現實的生物學難題中獲利：愈來愈多心懷

---

[*] 2023年的疾病管制與預防中心報告指出，「高齡生育第一個孩子，對女性的薪資和職業道路有正面影響，此外也對孩子有正面影響，因為父母更有可能擁有更高的家庭和經濟穩定性。」[28]

[†] 《紐約時報》指出，這一上升趨勢「隨著2020年爆發新冠疫情而有所減弱，當時美國的整體生育率驟降，但四十多歲後期女性的生育率卻上升了。」[31]

抱負的女性推遲生育，以攀登職業階梯或尋找合適的對象，這也難怪她們會渴望相信卵子冷凍公司提供的產品。

當女性能自由控制身體

對於那些財力充足的人來說，人工生殖技術可以幫助數百萬人擁有原本無法生出的親生孩子。自 1978 年以來，已有超過九百萬名嬰兒是透過體外受精出生。[32] 體外受精是最常見也是最廣泛使用的人工生殖技術，目前在許多國家被認為是主流醫學；在美國，自 2015 年以來，人工生殖技術手術（主要是體外受精）的數量激增了近 80％。[33] 將精子和卵子在體外結合，並將其直接植入子宮的技術，被盛讚為生育醫學至今最引人注目的成就。[34]

繼體外受精之後，又出現了卵子和胚胎冷凍，這是生育科學又一個非凡進展。卵子冷凍是專門用來保留懷孕潛力、積極主動的技術，不僅徹底改變了女性對生育能力的看法，也徹底改變了女性對自身主體性和生殖自主權的看法。

「如果女性能控制自己的身體，如果她們有能力選擇是否以及何時懷孕，那麼她們接下來想要什麼？」美國傳記作家艾格（Jonathan Eig）寫道。[35] 在一個精進事業和尋找人生伴侶的最佳時期，直接重疊身體最適合生育期的文化中，「接下來」很可能是無需顧此失彼的能力。這就是「征服生理時鐘」號召威力如此強大的原因：使女性能夠在她們選擇的時候，建立自己的事業和個人生活──而不是全聽生物學號令。因此，

在人工生殖技術改變了生殖決定的同時,也迎來了「全都要」的第二階段。

我總是不斷想起艾格挑釁般的問題。那一句:有能力選擇是否以及何時懷孕——打勾,我們已經做到;感謝生育控制。我忘不了的是他這一句:能控制自己身體。艾格這句話的前提潛藏著一種不祥的預示。女性想要掌握自己的命運,首先要避免懷孕;然後又需要保持生育能力。

卵子冷凍登場

冷凍卵子的醫學術語是卵母細胞冷凍保存(oocyte cryopreservation)。即從女性卵巢中取出卵子,冷凍後冰存。卵子一取出就會置於冷凍保護劑中,那是一種化學物質的濃縮溶液,可防止卵子在冷凍時受到損壞,然後浸入液態氮中,讓卵子幾乎是立即凍結。而低溫保存可以阻止卵子代謝和基因劣化過程。理論上,女性可以利用年輕時儲存的卵子,在比傳統生育年齡晚數十年的時候懷孕生子。如果取出卵子後,女性已準備懷孕,卵子就會與男性的精子結合受精,形成胚胎,接著植入子宮。這就是體外受精。但如果她還沒準備好懷孕,取出的未受精卵就會冰存起來,供日後進行體外受精時使用。理想情況是女性在 20 多歲或 30 歲出頭時進行凍卵,但事實上大多

數凍卵的女性都在 35 ～ 39 歲之間。*36

卵子冷凍的威力在於，它有可能改變女性生育能力的時間限制，爭取更多時間：讓女性有時間找到合適的伴侶，而不是「將就」某人，只為了趕上生物學期限；或是能夠從事高要求的職業，又不用放棄當母親；或是等她想明白自己想要的家庭結構，而不是聽憑命運擺布。這些並不是人們冷凍卵子的唯一原因（更多內容將在第五章中介紹），但對於希望保留生育能力的典型年輕健康女性來說，取出和儲存卵子能給她一些喘息空間，以及更有希望在年紀較大決定懷孕時用自己的卵子受育，而不是用捐贈卵子。至少，理念是爭取時間。我將在第八章中詳細介紹卵子冷凍的成功率。但現在先讓我們簡單介紹，卵子冷凍是怎麼來的。

世界上第一對冷凍卵子雙胞胎

1965 年，芝加哥大學婦科醫生伯克斯博士（James Burks）看到冷凍兔卵的成效頗佳，便成功將十個人類卵子冷凍保存在液態氮中，其中九個在解凍後仍具活性。[38] 雖然，這在技術上是第一次成功冷凍人類卵子，但在關於卵子冷凍歷史的少數文獻中，極少提及伯克斯博士。真正的故事始於 1980 年代，當時科學家開始嘗試各種冷凍和解凍人類卵子的方法。1986

---

* 不過，愈來愈多 25 歲以下的年輕女性（Z 世代女性）選擇冷凍卵子。「我的卵子冷凍患者的平均年齡每年都在迅速下降，」曾在我第一次參加的 EggBanxx 聚會上發言的生殖科醫生瑟琳娜・陳，2023 年時如此告訴《Vice》。[37]

年,澳洲的陳博士(Christopher Chen),報告了世界上第一個使用冷凍的人類卵子懷孕案例,誕生了一對雙胞胎。[39] 而在這一案例的兩年前,即 1984 年,才剛有第一個冷凍胚胎嬰兒誕生。然而,不同的來源對陳博士及其方法有不同的看法,大多數人認為他的成功案例只是運氣極佳的偶然。他的方法從未被複製。同時,在波隆那大學(University of Bologna)的一個實驗室內,兩位義大利女醫生正悄悄地致力開發可靠的卵子冷凍技術。

1980 年代末,生物學家法布里(Raffaella Fabbri)和生殖醫師波爾庫(Eleonora Porcu),開始在波隆那大學婦產科系合作。她們認為冷凍卵子是繞開冷凍胚胎問題的一種方法,因為冷凍胚胎困擾著義大利公眾——更重要的是羅馬天主教會。胚胎是受精卵,所有取出的卵子都在培養皿中受精,而且醫生會刻意製造出較多數量的胚胎,最大化以這種方式製造的胚胎,能成功植入母親子宮的機會。在冷凍剩餘胚胎方面存在各種道德和個人問題,而這些胚胎通常最終會被銷毀。在義大利、西班牙和歐洲其他地區,宗教信仰讓許多體外受精患者對於將多餘胚胎無限期地保存在冰箱中,感到不自在。長期以來,教會一直認為冷凍胚胎的做法是不道德的。為了尋找替代方案,生殖醫生將卵子冷凍視為避免蔑視教會,或被譴責胚胎冷凍的道德爭議的方法。[40] 如果體外受精患者能夠冷凍剩餘的未受精卵,這些卵子就不會白白浪費;另外,如有必要,以後銷毀未受精的卵子也會比較容易。

蔗糖保命

受精和冷凍配子（即精子或卵細胞），涉及脆弱且極易出錯的程序。尤其是卵細胞極為脆弱。精子細胞在 1950 年代就已成功冷凍，而人類胚胎則是在 1980 年代初期。而卵子不但小，又充滿水分，比精子和胚胎還要棘手得多。因此，儘管早期曾取得一些有利結果，但卵子冷凍仍然是一個吃力不討好、研究不多的程序，存活率和受精率都很低。一開始的另一個挑戰是，當時的其他研究人員尤其是陳博士，都曾嘗試重建和重現卵子冷凍實驗，但未能重複自身最初的成功。

波爾庫博士和法布里博士的實驗室負責人看到了機會，要求她們繼續研究保存卵子。在他的支持下，也在不違背教會反胚胎冷凍立場的情況下，兩位博士繼續實驗。當時尚未發明玻璃化冷凍（Vitrification），因此，兩位女士研究的是如何改進慢凍法，也就是在冰晶形成速率和細胞脫水速率之間取得平衡，以防止冰晶形成。人類卵子中含有的水分很難排出，所以卵細胞在冷凍前必須充分脫水，否則過多的水會形成冰晶破壞細胞壁，導致基因損傷，使卵子無法使用。兩位博士需要找到方法，在冷凍卵子細胞之前設法使其脫水。法布里博士嘗試調整冷凍保護劑中的蔗糖濃度（蔗糖可以防止冷凍過程中冰晶的形成）[41]，結果發現增加蔗糖濃度有助於將水從細胞中吸出，使卵子暴露在冷凍保護劑的時間拉長，這意味著有更多的冷凍卵子能夠熬過解凍過程。了不起的是，卵子存活率提高至 90％。

另一個卵子冷凍障礙

困擾科學家的另一個卵子冷凍障礙，是精子通常無法穿透冷凍過後解凍的卵子。但近期出現了一種稱為單一精子卵質內顯微注射（intracytoplasmic sperm injection, ICSI）的新方法[42]，也就是將精子直接注射到卵子中。單一精子卵質內顯微注射與傳統的體外受精授精，相似之處都是從伴侶雙方收集卵子和精子，讓卵子受精並（可望）成為胚胎，然後移植到女性子宮並發育成胎兒。但兩者受精的方法不同。傳統的授精需要讓卵子與精子直接接觸，將卵子與精子混合置於實驗室的培養皿中，再讓大量的精子在卵子外圍游動，最終使卵子受精；基本上是採用和自然受孕一樣的「最佳精子獲勝」法。單一精子卵質內顯微注射採用干預性更高的方法：胚胎師用針頭將單一精子注射到一個卵子中。波爾庫博士開始嘗試將精子直接注射到冷凍過後解凍的卵子中。1997 年，即單一精子卵質內顯微注射發明幾年後，也是兩位義大利博士合作十年之後，法布里博士和波爾庫博士率先報告，有一名嬰兒誕生自使用單一精子卵質內顯微注射的冷凍卵子。[43]

透過借鑑其他醫生的技術和她們自己的發明，這兩位義大利醫生改變了卵子冷凍的命運。改良的冷凍保護劑溶液，加上單一精子卵質內顯微注射的運用成效卓著，成功創造世界上第一起凍卵懷孕案例。2001 年，法布里博士因其冷凍人類卵子的新穎方法和解決方案，獲得了全球專利。在她的團隊取得突破之後，還有另外三項進一步的重大發展，引發了接下來的卵

子冷凍革命。

顛覆局面推力 1：玻璃化冷凍

到了 2000 年代初，科學家已成功克服冷凍保護劑溶液問題，可以進一步提高冷凍卵子存活率。現在的技術更為進步，科學家能夠利用玻璃化冷凍技術快速冷凍卵子，使冷凍過程更加可靠。直到 2003 年，玻璃化冷凍卵子經證明可以成功帶來健康嬰兒之前，冷凍卵子的唯一方法是慢凍法，這種方法經常會產生前文提及的有害冰晶。[44] 玻璃化冷凍就不同了，它可以在不到一秒的時間內將卵子冷卻至攝氏零下 196 度。與兩位義大利博士發明的冷凍保護劑相比，超快速冷卻技術能更可靠地防止冰晶形成。玻璃化冷凍顯著提高了卵子的存活率和懷孕率：速凍卵子的存活率為 85～95%，而慢凍卵子的存活率為 60～80%。[45] 改進後的技術很快就成為一項扎實的技術，也是目前絕大多數生育診所採用的冷凍保存方法。

最初，卵子冷凍只是出於醫療需求。第一批得益於速凍法的女性是癌症患者，她們在接受已知會損害生殖器官和生育能力的治療之前，將冷凍卵子作為挽救生育能力的一種方式。有些化療藥物會破壞卵子，而卵子對放射線極為敏感。這兩種治療方法都有可能導致女性不孕。對於被診斷出患有惡性癌症的年輕女性來說，能將健康的卵子保存在體外，意義重大。但卵子冷凍很快就超越了「出於醫學原因」的範疇。延長卵子保存期限的可能性很誘人，沒多久，健康的女性開始對冷凍卵子躍

躍欲試。

顛覆局面推力 2：不再是實驗性的

2012 年，生殖產業的主要專業組織美國生殖醫學會（American Society of Reproductive Medicine, ASRM）拿掉了卵子冷凍的「實驗性」標籤。[46] 這是一件大事。美國生殖醫學會是涵蓋生殖生物學所有領域的大型會員組織，由一群生育專家於 1944 年創立，旨在迎合對不孕症，進行更多研究和更廣泛傳播該主題訊息的需求。當美國生殖醫學會決定，不再將卵子冷凍視為實驗性時儘管缺乏對該手術的高品質研究，他們的聲明引起了人們注意。

美國生殖醫學會由輪流出任的董事會管理，董事會由大約 20 名醫學博士和哲學博士組成。與其他多學科專業協會一樣，美國生殖醫學會是其領域內長期存在的統一辯論論壇，影響力巨大。在生殖技術的道德和功效方面，生殖醫師和診所都會密切注意協會的建議和警告。因此，當協會改變對卵子冷凍的立場，並向全美各地的執業臨床醫生發布報告時，美國生殖產業立刻開始高歌猛進。

2008 年，美國生殖醫學會將冷凍卵子標記為實驗性程序，截至當年，已有九百多名嬰兒透過冷凍卵子出生。[47] 在這個標籤下，美國生殖醫學會僅贊同在機構審查委員會監督下的臨床試驗中，使用卵子冷凍。[48] 儘管協會建議如此，許多診所還是在此框架外提供卵子冷凍服務，僅作為收費的臨床服務，

未取得患者的知情研究同意,然而這是任何實驗程序所必需的。[49] 誠然,這存在倫理問題,但對於至少一部分卵子冷凍患者例如,患有癌症、在接受化療或放療之前迫切希望保留生育能力的女性來說,她們沒有時間等待長期的臨床試驗結果。美國生殖醫學會之所以重新審視這種手術,原因之一是讓醫生更容易為這些癌症患者進行卵子冷凍,移除知情研究同意的障礙。

這種立意是好的,但在審查了近千項卵子冷凍研究後,美國生殖醫學會委員會卻沒有為非醫療原因的卵子冷凍,打開綠燈。[50] 報告指出:「目前還沒有足夠的數據,僅為避免健康女性的生殖衰老,而推薦卵母細胞冷凍保存。」[51] 雖然,關於卵子冷凍的早期研究經證明是令人放心的,但對於那些僅僅為了推遲生育而想要冷凍卵子的女性來說,這些研究還不夠充分。[52] 因此,美國生殖醫學會取消了實驗標籤,但附加了一個警告,結論是,除了患有癌症和其他危及生育的罹病女性外,該手術仍然存在太多問題,無法保證對其他女性的使用安全。其他重量級協會也表示同意。美國婦產科學會(American College of Obstetricians and Gynecologists, ACOG)與美國生殖醫學會同一陣線,反對出於非醫學原因冷凍卵子,因為除了缺乏數據和研究之外,我們對於冷凍卵子對個人、社會和科學可能的影響後果,幾乎一無所知。

當2012年這份報告發表時,時任美國生殖醫學會委員會主席的莎曼珊・菲弗博士(Samantha Pfeifer)重申了委員會的決定:「雖然對文獻的仔細審查指出,對於有醫學上適應症的

年輕女性來說，冷凍卵子是一種有效的技術。但我們目前無法為廣泛選擇使用它推遲生育而背書，」她說。「這項技術可能不適合想要推遲生育的高齡女性。」[53] 美國生殖醫學會的立場很明確。但這項警告很快就被急於推銷這項新產品的診所淡化了。最終，取消實驗標籤為更廣泛的受眾打開了大門。

至少在某種程度上，美國生殖醫學會了解將非醫療卵子冷凍，從實驗升級到常規可能產生的影響。它當然知道許多女性對這項新興技術深感興趣，因為該協會在 2008 年的報告中已經寫明，堅稱冷凍卵子並非受認可的醫療方法。[54] 在 2012 年的報告中，美國生殖醫學會改變了立場——卵子冷凍現在已成為一種受認可的醫療方法，社會輿論原本對卵子冷凍可能被廣泛使用的警告語氣進一步升高。報告指出，卵子冷凍等科學進步，可能使女性有機會在中高齡時生下親生孩子，但「雖然這項技術在此目的上，似乎是一個有吸引力的策略，但目前還沒有關於卵母細胞冷凍保存，在此年齡段女性中的效用數據。」[55] 接著，委員會更進一步警告說：「以推遲生育為目的推銷這項技術，可能會給女性帶來虛假的希望，並鼓勵女性推遲生育。」[56]

顛覆局面推力 3：蘋果與 Facebook

然而，在美國生殖醫學會取消實驗性標籤的兩年後，即 2014 年 10 月，蘋果和 Facebook 宣布將補貼女性員工冷凍卵子的費用，每人最高可申請兩萬美元。[57] 矽谷一些大公司為沒有

已知生育問題的女性提供手術補貼，作為其福利計劃的一部分，這消息立即引發了爭議，爭論隨之而來。[58] 一方觀點認為，雇主補貼非醫療卵子冷凍費用，給女性施加了更大的壓力，要求她們繼續工作，同時將自己的個人生活放在次要地位。另一方則說，這為女性提供了公平的競爭環境。我十分關注這場辯論，並和我的女權主義朋友一起下場，一同思考這樣的福利對於公司如何看待年輕女性員工，以及國家如何對待母親有何意義。我知道，那會是一場規模更大、持續不斷的對話，隨著 30 歲的逼近，我愈來愈熟悉這樣的對話。但坦白說，我對這項新技術的實用性、可實現性更感興趣，特別是現在我不再覺得認真考慮凍卵的自己是個怪胎了。

雖然體外受精已經存在了幾十年，但直到 2010 年代中期，卵子冷凍才真正開始興起。美國大約 500 家的生育診所中，現在幾乎全都提供卵子冷凍服務。2009～2022 年間，在這些診所中有近 115000 名女性選擇冷凍卵子[*59]；2015～2022 年間，冷凍卵子手術的件數增長至原來的四倍。這種成長在一定程度上是由蘋果和 Facebook 的宣布所推動，因為這導致愈來愈多的大公司引進這項福利（第九章將進一步說明）。

消息傳出的那天晚上──蘋果和 Facebook 的發言人都向同一位 NBC 新聞的記者講述了公司的新福利──我碰巧正在參加紐約市的另一場卵子冷凍活動。現在我了解更多，並且知

---

* 截至本文撰寫時，迄今為止，美國選擇接受卵子冷凍的女性實際人數可能接近 15 萬人。第八章將詳細說明。

道這對我是可行的,我想看看當自己再次聽到推銷時會有什麼感覺。那是一個涼爽的秋夜,地點是在哈佛俱樂部(Harvard Club),氣氛輕鬆而充滿密謀。女人們一邊啜飲葡萄酒,一邊嚼著堆在雞尾酒餐巾上的蔬菜。再一次我比在場的多數女性年輕了幾歲,也再次想到凱莉*。我戴著藍光眼鏡,好讓自己看起來老氣一點,不要像第一次參加 EggBanxx 活動時那樣引人注目。那些眼神彷彿在說,你和你的小卵子不屬於這裡。我們手拿著飲料,坐在閃閃發光的玻璃吊燈下,聽著醫生歌頌冷凍卵子。

幾天後,我在地鐵上第一次看到冷凍卵子廣告。「給艾瑪(42 歲)。愛你的艾瑪(30 歲),」列車上的藍粉色海報上寫著。「如果你還沒有準備好要孩子,現在就冷凍你的卵子,給自己一份時光禮物。」†然後,我開始注意到我的社群媒體有針對性廣告。其中一則是由曼哈頓一家精品生育診所贊助的,上面有一張粉紅色的插圖,精子正在擺動著進入卵子。「當你冷凍卵子時,你就 # 凍結了時間。」廣告上寫道:「你有多少這樣的機會?」這些廣告,加上名人背書和雇主提供的新生育保護福利,閃爍著控制的錯覺。那個強而有力的念頭:控制。直到我在地鐵和 Instagram 上看到冷凍卵子廣告,我才意識到,我的生育能力——無論是現在、未來還是其他——需要控制。或者說這是我應該去控制的事情。但控制並不便宜。

---

* 譯按:影集《慾望城市》女主角。
† 這些更新、更樂觀的廣告,取代了自 2000 年代初以來張貼在美國主要城市的公車廣告,例如一則廣告畫面是沙漏形的奶瓶、裡面的奶快沒了。

「冷凍卵子要多少錢？」的答案，我們將在第九章中詳細討論，但大致來說，在美國，一輪卵子冷凍療程的平均花費約為 16000 美元，其中包括醫生看診、藥物和卵子儲存的平均年數——而大多數女性都會做不止一個療程。保險很少涵蓋。正如前述，有些雇主會補貼，但大多數女性都是自費。‡

為什麼而凍卵？

事實證明，蘋果和 Facebook 的公告是一個分水嶺，將凍卵概念和相關討論一舉送進主流。冷凍卵子似乎突然變得無所不在。同時，較高齡父母和體外受精保險覆蓋範圍擴大，這兩種趨勢的結合，意味著對生育服務的需求持續上升。但問題也隨之而來。生育力保存技術實際上為女性提供了什麼，我們對其又存在哪些幻想？冷凍卵子是真正的協助和良好的投資，還是只是妝點著希望的糟糕賭注？以及：如何判斷未來潛在的好處是否值得付出代價，是的，但也要評估隨之而來的風險——其中有幾個，我後來才知道。

在第二次參加冷凍卵子活動後，我清楚地意識到，生育的壓力有一個時間表，以及相呼應的警告：「在為時已晚之前」以及我們子宮的滴答聲。活動結束後大約一週，我致電非營利倡導組織全國不孕協會（RESOLVE: The National Infertility Association）的執行董事芭芭拉・科魯拉（Barbara Collura），

---

‡ 這是一個重大的健康公平議題。第九章將詳細討論。

尋求她的建議,想知道該從哪裡開始尋找有關卵子冷凍的客觀答案。「我甚至不知道該告訴你到哪裡才能獲得真正重要、公正的資訊,」她說。「根本沒有任何提供給女人的資訊。你想要的是第三方可靠來源──與那些試圖向你兜售去這樣做的人無關──但它根本不存在。」我最初聽到這個消息時感到很沮喪。但她的聲明也在我心中激起了一種無聲的反抗,想證明她至少有部分是錯的;關於冷凍卵子,一定有一些有用且在科學上站得住腳的資訊,能提供給女性。

優點和缺點

十月的一個深夜,在布魯克林的公寓裡,我盤腿坐在床上,吃著裝在保鮮盒裡的沙拉。那是我研究所的第三個學期。一串精緻的紙燈籠點綴著塞滿書籍的書架。床頭櫃上點著香氛蠟燭。我把日記攤開在腿上。我需要澄清一些基礎事實,列清單是個好方法。我翻到空白頁,潦草寫下:

卵子冷凍是:
備用計劃
希望和內心的平靜──也許?
有前景的技術;愈來愈好
得到很多大公司的支持
對許多女性來說是一個非常好的選擇

卵子冷凍不是：

保單——對吧？

無風險

平價

能保證防止我的生育能力衰退

對許多女性來說是一個非常好的選擇

　　我研究著這份清單，吃完了沙拉。我的桌上放著一個有兩內袋的褪色文件夾，上面貼著「手術」的標籤。裡面塞著醫療紀錄、醫療註記影本、關於卵子冷凍的小冊子，以及幾張我卵巢的拍立得照片。我坐在床上，伸手去拿文件夾，從其中一個內袋取出一張最近的超音波照片。我把它舉到燈光下。在模糊照片下方狹窄的空白處，我寫道：只有我和我的卵巢，這就是我們所有的一切。

　　我身上裹著一條拼布被子，是用我從小到大收集的T恤製成。我用手撫過一塊塊柔軟的棉布，微笑著回憶起那些暱稱、球衣號碼、慶祝活動和里程碑。當談到生孩子和成為父母時，我被母職不可言喻的神祕所吸引，那任何東西都無法穿透的誘人外表——至少對我來說，而且我相信，對許多女性來說也是如此——不管在我們的文化中，有多少關於母職及其所包含的一切被熱烈地討論和分解。我母親懷孕和生產的經驗，與我將早期母職浪漫化有很大的關係。她提起這件事時，樣子和談論別的事情都不一樣——不管是她身為美國陸軍軍官和政府律師的輝煌職業生涯；或是她曾經造訪過幾十個國家；甚至是

她與我父親長達 45 年的婚姻都比不上。她也讓分娩聽起來輕鬆而快樂（是的，真的）。我的母親不是烈士，對痛苦也沒有異常高的忍耐力。但她確實生了三個孩子，全都沒有使用硬脊膜外麻醉、靜脈注射或鎮痛劑——就連泰諾（Tylenol）[*]都沒用。她不反對出現問題時進行醫療干預；只是她不需要。當她談到哺育我和我的兄弟姐妹時，她快得像機關槍的聲音會慢下來，然後滿足地嘆口氣，帶著崇敬，就好像她在分享一個關於她曾經造訪過的神奇國度的祕密。「用母乳餵養孩子，是我一生中最令人滿足、最美妙的經歷，」我的母親不只一次這麼告訴我。她總是自豪地說著，而我完全相信她。

生殖革命帶來的是希望還是更焦慮？

也許我內心的篤定，是母親的故事所澆灌出的種子。我是她的長女。直到多年後，當我的朋友開始生孩子時，我才意識到，對許多女性來說，懷孕並不輕鬆或快樂。硬脊膜外麻醉是一個看法兩極的話題，母乳哺育也不是所有女性都喜歡或想做的事。即便如此，在我母親關於懷孕和分娩故事結尾的地方，我希望開始我的故事。當然，我無法知道我會不會有一天，能經歷和她一樣不用藥、低干預的分娩過程，但我不禁想像我也許可以。而且，像她一樣，我想和我所愛且誓言忠誠的人生孩子。這是我一直想要的。一直以來都這麼計劃著。

---

[*] 譯按：美國常見止痛藥。

在公寓裡列清單那晚的幾週前，我出城參加哥哥的婚禮後返家。我從機場搭乘地鐵，當我到家附近的街道時已經很晚。我拉著紫色的行李提箱沿著人行道走，一邊想著這不知道是第幾次了，旅行後獨自返家。一種強烈的孤獨感襲上心頭。走著走著，我感覺心裡有個洞在擴大，每過一個街口就大上一分。在空蕩蕩的公寓裡，我放好行李，做了一個火腿三明治，站在廚房中島邊，我哭了。然後我用力搖搖頭，彷彿要甩掉抽泣。停下來，我斥責自己。你住過四大洲，走遍世界各地。你和家人很親近。你正在美國頂尖的新聞系所修讀碩士。我的生活很充實──但我感到深刻的孤獨。我渴望在拖著行李箱時，身旁還伴著另一個人拖著他的行李箱，我們一起爬樓梯到我住的五樓。我想為另一個人做火腿三明治。

我上一段認真的戀愛關係在兩年前結束。自從搬到紐約後，我沒有太多時間或精力考慮新戀情，但現在我感覺比較穩定，準備好脫離單身了。我還沒有面臨三十多歲的單身女性經常感受到的巨大時間壓力，我也還不到擔心自己生育能力過期的年齡。但失去的那個卵巢開始糾纏我，說事實並非如此。以前它讓我想到的是痛苦的手術和住院；現在它讓我想到的是差點失去和生理時鐘小小的滴答聲，它讓我想到卵子冷凍和我始終渴望擁有一個家庭。

在蘋果和 Facebook 消息傳出前幾個月，《彭博商業周刊》（*Bloomberg Businessweek*）的報導稱：「自避孕藥問世以來，還未有哪一種醫療技術有如此大的潛力，足以改變家庭和職業規劃。」[60] 現在問題更加逼近了：卵子冷凍真的是女性生

殖生活的下一個革命嗎？它給了女性真正的主體性，還是只是種幻覺？我會成為聽信這場大型實驗的一代女性之一嗎？那天晚上，當我坐在床上時，我意識到自己幾乎可以肯定，我想冷凍我的卵子。但我得去處理這些問題，並弄清楚為什麼卵子冷凍如此輕易就被廣為接受，以及它是否真的（或可能）像聽起來那樣好。為了更了解卵子冷凍的具體細節，我決定，我需要回歸科學，並盡我所能列出所有事實和及其意義。

聽起來工作量很大。還有更多清單。

也許有一個更好的起點。

也許我可以找到一個早就決定要這樣做的人。

第二部

培訓

第四章

駭用荷爾蒙

蕾咪：冷凍卵子培訓

納許維爾一個涼爽的早晨，八點剛過，蕾咪開門走進公寓，直奔臥室。她直接趴到床上，累到連手術服都脫不動。她的貓蘇菲踏著貓步進來看她。蕾咪在柔軟的白色羽絨被上躺了幾分鐘，閉著眼睛，希望能小睡一會兒。但急速轉動的大腦不允許她這麼做。站起來，振作精神，她告訴自己。她已經約好一、兩個小時後要到生育診所；她需要保持警惕。洗洗臉，刷個牙，動起來，動起來。她深吸了一口氣，撐起自己高挑的身軀，換成了坐姿。

蕾咪是范德堡大學醫學中心（Vanderbilt University Medical Center）的麻醉住院醫師，她已經習慣在多數人剛開始一天的生活時爬上床。夜班意味著在白天補眠；週末與週一至週五的忙碌沒有什麼區別。她並不介意日夜顛倒，真的——生活很忙

碌,也很美好——但她發現自己特別期待在生育診所的預約,她很快就會在那裡冷凍卵子。幾次就診讓她想到了未來——她的未來,以及未來會發生什麼。她常常想,還有好多事等著她。

一、兩個月前,也就是她生日後不久,蕾咪就決定要冷凍她的卵子。她一直覺得33歲極具象徵意義。蕾咪毫不掩飾自己的迷信,她始終幻想在這個年紀自己早已生下孩子。今年的住院醫師實習期,原本是她準備要孩子的一年。但愛情方面並沒有完全按照計劃進行,所以33歲改成了她冷凍卵子的一年。

她25歲就讀醫學院時,訂婚破裂了。然後,新歡、旋風般的浪漫、倉促的婚禮、短暫的婚姻和離婚——這一切都在她完成住院實習之前。當蕾咪的個人生活脫軌時,她不禁覺得自己進度落後了。她沒有想過自己在33歲時還單身,也絕對沒有想到在那之前——或者說是這輩子——會碰上解除婚約和離婚。現在她仍擁有的是夢想的職業,以及堅定不移的信念,即盡一切努力保住未來的孩子——未來的家庭——這對她來說比任何事情都更重要。

冷凍卵子就是解決之道。

蕾咪脫下手術服,換上了長袖丹寧襯衫和褪色的棕褐色牛仔褲。她環顧四周,找她的繫帶高筒皮靴。靴子塞在角落裡,旁邊擺著她小時候的棕熊玩偶。她看了一眼手上的蘋果手錶。剛好有足夠的時間,能在她最喜歡的咖啡店停下來喝一杯煙燻迷迭香拿鐵,再開車向南前往診所。

為了內心的平靜

那是二月一個潮濕的早晨,天空是深灰色的。納許維爾的交通很糟糕,蕾咪幾乎是壓線抵達。診所的候診室很單調。米色的牆壁,米色的地毯,日光燈。牆上掛著嬰兒的單色人物畫。兩對夫婦坐在那裡等著看診。蕾咪目標明確地走到櫃台前,熱情地打招呼。接待小姐想起了她,笑容燦爛地拿出表格和板夾給她,並接下蕾咪的信用卡。

報到後,蕾咪坐在一張硬椅子上。她揉了揉眼睛,雖然有些疲倦,但很平靜。她工作太忙,沒有時間對今天的約診想太多,這是一個關於荷爾蒙注射的兩個小時約診,是取卵和冷凍卵子的前奏。在過去一個月裡,蕾咪一直在治療孕婦,她的日程裡充滿了硬脊膜外麻醉和剖腹產。有些夜班忙到她沒有時間吃飯或休息。但她很興奮這個月能夠到婦產科臨床輪調;她的工作充滿了意義和連結。她為即將分娩的病人做術前準備,但她的腦袋裡不斷回想的卻是卵子冷凍計劃,和她希望她的冷凍卵子有一天會成為真正的嬰兒。她閉上眼睛,專注於關掉醫生的大腦,轉換成患者的心態。在這個診所,大多數工作人員都不知道她是麻醉醫師,而蕾咪更喜歡這樣。她可以放鬆下來,成為被照顧的人。在這裡,她只是另一個來保留生育能力的女人。

在幾週前第一次卵子冷凍約診中,蕾咪見到要為她取卵的生殖內分泌科醫生。露絲・路易斯博士*向蕾咪介紹了整個過

---

*　此處為化名。[1]

程、研究和一些風險。她並沒有特別溫暖親切,但她正經嚴肅的舉止立即讓蕾咪產生了信任。路易斯醫生解釋,女性通常到36歲後才會發現生育困難。蕾咪離這個年紀還有三年,但她覺得自己在等待發展出想要的關係、與合適的人生孩子的過程中,浪費了太多寶貴的時間。或是決定成為單親媽媽,這是她一直在考慮的可能性。她所有的時鐘都在滴答作響。

在檢查室裡,路易斯醫生為蕾咪抽血,檢測她的荷爾蒙濃度,用陰道超音波檢查蕾咪的卵巢。當她的卵泡(含有卵細胞,充滿液體的囊)出現在螢幕上時,路易斯博士數了數:右側卵巢有八個卵泡,左側有13個。路易斯醫生告訴蕾咪,她非常健康,並且有充足的卵子供應。如果她在未來幾年內嘗試懷孕,不太可能遇到不孕問題。她能理解蕾咪希望透過在最佳年齡保存卵子,來獲得內心平靜。但有鑑於蕾咪目前的生育能力沒有發現任何危險信號,路易斯醫生告訴她,她也許可以再考慮一下,順便也能省錢。蕾咪很欣賞醫生明快地把一切都說清楚。但她已經下定決心要冷凍卵子,並告訴路易斯醫生她想盡快開始。

現在她回來赴第二次約診。一名護理師叫了蕾咪的名字,帶她來到一間小檢查室。又是日光燈和米色。護理師朝一張椅子示意,要蕾咪放輕鬆,然後就離開了。幾分鐘後,兩聲簡單的敲門聲,門開了。路易斯博士——金色直髮,白色醫師袍,藍花上衣,黑色芭蕾平底鞋——坐到凳子上,手裡拿著寫字板。她和蕾咪打了招呼,然後蕾咪介紹我是一位對卵子冷凍感興趣,並且也在寫這方面文章的朋友。路易斯博士點點頭,握

了握我的手,然後將注意力轉回蕾咪身上。

破卵針

「今天有很多事情要講,」路易斯博士開始說道。「我們要審閱卵巢刺激過程,討論一些風險和同意書,然後介紹取卵過程。聽起來不錯吧?」

她開始解釋刺激女性卵巢的各類藥物:使用大約兩週時間,分階段進行精準定時自行注射荷爾蒙。在第一階段,這些針劑會讓蕾咪的卵巢超速運轉,產生更多卵子。第二階段的針劑將防止不成熟的排卵,指示她的卵巢不要過早釋放卵子。最後的注射針劑被稱為「破卵針」(trigger shot),使卵子完全成熟,以便準備好取卵。

蕾咪身體前傾,手托著下巴,手肘放在交叉的腿上。金色的頭髮在頭頂盤成凌亂的髮髻,銀色的羽毛耳環掛在耳邊。

「現在說到破卵針,」路易斯博士說著,一邊往後靠向檢查台。「它是粉末,所以要混合。記著,別大力搖,只要——」

「讓它恢復水分,」蕾咪接話道。

「輕柔地讓它恢復水分,」路易斯博士繼續說道。「有時需要等一下才會變澄清。然後就是 IM 注射*了。」

路易斯博士解釋,取卵將在蕾咪施打破卵針的 36 小時後

---

* IM,intramuscular,即直接注射至肌肉。

進行。在描述取卵時,她說:「這是 17 號針,每個卵巢一針。風險很小;出血、感染、器官損傷都極小。當我抽吸卵泡時,胚胎師會站在我旁邊。她會檢查是否有抽到卵子,如果她有看到卵子,我就會移動到下一個卵泡。持續下去直到取出所有卵子。」

路易斯醫生在凳子上動了動後,繼續說。她解釋,手術結束,胚胎師將確定蕾咪取出的卵子中有多少是成熟的,並將之冷凍;提取的卵子通常會多於冷凍的卵子(第八章將詳細討論)。當天下午,護理師會打電話給蕾咪,告訴她有多少卵子被成功冰存。

等她們開始討論鎮靜時,蕾咪興奮起來。在手術的這方面,她擁有豐富的專業知識。

「我們通常會使用 Versed、propofol、fentanyl,」路易斯醫生說道,只不過她是一口氣說的,所以聽起來像是 Versedpropofolfentanyl。大多數接受取卵的患者都會以靜脈注射藥物做適度鎮靜,好讓她們保持安靜和舒適。[†]「你可以和麻醉醫師談談,但如果不三種一起打,患者通常會亂動,這讓我很難取得卵子。」

無盡的表格和禁止咖啡因

路易斯博士繼續解釋,取卵過程大約需要 20 分鐘,而且

[†] 鎮靜選項可能因診所及其可用資源而異。在某些情況下,會使用更強的藥物產生更深層的鎮靜,包括全身麻醉。

第四章　駭用荷爾蒙　89

裝著卵子的卵泡非常脆弱。她一邊說，我一邊想像這就像將最細的針插入最小的水氣球中，以提取更小的粒子。「所以，如果我下針後，你抽動了稍微那麼一點，它就會破掉，卵子就沒了。所以你絕對不能動。」

蕾咪點點頭。「進入禪定。了解。」

聽路易斯博士和蕾咪討論卵子冷凍的具體細節，讓我意識到蕾咪因為從事醫學工作而具有優勢。在生育診所就診期間，她一直不怎麼提自己是醫生的事，但在這裡她顯然如魚得水。兩位醫生口中不斷吐出各種藥物名稱、代號以及縮寫。我匆匆寫下這些縮寫，並在心裡記下要加進我的卵子冷凍術語待查清單。

路易斯博士看著膝上的寫字板，手指滑過清單。「還要注意一、兩件更一般性的事情，」她說。「開始注射時避免攝取咖啡因和酒精。」

蕾咪在椅子上猛得一彈。「等等。不能喝咖啡？真的假的？」

「很抱歉，是真的。」

「百分之百不能有咖啡因嗎？」蕾咪肉眼可見地沮喪了。她嘆氣道：「噢，天哪。好吧。」

「是的，酒精是不太好，但咖啡因非常糟。有一項研究指出，即使每天只攝取 30 毫克以下的咖啡因也會影響結果。」

「酒精不是問題。放棄這個，」蕾咪舉起她的煙燻迷迭香拿鐵「才是問題。」她頓了一下。「但我會做到的。」

當另一名護理師進來完成約診的最後部分時，蕾咪開始頭

昏了。「這麼多表格！可能會發生很多不同的情況，」她睜大眼睛看著我說道，坐姿都垮了下來。她坐起身，把背靠在椅子上，修長的雙腿在身前伸展。她腿上的表格堆積如山。很高興自己記得把平常放在工作服口袋的水晶，移到那天早上穿的襯衫口袋裡。她今天帶了四顆：月光石，有助於過渡和新的開始，支持懷孕、分娩和生育的各個階段；神聖紫水晶賦予力量；黑色碧璽讓人在變化中感到踏實；菊石化石，身體和靈魂的進化。快樂生育組合──蕾咪就是這麼看待它們的。月光石的大小和形狀與卵巢相似。大多數日子，她白天把水晶帶在身上，晚上則用來冥想。光滑冰涼的觸感，讓她有具體的東西可以去感受和專注。

一個小時後，護理師向蕾咪介紹了藥物，示範如何準備荷爾蒙針劑並將其注射到她的腹部。注射器、針頭、小瓶。有太多要記住的東西──這還是她上過醫學院，天哪！她告訴我，她無法想像從未給人打過針的人，要怎麼熬過這些，老實說，我不得不同意。我們都感到筋疲力盡，資訊過載。這次早上約診的最後一部分，是到另一處做更多的抽血檢查。蕾咪深吸了一口氣，雙手抱住頭，把頭髮往後梳了梳。她看了我一眼。「這過程真的是累死人，」她宣布，語氣既像宣告又像無奈。然後，在被疲憊感淹沒之前，她迅速從椅子上站了起來。

避孕藥的功效──以及意想不到的後果

許多有意凍卵的人常提出的問題是：「如果我正在避孕怎

麼辦?」除了表面的實用答案之外——大多數子宮內避孕器不需要取出;避孕藥的使用者在要做冷凍前停止服用即可——還有一個更重要的問題:荷爾蒙避孕和生育能力之間的關係。要理解這種關係,需要對某種我所知甚少的東西具備實用知識:荷爾蒙。

如果有一門叫卵子冷凍入門的課程(應該要有),第一週就會講到荷爾蒙。荷爾蒙對一個人的健康(包括生育能力)所扮演的角色,就是這麼基礎。許多女性僅因避孕方式的選擇對荷爾蒙稍有了解,這也難怪,因為服用荷爾蒙避孕藥是女性改變體內荷爾蒙平衡的常見方式——預防懷孕、對抗痤瘡、讓經痛更容易忍受。然而,人為地改變女性體內化學訊號的混合,通常掩蓋了這些改變的影響,這使得女性幾乎不可能了解體內荷爾蒙在自然、非合成狀態下是如何運作的。

大約在 19 世紀末和 20 世紀初,科學家開始發現能調節人體各種功能(包括生殖)的化學物質。「荷爾蒙」一詞創於 1905 年;在 1920 年代,發現人類絨毛膜促性腺激素(human chorionic gonadotropin, hCG),這是一種在孕婦體內含量很高的荷爾蒙。荷爾蒙是透過血液,傳播到身體不同部位的化學信使。荷爾蒙會波動、增加或減少,並藉此以深遠而有力的方式影響身體,調節心率、食慾、情緒、生殖、睡眠週期、生長和發育等。你就是你的荷爾蒙。聽起來很老套,但一點也不誇張。在人體內大約 50 種荷爾蒙中,雌激素(estrogen)和黃體酮(progesterone)這兩種女性主要的性激素,是與生殖相關兩種最重要的荷爾蒙。要解釋這兩者,我需要回到卵巢。

卵巢是器官,也是女性生殖系統的一部分。卵巢的大小和形狀像極了小核桃。也許你還記得,女性出生時,卵巢含有大約 100～200 萬個未成熟的卵細胞或卵母細胞,全都保存在卵泡——那些微小的、充滿液體的囊——之內。青春期後,身體每個月會從所有可用卵泡中「選出」一個作為優勢卵泡,並進行排卵。如果觀察女性卵巢內部,可以看到類似蜂巢的卵泡,以及其中處於靜止或生長的各個階段的微小卵細胞。放大近看,可以看到顆粒層細胞(granulosa cell),這是卵子周圍一圈更小的細胞,對於卵子的發育至關重要。* 除了容納卵母細胞外,卵巢還指揮幾個關鍵的運作——最明顯的是月經。月經週期不僅是女性的生理期,也是女性生殖系統的節律性變化。這個週期就像一個額外的生命體徵,類似於血壓或脈搏。整個月經週期中發生的所有變化,都由荷爾蒙控制。而雌激素和黃體酮這兩種重要的生育荷爾蒙是在哪裡產生的?答案是卵巢。

雌激素

我們先從雌激素開始。有三種主要的天然雌激素——雌二醇(estradiol)、雌三醇(estriol)和雌固醇(estrone)——在生長和生殖發育中扮演重要角色。雌二醇是育齡婦女體內最常見的雌激素類型(一般提到雌激素時通常指的是雌二醇),也是我要仔細介紹的一種。它主要在卵巢中產生,特別是在卵泡

---

* 除了產生荷爾蒙和培育發育中的卵子外,顆粒層細胞在決定哪些卵子存活、哪些死亡以及哪些排卵方面扮演重要角色。

內,參與生殖、月經和更年期。

如果說雌激素是女性的超級英雄性激素,那麼黃體酮就是它值得信賴的伙伴,幫助調節月經週期,並為懷孕時的子宮做好準備。雌激素主要在女性月經週期的第一階段分泌,在排卵前後達到高峰。雌激素退場後就換黃體酮接力,提醒子宮也許受精卵即將到來。在正常的月經週期中,下視丘(hypothalamus)與腦下垂體(pituitary)──大腦底部豌豆大小的腺體──通力合作,發送信號給卵巢,要求它開始產生雌激素和黃體酮並刺激卵泡生長。然後如之前提到的,選擇一個卵泡培育成熟的卵子進行受精。雀屏中選的卵泡開始分泌雌激素。大腦等待雌激素濃度夠高並持續夠長時間,這是優勢卵泡的卵子即將成熟的信號。一旦大腦察覺有一個成熟的卵子,就會向卵巢發出另一個訊號,觸發排卵。卵泡破裂。卵子掙脫束縛,開始進入子宮。其他非優勢卵泡開始分解,子宮開始為受精卵的到來做好準備。

女性身體每個月為潛在的懷孕做好準備過程,確實令人驚訝。那裡幾乎隨時都有一系列活動輪番上演。這讓我想到交響樂:生殖系統是管弦樂團的其中一部,大腦是指揮,透過荷爾蒙引出每一個音符。* 大腦和卵巢之間的反饋迴路演奏出的樂曲,是由荷爾蒙──尤其是雌激素和黃體酮──的週期性變化決定的,荷爾蒙控制著卵泡的選擇和發育,卵子的釋放,要子宮準備履行其作為主人的職責,讓受精卵賓至如歸。如果指揮

---

* 樂團的其他聲部:肝臟、皮膚、免疫系統、腎臟、心臟、肺部和肌肉。

無法揮舞指揮棒,樂曲無法演奏,樂團也就名存實亡。†

人類的有性生殖極為複雜。我們每個人的出生,確實是一件了不起的事。初級性教育課程很少傳達這樣的訊息,而是或多或少恐嚇年輕人,讓他們以為性等於脫下衣服就會意外懷孕。但現實是,雖然我上面描述的一切都確有其事,但故事其實更加複雜。精子必須經歷漫長而艱難的旅程,才能與女性成熟的卵子相遇,而卵子的旅程雖然較短但同樣艱辛。數以百萬計的精子奮力想要到達並穿透卵子。在擊敗其他精子競爭對手後,只有一個精子能突破卵子的外層——想像一顆豌豆進入籃球中——這就是神奇的時刻:受精。

但我們要談的是,如果實際上這個神奇時刻沒有發生,會怎麼樣。如果這顆脫穎而出的卵子沒有遇到精子受精,沒有東西可以在子宮內膜著床,那麼卵子就會溶解,原本發育完成準備迎接受精卵的子宮內膜開始剝落。女性的月經或每月出血,其實就是子宮內膜剝落。這就是為什麼女性月經的到來,通常代表她沒有懷孕。

正如我們所看到的,這首精緻交響曲幾乎每一環節,都是由荷爾蒙所控制。因此,無論女性將它用在哪一方面,荷爾蒙避孕都會徹底改變女性體內的調節系統,因此產生各種有意和無意的後果。

---

† 想要了解更多關於關於大腦、卵子和卵巢的細胞之間了不起的反饋迴路,以及對女性解剖學的一般性探索,我強烈推薦瑞秋・格羅斯(Rachel E. Gross)的《朦朧的陰道》(*Vagina Obscura*,暫譯)。她在書中將卵巢描述為「一個劈啪作響的通訊網絡,信號在卵泡之間活躍地來回傳遞。」[2]

事實證明，這些意想不到的後果之一，就是我在這裡講述這個故事的原因。

停用避孕藥的慘痛代價

在我第一次緊急手術後，醫生告訴我，雖然需要切除卵巢和輸卵管，是不尋常且不幸的事，但我自然懷孕的機會並沒有因為失去一個卵巢而受到影響。大約一年後，當我開始來月經時，月經還算規律；因為代償作用的奇蹟，我的另一個卵巢一力承擔，每個月都會產出一個卵子。生活恢復常態，我快樂地回歸運動、朋友和青春期。然而多年後，我試圖拼湊自身特殊情況，以及一系列導致我幾乎失去剩餘卵巢的事件，成為我決定是否凍卵的旅程中，一個重要的中繼站。

大學二年級結束的那個夏天，我喜歡的男孩和我分手了。我們分分合合了一年。有時我們徹夜談論音樂、分享播放清單，有時則白天一起窩在沙發上，為最喜歡的文學課閱讀《白鯨記》等書籍。我們選了同一門天文學課程，結果卻養成了蹺掉這門早上課的壞習慣。我喜歡星星，但我更喜歡和他一起待在床上。有一次，在我們「冷戰」結束後，他要求我的室友在我外出時讓他進入我們的公寓，我回到家看到玫瑰花瓣散落在我的房間裡，我的枕頭上有一張情書。他是個夢想家，而我正處於凱魯亞克階段（Kerouac phase）[*]，為他那敏感的心靈和敏銳的頭腦深深著迷。我很確定我們墜入愛河了，很確定從來沒

---

[*] 譯按：指 Jack Kerouac，1950 年代美國作家，其作品被喻為反抗文化經典。

有人讓我感到如此充滿生氣，然後我們回家過暑假。突然間，我們之間的距離讓交流變得像是件苦差事；我們的熱戀就像一團燃燒得太猛烈、太快的大火。這段關係又拖了一段時間，直到某個我不確定當時的我們是否明白的原因，這段感情就來得快去得也快地結束了。

秋天回到校園後，我發現自己每天早上服用避孕藥時都會想起他。不斷提醒著我不會再和他發生性關係，這讓我愈來愈沮喪，直到有一天我把粉紅色藥包扔進垃圾桶。我心想，如果我沒有性行為，沒有懷孕的風險，就不需要繼續服用避孕藥。我很快就要出國去加納一學期，因此，帶著某種程度的賭氣，我決定不必費心去拿幾個月的避孕藥帶出國了。

分手前幾個月，我請學校的學生健康中心給我開避孕藥時，我沒有與執業護理師討論它可能產生的副作用——情緒波動、腹脹、斑點，而且我不知道該問這些。我知道避孕藥有助於預防懷孕；這就是我想服避孕藥的原因。但我不明白它是透過干擾我體內荷爾蒙的自然平衡來阻止排卵，我更不知道它可以抑制卵巢囊腫的形成。

後來的事，讓我真心希望自己當初知道這件事。

該死的囊腫

在還不了解的時候，「囊腫」這個詞會讓我想到腫瘤和癌症。但「囊腫」是通用術語，指充滿液體的結構，它幾乎可以在身體的任何地方形成。大多數卵巢囊腫是排卵的常見副產

品,它們其實是卵泡的一部分。這些所謂的功能性囊腫,幾乎存在於所有月經週期正常的女性身上——除了那些採用荷爾蒙避孕的女性。所以,再說清楚一點,處於排卵期且未採用荷爾蒙避孕的停經前女性,往往會出現卵巢囊腫。

快速回顧:卵巢裡有卵泡,卵泡內有卵子。女性卵巢中隨時都有處於不同發育階段的卵泡。當一個卵泡釋放出一個卵子,就是排卵,頻率約為每月一次。經過大腦和卵巢中荷爾蒙之間一系列複雜的相互作用後,容納卵子的卵泡破裂並釋放出卵子。

一旦卵子離開,留下的卵泡就會自行閉合,並轉變成黃色、脂肪狀的結構,稱為黃體(corpus luteum)。這團細胞有了新的名字,也有了新的工作。如果懷孕,黃體會繼續產生黃體酮,這是一種刺激子宮增厚的荷爾蒙,為迎接即將到來的受精卵做好準備。如果沒有懷孕,黃體就會停止產生黃體酮,開始自行分解,並在大約 14 天後消失。隨著黃體酮濃度下降,子宮會收到這個月不需要子宮內膜的訊息,女性就會迎來月經。但有時,黃體不但沒有萎縮分解,反而滯留生長,內部充滿淡黃色液體。這種積聚會導致黃體囊腫。這是功能性卵巢囊腫的一種。另一種是卵泡囊腫,因卵泡保持完整,沒有破裂並釋放卵子而形成。雖然聽起來有點可怕,但功能性卵巢囊腫通常是無害的,很少引起疼痛,並且通常會在形成後幾個月內自行消失。

只有在這些通常沒什麼大不了的囊腫,因過多液體而腫脹並變得異常地大、不萎縮消失和(或)內部出血時,才會造成

問題。就我而言，這就是事情變得棘手的地方。在我第二次手術後的很長一段時間裡，我想知道為什麼我的卵巢上會出現一個過度生長、充滿血液的囊腫，以及它導致的醫療緊急情況是否有任何明確的解釋。沒有。但當我更了解避孕藥的作用原理時，我開始懷疑。有人告訴我，我在進入急診室前幾個月的突然停藥，很可能與我差點失去剩下的卵巢有關。當醫生在我術後的迷茫中向我解釋這一點時，我接受了這一事實。我仍然感到非常痛苦。我非常感激我仍然擁有卵巢。當時，我沒有想徹底搞懂，到底發生了什麼事讓我落到這種地步。不過現在我可以解釋了。

避孕藥的額外效用

我之前提過避孕藥問世 60 多年來所產生的巨大影響。在更微觀的層面上，它也對每個服用者的生理產生了巨大影響。這種避孕藥——如果你最近沒見過的話，它的大小大約是 Altoids 薄荷糖的一半——不僅能阻止精子進入卵子，還會改變女性身體的整個內部面貌。數以萬計的研究探索了荷爾蒙如何影響行為，有證據指出避孕藥會影響多個身體系統，從性行為到食慾、情緒調節，再到我們會受什麼樣的人吸引。* 我們這

---

* 不過，它不會長期影響女性的生育能力。這是一個迷思——而我發現它相當普遍。許多女性以為，如果長年服用避孕藥並抑制懷孕能力，一旦停止服用，肯定會對她們的生育能力產生某種持久的影響，這似乎有點道理，但事實並非如此。使用荷爾蒙避孕藥，無論其類型或持續時間如何，都不會對女性停用後的懷孕能力產生負面影響。在關於這個主題的許多大型研究中，一項針對近 9000 起計劃懷孕的研究發現，從未使用過口服避孕藥者的受孕率，與使用口服避孕藥五年或更長時間者相同。[3]

一代是第一批在成年後的大部分時間裡,採取長期避孕措施的人。從發生性行為的那一刻起,直到我們決定開始嘗試懷孕,我們當中的許多人都在「使用」荷爾蒙。目前美國約有 20％ 的女性服用避孕藥避孕。[4] 生殖生物學家花了一些時間,才弄清楚這種避孕藥的最佳用途,因此它有著多采多姿的仿單標示外使用(off-label use)* 歷史。例如,Enovid 在獲得政府批准作為避孕藥銷售前,它的銷售訴求是治療月經週期不規則。然而,儘管醫生們對避孕藥功效的準確解釋仍感到困惑,但開始「仿單標示外使用」該藥的五十多萬名女性,其實只需要知道它可以預防懷孕就好。

它作用的原理如下。避孕藥依靠合成荷爾蒙防止排卵,進而防止懷孕。「合成」荷爾蒙是在實驗室生產的,經過修改以模仿天然荷爾蒙。你可能還記得,女性的身體會自行產生雌激素和黃體酮。在正常的月經週期中,這些性激素的濃度會上下波動。當你服用避孕藥時,這些波動就會停止,濃度會保持穩定。正如我所說,荷爾蒙是化學信使,促進全身細胞之間的溝通。避孕藥改變了大腦和身體之間的正常回饋迴路。卵巢無法從腦下垂體獲得訊息以產生雌激素和黃體酮,而大腦也不會被卵巢告知繼續這種循環,因此,它停止指示卵巢選擇和發育優勢卵泡並釋放卵子。這就是為什麼服用荷爾蒙避孕的女性不會排卵。換言之,你既沒有消滅也沒有「保存」多餘的卵子;你只是沒有使用它們。

---

* 譯按:醫師開立處方時,未遵照藥品仿單之適應症指示說明內容。

大多數避孕藥含有合成雌激素（通常是乙炔雌二醇〔ethinyl estradiol〕）和稱為黃體素（progestin）的合成黃體酮。這些合成荷爾蒙以避孕藥的形式服用後，小兵立大功，它們阻止女性卵巢釋放卵子，並使子宮變得不適合居住。它們使子宮頸黏液變稠，這讓精子一開始就很難接觸到卵子。它們還能使子宮內膜不增厚，讓受精卵難以著床。[†] 如此一來，輸卵管中沒有卵子，精子本就艱難的旅程變成幾乎不可能的任務，子宮也不再是舒適、安全的住處。卵子和精子無法結合，就不會懷孕。假如它們在重重阻礙之下，終於還是相遇了，在如此荒涼的見面場所，它們也撐不了多久。

荷爾蒙避孕藥的功效，來自抑制另外兩種自然荷爾蒙的釋放：卵泡刺激激素（Follicle-stimulating hormone, FSH）和黃體激素（Luteinizing hormone, LH），兩者均在大腦腦下垂體中產生。還記得大腦會向卵巢發送訊號，發育卵泡並釋放卵子嗎？卵泡刺激激素和黃體激素就是這些訊號。卵泡刺激激素刺激卵泡生長，及告訴卵巢選出一個卵子並使其成熟。黃體激素激增表示排卵即將發生；它告訴卵巢釋放成熟卵子，啟動排卵。避孕藥的合成雌激素會抑制卵泡刺激激素，防止優勢卵泡發育，而避孕藥的黃體素會抑制黃體激素，阻止排卵。沒有排卵就不會懷孕。

[†] 人體天然存在的雌激素和黃體酮，使子宮成為適合胎兒生長的場所。這些荷爾蒙的合成形式會凌駕其上，產生相反的效果。

合成荷爾蒙

簡而言之：如果正確使用，荷爾蒙避孕藥中的合成荷爾蒙，會阻止女性卵巢發育卵泡和釋放卵子（排卵），進而阻止子宮內膜（自然月經）的生長和剝落。避孕藥本質上是使大腦短路，並中斷身體正常荷爾蒙循環幾個關鍵方面微妙控制的平衡。交響樂停止了，避孕藥中所含的強效化學物質完全不同的成分，取代了原來的音樂。

再見，天然荷爾蒙。換你了，合成荷爾蒙。

市面上有數百種避孕藥品牌，而且經常有新產品問世。大多數女性都會聽取醫生的建議選擇藥物，而且通常會嘗試幾個不同的品牌，然後再固定用一個牌子。這種多樣性可能令人望而生畏。想要找到合適的荷爾蒙劑量並不那麼容易，特別是考慮到避孕藥使用不同類型及不同效力的合成黃體酮和（或）雌激素。一般會鼓勵女性嘗試不同品牌的避孕藥，這聽起來很有趣，但事實並非如此。避孕藥的正面副作用是很不錯：對於許多女性來說，它可以緩解經痛和經前症候群（PMS），清除痤瘡，並使經期量少、規律。（許多女性都熟悉的避孕藥負面副作用就不那麼美妙了，稍後會詳細介紹。）順帶一提，服用避孕藥期間的「月經」，其實是停藥性出血（withdrawal bleeding）——不是真正的月經。但即使避孕藥有效地讓女性的自然荷爾蒙節律進入睡眠模式，當她的荷爾蒙濃度下降時，身體仍然會做出反應，這種情況發生在她服用一份藥最後那幾顆安慰劑藥片時。* 在停藥性出血或月經時，荷爾蒙的減少都

會導致黏液和子宮內膜剝落並透過陰道排出。因此，這種假「經期」雖然通常比真實的經期量更少、時間更短，但仍然會導致一些女性出現經前症候群症狀，包括頭痛、噁心、情緒波動和乳房脹痛。這些在服用避孕藥的最初幾個月中最為常見，通常（但並非總是）會消失，或者女性只是習慣了。

沒有排卵就不會有卵子可以受精。這也意味著卵泡不會生長；或者可以說卵泡正在冬眠。沒有成熟的卵泡，就不會有黃體——也不會有功能性卵巢囊腫。啊！這個非常小的事實——除了其他作用外，避孕藥還有助於縮小卵巢囊腫的大小，有時甚至可以完全阻止其形成——對我來說是一條關鍵資訊，但我在關係最重大的時刻錯失了。

如果喪失生育力，是我的錯嗎？

幾十年前，醫界發現服用避孕藥的女性囊腫較少，因為避孕藥中的荷爾蒙通常會阻止卵泡發育。我真心希望自己當初能稍微有點知識的是這個：停止服用避孕藥並將卵泡從深度睡眠中喚醒，可能導致功能性囊腫長得太大，進而導致卵巢扭轉（還記得那個扭結的花園水管嗎？卵巢扭轉是一種罕見但嚴重的疾病，必須迅速治療。如果沒有及時治療，在極少數情況下

---

* 安慰劑藥片——治療方案的一部分但不是全部——是用來「占位」的。其背後的想法是，如果女性保持每天服藥的習慣，她就不太可能在真正需要時忘記服藥。儘管她服用了一些安慰劑藥片，但只要她按照處方服用活性藥片，仍然可以防止懷孕。有些女性選擇繼續服用連續週期的避孕藥，跳過安慰劑藥片和輕微、假性的經期。

可能會失去患側卵巢——因為扭轉無法復原。

我在上大學時當然不知道這些，才會吃著避孕藥又突然停用。但我應該知道才對。我自詡為知識充足、注重保養、關注身體和健康問題的年輕女性。但我對於荷爾蒙、我的生殖系統和避孕，幾乎是一無所知。

後來，我開始了解導致我進行第二次手術的一系列事件，以及風險為何如此高。經過幾個漫長的下午，我趴跪在地，仔細翻閱散放的病歷，試圖理解其中的內容，才把事情拼湊起來。難以理解的醫生註記和術語讓我看得頭昏腦脹。有一天，我打電話給進行第一次手術的醫院。我驚喜地發現他們仍然保存著我的紀錄——都過了17年，並且很樂意郵寄給我。大學的健康中心也保存了我的紀錄；當我詢問時，他們透過電子郵件發送副本給我。仔細檢查後，我注意到那天給我開避孕藥的護理師，記下了我只有一個卵巢的事實，但我不記得我們談論過我12歲時的手術。當時我沒有想到要讓她詳細描述卵巢和避孕之間的關聯。但我多希望護理師能提到，一點點也好，避孕藥除了避孕還有其他作用。

當然，現在我很清楚了：我每天早上吞下的藥丸，可以防止大多數囊腫長得過大，甚至根本不會出現。因此，對於擔心卵巢囊腫的女性來說，避孕藥非常有幫助。對於只有一個卵巢的我來說，避孕藥降低風險的能力特別重要。我的醫生表示贊同，他們解釋：我需要繼續服用避孕藥，直到我準備好懷孕。十多年前，幾乎是在我第二次手術後不久，我又重新開始服藥。這些小藥丸每天都會提醒我，我的手術、我缺少的卵巢，

以及我有希望但不確定的生育未來。

但我百感交集的核心，是有點令人困惑的自責。我意識到，如果我失去了卵巢──並因此失去生育親生孩子的能力──那至少有部分是我的錯。單憑常識，我也應該知道，不要在沒有諮詢醫生的情況下突然停用處方藥（理想情況下，醫生會查閱我的病歷，詢問是否有任何手術史，並提供良好建議──儘管不能保證一定有這麼理想）。我的手術是由於許多我無法控制的因素造成。然而。我應該知道一些，什麼都好，關於荷爾蒙如何發揮作用，關於我的卵巢──我失去的和我還在的卵巢。關於避孕基礎的一些或任何知識。畢竟，這是我的身體。

身為女性，身為受過教育的醫療消費者，我應該知道得更多才對。事後看來，將那包藥片丟進垃圾桶是魯莽的行為。但我很同情那個年輕的我。如果她不知道該問什麼、問誰，她又怎麼能知道呢？

任性對待我的荷爾蒙和避孕藥，帶來了後果。如果我的故事有什麼寓意的話，就是這個。並不是每個女性的卵巢都有如此複雜的故事。但許多人與避孕的關係很混亂，有關於使用或停用荷爾蒙避孕藥的個人故事。像是，放置子宮內避孕器的可怕故事；做了避孕植入還是懷孕；十幾歲時就被開了避孕藥，讓經痛緩和一些；終於停掉避孕藥，感覺好多了。

我的故事只是一個極端的例子，說明女性對避孕的了解少得令人意外。無論女性是否使用荷爾蒙避孕，無論她是否想要孩子，了解荷爾蒙如何調節她的身體並影響她的生育能力都很

重要。

藥丸、貼片和環——天哪,有太多方式可以讓女性抑制生殖系統。以下是女性運用多種避孕方法的非完整清單(其中一些方法現在比其他方法更常見):

- 絕育手術:輸卵管結紮(結紮、夾閉或阻塞女性輸卵管),以及部分或全部輸卵管切除術(完全取出輸卵管)。*
- 生育意識法(第六章將進一步探討)。
- 口服避孕藥。
- 子宮內避孕器(兩種類型:荷爾蒙型和非荷爾蒙型)。
- 貼片:米色的方形薄片,看起來像繃帶,黏在皮膚上;會釋放荷爾蒙,每週更換一次。
- 針劑:每三個月注射一次黃體酮。
- 皮下植入:一根火柴棍大小的塑膠棒,內含黃體素,放置在上臂皮下,隱形,通常可持續三年。
- 陰道環:小而柔韌、不含乳膠的塑膠圈,可釋放荷爾蒙,每月一次置入陰道。
- 殺精劑:可殺死精子,性交前置於陰道;有多種形式(乳膏、凝膠、栓劑等)。
- 隔膜:具彈性、淺碟形的杯子(通常由矽膠製成),在性交前置於陰道;可重複使用;必須搭配殺精劑一起使

---

* 令我驚訝的是,女性絕育是最受歡迎的女性避孕方法——甚至比避孕藥更受歡迎——在美國和全世界皆是。[5] 大多數選擇輸卵管結紮以防止懷孕的女性,已經擁有她們想要的孩子。

用。
- 子宮頸帽：深碗狀的矽膠杯（比膈膜小），置入陰道並緊貼子宮頸。可重複使用；必須搭配殺精劑一起使用。
- 海綿：厚而軟的塑膠泡沫製成的小圓片，在性交前置入陰道；一次性；必須搭配殺精劑一起使用。
- 女用保險套（也稱為內套）：性交前置入陰道的腈（nitrile，合成橡膠）小袋。

至於男性可用的節育選擇有三種：保險套、中斷†（「抽出」，有用但不多）和手術絕育（輸精管切除術）。‡

避孕器帶來的副作用

美國育齡婦女中約有 65％採取避孕措施。[8] 有趣的是，有十分之四的女性也因避免懷孕以外的原因使用避孕措施[9]，例如控制健康狀況或預防性病。最常見的避孕方法，是運用荷爾蒙——避孕藥和長效可逆避孕器具（子宮內避孕器、貼片、皮下植入、針劑和陰道環）以及男用保險套，和女性或男性絕育。除了手術絕育外，避孕藥是美國最廣泛使用的避孕方式，但子宮內避孕器愈來愈受歡迎，也是世界上最有效的避孕方法

---

† 「體外射精法」（即男性在射精前抽出陰莖）又名中斷法，失敗率極高。它在預防懷孕方面不如其他大多數形式的節育措施有效；採用中斷法避孕者約有五分之一會懷孕。它也不能預防性病。

‡ 研究人員為雄性小鼠開發了一種避孕藥，事實證明，其避孕效果高達 99％[6]，但專家表示，男性避孕藥短期內不會上市。一種被行銷成「男用子宮內避孕器」的可注射水凝膠，最近完成了臨床試驗。[7]

之一。子宮內避孕器僅有少量荷爾蒙，甚至不使用荷爾蒙，這使得子宮內避孕器成為許多女性在避孕藥之外，極具吸引力的替代選擇；美國有超過 600 萬名女性使用子宮內避孕器。[10] 它是一塊 T 形塑膠製品，長約 2.5 公分，置於子宮中。有兩種類型。荷爾蒙型子宮內避孕器——蜜蕊娜（Mirena）是最常見的款式——會在子宮內釋放黃體素；這類設備會置入女性體內約八年。非荷爾蒙型子宮內避孕器叫做 Paragard，有效期約十年；通常稱為「含銅避孕器」（copper IUD），因為它的 T 形彈性塑膠上包裹著銅。而精子碰巧不喜歡銅；Paragard 的銅離子會改變精子細胞的移動方式，使它們無法游向卵子。

儘管荷爾蒙避孕法很普遍，但人們很少提到，為什麼它會讓全世界數億女性使用者[11]之中的許多人感覺很糟糕。部分原因是我們對它們多不勝數的心理和行為影響，不完全清楚。*不過，已知荷爾蒙避孕法會促發或延續部分女性的情緒障礙，包括憂鬱症。[13] 而且，除了對女性精神狀態的影響外，荷爾蒙避孕法——尤其是含雌激素的口服避孕藥——還與一些更嚴重的健康風險有關，包括乳癌、血栓和中風。[14] 較不嚴重但更常見的是長斑點、頭痛、痤瘡和痙攣。不用說，這些都不是無關緊要的副作用。並不是女性有什麼怨言，不太嚴重但仍然令人不快的副作用，至少比意外懷孕更容易控制。我曾經看到一個迷因這樣寫：「避孕就像在問，你是要憂鬱症，還是要

---

* 但我們確實知道，許多女性很難找到能讓她們滿意的荷爾蒙避孕法，而且經常在感到不適的情況下繼續使用荷爾蒙避孕法。[12]

小孩。」老實說，相當精闢。

女性要凍卵時需要注射生育藥物，這些藥物的作用通常類似於體內控制排卵的天然荷爾蒙。整個手術就是靠這些昂貴的荷爾蒙針劑來推動。大多數生殖技術都仰賴於操縱荷爾蒙的能力，正是這種能力使得關於卵子冷凍和生育力保存的全新但日益主流的對話，成為可能。想一想，能夠調節自己的生育能力是多麼令人難以置信。曾經的故事是關於避孕和預防、關於桑格和其他生育控制革命先鋒，現在則是關於干預的故事——以及關於更多。更多卵子，更多控制，更多時間。

蕾咪：小心輕放

在接受冷凍卵子術前培訓幾週後，一盒生育藥物送到了蕾咪家門口。聯邦快遞，連夜從佛羅里達州寄來。包裝上每一面都貼著「易碎品，小心輕放」的紅色貼紙。包裹恰好在蕾咪上完夜班回家時送來——這很幸運，因為其中一些藥物需要立即冷藏。她謝過送貨員，然後打著哈欠從包包裡摸出鑰匙。她的金色長髮紮成凌亂的低馬尾，14小時前匆忙塗抹的睫毛膏暈染著暗綠色眼眸。

蕾咪準備開始了。過去幾個晚上她翻來覆去，腦中不停想著整個冷凍療程接下來的可能場景。思考後勤工作通常會讓她平靜下來，但現在有太多未知因素，讓她很難安心。思量在接下來幾週的醫院夜班期間，要如何安排每天的注射，這啟動了她大腦中控制狂的天性。不過，一走進家門，她就像往常一

樣平靜下來了。蕾咪從一搬進來就開始築巢,一心想讓這棟單層的小房子變得舒適。現在這裡感覺就像是她的波西米亞風窩點。鞋子整齊地擺放在門口的小櫃子裡。派樂騰(Peloton)飛輪車放在書房,後面是她裱框的文憑。白色長毛地毯。精油小瓶。一張椅子上放著幾套藍色手術服,折疊得整整齊齊。巨大的玻璃掛曆,上面用乾擦記號筆寫著:注射第七天;用紅字潦草寫著:取卵日!標有心形,旁邊有標示「帳單」和「預算」的方塊。

她把箱子搬到廚房,打開,一個一個取出裡面的東西:生育藥物小瓶、橘色瓶子裡的藥丸、冰袋、注射器、酒精棉籤、針頭、一個紅色銳器容器和一張收據。對於大多數冷凍卵子的女性來說,這些醫療用品可能讓人又敬又畏。不過對蕾咪來說,驚嘆效果為零。儘管如此,還是有一點學習曲線的,她要分清楚有哪些藥物以及如何將它們注射到體內。

隨著生育藥物送達,冷凍卵子突然變得前所未有的真實。蕾咪已經把她的卵子想成未來的孩子。也許是出於她對宇宙的信念,而不是對醫學的信念,但幾週前,當一名懷孕的病人問蕾咪她是否有孩子時,蕾咪回答:「還沒有——但他們很快就會被凍住。」她希望他們是金髮碧眼的寶貝。她甚至還挑好了名字。

廚房水槽上方的窗外傳來鳥兒鳴叫聲,表示已經超過她該上床睡覺的時間了。她打開冰箱,推開一些東西,騰出地方放凍卵藥物,然後小心翼翼地將裝著藥物的紙箱放進去。她在流理台上整理無需冷藏的藥品,把它們和注射器、酒精棉籤以

及銳器容器放在一起,並用四個小水晶包圍著這堆藥物——黑色、淺綠色、橙色、紫色。得把這些藥物醃一下,她心想。她的針劑到了。她很緊張——但又滿心期待。

第五章

女性為何冷凍卵子

第二次凍卵約診

　　和許多人一樣，成年後我大多時間都在努力避免懷孕。和許多有子宮的人一樣，我長期以來一直都在擔心意外懷孕。但同時，我又很焦慮，因為不確定自己是否有能力擁有自己的孩子，畢竟我從未懷孕或試圖懷孕——而唯一能檢測生育能力的方法就是真的懷孕。我意識到這種持續的矛盾：我想保護我的卵巢，但我又不想讓它做它天生就該做的事。至少現在還不行。這種矛盾的擔憂困擾了我十多年。

　　一則回憶：大學畢業的那個暑假，有一天半夜，我突然驚醒，猛地從床上坐起身，摀著身側，突如其來的抽痛尖銳又灼熱。那年我 22 歲，跨越了大半個地球，與交往了六個月的男友一起在斯里蘭卡旅行。我們住在可倫坡郊區一棟房子裡。他在我旁邊睡著，腳抵著蚊帳。我坐起來伸手拿頭燈，然後溜下

床,赤腳走進浴室,吞下幾粒非處方止痛藥。接著走到廚房燒水準備喝茶,然後開啟筆記型電腦。之前的手術讓我變得疑神疑鬼,對自己的身體有些不信任;對我來說,疼痛往往預示著更深層的問題。過去兩天我出現了抽痛,但不知道它們是否與我服用避孕藥的週期有關,或是手術累積形成的疤痕組織,所引起的不太頻繁但更疼痛的痙攣。

但我真正擔心的是這兩者都不是。因此,我在 Google 搜尋中輸入「懷孕的跡象」,感覺已經是第一百次了。多年來,我的經期一直不規律——服用避孕藥前的真實經期,以及服用避孕藥期間的假經期——這讓我很難知道月經是遲到還是停了。有很長一段時間,我不明白為什麼如果我沒有排卵,每個月仍然會流一點血,畢竟我正在服用避孕藥。(那時我還不知道停藥性出血。)我們在溫暖潮濕的斯里蘭卡旅行期間,有時候我會忘記冷藏避孕藥。開藥的醫生警告我,高溫可能會降低藥效。在以前,下腹部的劇烈疼痛,只會讓我擔心可能又是一個囊腫導致卵巢扭轉。但自從我開始有性生活,只要腹部附近稍微有點痛,我就會擔心是不是即將失去卵巢或懷孕了。當痙攣消退時,我的擔憂也隨之消失——直到再次發生這種情況,焦慮螺旋重演。

幾個月後的一個晚上,在斯里蘭卡的另一個地方,我發現自己坐在一輛飛快前往醫院的嘟嘟車後座。我記得那炎熱、充滿各種氣味的空氣,以及我的左下骨盆區域感覺就像有火在燒。我確信我的卵巢在另一個囊腫的重壓下再次扭轉。在急診室裡,我等了幾個小時,思緒不斷盤旋。如果失去了剩下的卵

第五章　女性為何冷凍卵子　　113

巢怎麼辦？如果我真的不能生小孩怎麼辦？在照明不足的檢查室裡，我向一位看起來有點吃驚的醫生描述了這種顫動。我解釋了我需要他做什麼，當他把超音波機器推進來時，這臺機器看起來好像自 1980 年代以來，就沒有被使用過。我鬆了一口氣，點點頭。這項醫療技術在三個不同的大陸上，向我傳達了我的生殖系統內發生的情況。雖然並不總是好消息，但這次是：醫生沒有發現任何異常。那天晚上，我離開醫院時，又帶走一張黑白照片加入我的收藏。這種精神上的搖擺——焦慮地抑制我現在的生育能力，焦慮地擔心我未來的受孕能力——後來持續多年。

又見醫生

當我與諾伊斯醫生第一次約診的幾個月後，我打電話給她辦公室安排第二次預約時，這些回憶在我腦海中浮現。電話裡的護理師不記得我了，問了我一些常見的問題。我漸漸習慣不斷重複的來回詢問，關於我的生育能力和凍卵意願的問題、以及關於我一個卵巢，那些我暗自演練多次的回答。我們約好時間，幾週後，我又回到紐約大學朗格尼生殖中心的候診室。更多文件要填。還是單身。這次，除了常規問題外，諾伊斯博士還問了一堆關於我愛情生活的問題。

「你聰明、漂亮、有企圖心，」諾伊斯醫生就事論事地說。然後：「怎麼會沒有男朋友？你這麼可愛。」

當一位世界著名的生殖醫師告訴你，你很可愛——並問你

為什麼單身時,你該說什麼?

「我——呃,謝謝你,諾伊斯醫師。」

「嗯,我不擔心你,你還很年輕……我只是有點意外。」

她的話讓我覺得有點不好意思,後來則是在想她為什麼要說這些。我覺得有點壓力,好像必須要讓這位有點令人敬畏的醫生放心,我偶爾會去約會,有健康的性慾,大部分情況下都很好。我不想告訴她火腿三明治的事。我嘟噥著說我非常迷戀我哥哥最好的朋友,我從九歲起就認識他了,最近做白日夢的次數比平常多。關於他是多麼機智和善良。關於他在國際教育領域有意義的工作。關於我們談話時他專心傾聽的樣子,他凝視著我的眼睛然後又移開的樣子。關於……。

「哦,所以你有一個夢中情人?」諾伊斯醫生爽快地問。

「這個,」我弱弱地說。和剖析我的個人生活相比,我想回到談論我的卵巢和生育恐懼,這對我來說居然是非常愉快的話題。

「他知道嗎?」

我的臉發燙。我的酒窩紅了嗎?感覺好像紅了,雖然酒窩根本不會發紅。

「他知道,我想是吧,某種程度上。我……說這個我不太自在。」

諾伊斯醫生揮了揮手,彷彿要把辦公室裡所有的尷尬都掃出去。「你的生活在正軌上,」她說,合上放在她桌上那包含我病歷的文件夾,就好像事情已經有了定論一樣。我在腿上絞著雙手。此刻,我的生活和這次約診,感覺都不在正軌上。

第五章　女性為何冷凍卵子

「總之,我記得你說過你肯定想要親生的孩子,」她繼續說道,終於回到更安全的話題。「尤其是如果你不只想要一個孩子,那麼我們可能會做兩輪療程。因為我想要有足夠數量的卵子。」

　「不管你是要凍卵還是咬牙直接生一個⋯⋯」她停了下來,彷彿被懷念之情打斷了。「要是一輩子沒有孩子——嗯,我真的無法想像沒有孩子的生活。」

　我們談到風險。我最擔心的是超出負荷,過度刺激我的卵巢,造成不可挽回的傷害。「我很擔心做了以後,會失去我僅剩的一個卵巢⋯⋯這才是最讓我害怕的地方,」我說。「這就是我猶豫的原因。」

　但諾伊斯醫生擁有我所缺乏的信心。「我一點也不擔心冷凍你的卵子,」她宣布。「自從遇見你,我又做了三千個。我一點也不擔心。」

　三千個什麼?我很疑惑,但沒問。

又見醫生

　我再次被帶到檢查室,護理師指示我脫掉衣服,然後穿上一件薄而柔軟的袍子。衣帶在我身側晃來晃去。我顫抖著;袍子敞開的前襟讓我感到寒冷。我躺在檢查台上,把腳跟滑進馬鐙裡,在護理師還沒開口前就將臀部向下移動。

　「你做了功課,」諾伊斯醫生一邊說,一邊將潤滑油擠在超音波探頭的球狀端上,然後把儀器滑入我體內。儀器又冰又

不舒服。我吸了一口氣，試著把注意力集中在事實上。為我做檢查的醫生，是這個領域最受尊敬的醫生之一。她確定我是冷凍卵子的良好人選。雖然她的舉止可能有點居高臨下，但我不得不承認，她的樂觀態度，以及對我卵巢的明顯熱情，這些吸引了我。我瞥了一眼螢幕，看向諾伊斯醫生，她正用她空著的那隻手比劃的地方。「這是你卵巢的照片，這部分就是卵巢。OK？」

「OK，」我說，諾伊斯醫生找到我卵巢的那一刻，讓我發現了自己對這一切的感受。我意識到，我想這麼做。我想冷凍我的卵子。做出決定的感覺真好，如釋重負。雙腿大開，超音波探頭仍在我的陰道內，我告訴諾伊斯醫生：「我要做。我要冷凍我的卵子，在這裡，和你一起，一定會很棒。」

曼蒂：「定時炸彈」

六月的一個早晨，30 歲的曼蒂猛然驚醒。終於，她心想，伸手關掉手機鬧鐘。經過 11 天的荷爾蒙注射，她的取卵日終於到了。她熬夜到很晚，彎著腰在筆記型電腦上查看卵子冷凍論壇，並閱讀標題為「取卵日會做些什麼」之類的部落格文章。她已經做了她該做的一切嗎？她現在已經知道，冷凍卵子沒有太多犯錯空間，然而這個過程似乎很容易出錯。就在前一天，曼蒂打開注射工具包，發現她早上應該給自己注射的針劑不見了。然後她衝到醫生診間，讓護理師及時給她注射了她需要的美諾孕（Menopur）。

曼蒂的丈夫昆西在她身旁動了動。她躺回床上，知道他的手機鬧鐘也快響了。大多數早晨，他們都將鬧鐘設定為相隔五分鐘。今天他倆都請了一天假。曼蒂前一天晚上挑選的衣服已經放在一旁：黑色緊身褲和她最喜歡的灰色舊毛衣。曼蒂和昆西住在加州奧克蘭（Oakland），那一天是溫暖的初夏，但她最近在冷氣十足的診間和檢查室裡待的時間夠久，知道自己會很高興穿了這件毛衣。

曼蒂是在醫生的敦促下凍卵的。她在二十多歲時接受了兩次手術，只剩下一個卵巢的一半，和另一個卵巢的四分之一。曼蒂20歲時，她右側卵巢上的皮樣囊腫（dermoid cyst）——一種小型、通常非癌性的異常增生——破裂，需要緊急手術。28歲時她又動了手術，切除左側卵巢上的另一個皮樣囊腫。不同於更常見的卵泡和黃體囊腫，我們之前討論過的因女性月經週期，而形成的囊腫——卵巢皮樣囊腫通常在出生時就存在，這意味著它們是在胎內形成。它們並不罕見，但如果長得太大或有破裂的危險，就像曼蒂那樣，就會被切除。* 醫生不止一次告訴她，她很幸運，仍然保留著卵巢——即使只是部分。僅有部分卵巢的女性，仍然可以有孩子，但曼蒂現在面臨的是難以受孕的風險上升了。

在第二次手術後，曼蒂的醫生擔心她面臨生育問題，建議她儘早懷孕，或考慮冷凍卵子。兩年後，當曼蒂30歲時，她

---

* 雖然卵巢皮樣囊腫本身相對常見，但破裂的情況卻極為罕見。曼蒂那種雙側皮樣囊腫復發的情況也很少見。

得知自己出現第三個卵巢皮樣囊腫。如果它在接下來幾年，和前兩個一樣開始長大的話，這就是一顆定時炸彈——而在接下來幾年裡，曼蒂目前尚好的卵子也將開始慢慢消失。如果她需要再次進行手術切除這個囊腫，她的生育力可能會受損更多。她需要決定是否冷凍卵子——立刻。

曼蒂第一次聯繫我，是在陷入她所說的「Google 搜尋漩渦」之後。原本在想起專家建議後，試圖了解更多關於卵子冷凍的知識，結果卻繞了一堆彎路，看了一大堆無益的社交媒體貼文和廣告，讓她愈發茫然失措。當她偶然看到，我撰寫關於這個主題的一些文章時，她立即聯繫我。「我讀得愈多，就愈困惑，」曼蒂在我們第一次通電話時說道。「我真的分不清凍卵是好事還是壞事。」由於難以區分行銷和醫療建議，她對於在網路上找到的資訊心存疑慮：一星級、二星級或五星級評等的生育診所；耀眼的凍卵成功故事搭配女性沙龍照；痛苦的文字詳細描述療程中出現的可怕錯誤。

曼蒂的決定

生孩子感覺起來還很遙遠，曼蒂和昆西還沒有正式地談過這個話題。兩人都是美國人，他們在中國湖南省一個偏遠小鎮相識。最後他們一起搬回美國，在灣區找到工作，後來結婚了。他們開始存錢並設定目標。感覺日子剛穩定一些，曼蒂和昆西的共同生活才剛開始。他們還沒有準備好要生兒育女。

「一直以來就像是，『哦，我得去換機油了。』」我們第

一次談話時，曼蒂告訴我。「『弄清楚我的卵巢狀況』是在我的長期待辦事項清單上。」但現在是做出決定的時候了。「我以為只要我不去管這個問題，它遲早會消失，」她說。我聽出她聲音裡的緊繃，一種內心的衝突剛開始浮現。「但時間不站在我這邊，尤其是考慮到我的病史。」

30歲生日的幾個月後，她決定冷凍卵子。

曼蒂決定前往 Spring Fertility 診所進行初次諮詢，醫生建議她冷凍胚胎：將昆西的精子與卵子結合，然後將生成的健康胚胎冰存。所以這就是她要做的事。接下來，她在診所聽了兩個小時的術前培訓，一名護理師向曼蒂和其他幾名準備冷凍卵子或胚胎的女性，示範如何自行注射藥物。有一堆盒子和小瓶的藥物，以及各種尺寸的針頭。有些藥物需要冷藏，有些則不需要。有些必須在一天中的特定時間服用，有些則不需要。

這是曼蒂第一次接觸的大量訊息和詞彙——太多了，她無法吸收。回家後，她試著從 YouTube 了解整個過程，她看了幾個小時的影片，影片中逐步解釋如何準備和施打針劑。生育藥物通常是注射到下腹部或大腿上部的皮膚中，或注射到臀部上方的肌肉。卵巢直徑一般約為 2.5 公分；在卵子冷凍或體外受精療程中，卵巢會膨大到 10～13 公分，大約是柑橘大小。*曼蒂非常害怕打針會痛，怕到無法自行注射；最後是昆西幫她打針。第一次注射就讓她痛到哭出來，此時她一度考慮放棄整

---

* 在這個過程中，女性卵巢膨大的程度取決於卵泡的起始數量，即開始服用生育藥物時有多少個卵泡。

個療程。† 昆西學會了盡可能緩慢地進針,這樣注射時會比較不痛。

不久之後,每晚的注射開始像是一種儀式,曼蒂很驚訝她和昆西竟然輕易就養成如此奇怪的習慣。連續十天,每天晚上九點左右,曼蒂都會換上睡衣,而昆西則偷偷地在廚房裡準備針劑。在客廳裡,曼蒂和他們的狗(名叫多伊的義大利靈緹與吉娃娃的混種犬)躺在沙發上,有時會打開 Netflix 分散注意力。當昆西幫她冰敷並清潔要注射藥物的腹部皮膚時,她總是看向一旁。

能回歸常態嗎?

六月底一個溫暖的夜晚,當曼蒂的卵巢裡充滿了她希望的大量成熟卵子時,昆西在曼蒂的左臀上方注射了最後一針——破卵針,一種稱為人類絨毛膜促性腺激素的荷爾蒙。那時是晚上 11 點整。無論是保存卵子以供日後使用(卵子冷凍),還是用精子與卵子受精立即懷孕(體外受精),施打破卵針的時機都至關重要。在荷爾蒙注射過程中,容納卵子的卵泡一直在穩定發育。破卵針是臨門一腳,促發卵子的最後一點成熟,精心安排的取卵時間是 36 小時後。

取卵那天早上,曼蒂迅速穿好衣服,再次閱讀手術文件。在廚房裡,她緊盯著咖啡機,自從開始凍卵療程,大多數早

---

† 曼蒂後來才知道,並不是所有人都如此,有許多凍卵者不覺得注射很痛。

第五章　女性為何冷凍卵子　　121

晨她都只能乾瞪眼，被迫放棄咖啡因和運動。* 她的手機亮了亮，收到了一條來自她母親的簡訊，其中一部分是用中文寫的。結束以後和昆西去慶祝一下，上面寫著。愛你！我與你同在，親愛的。曼蒂讓螢幕上的文字和心形表情符號浸入心底。每天打針的日子格外漫長，她心想，打完這些針以後，感覺取卵還算是輕鬆的部分了。這也是整個療程中唯一完全不受她控制的部分。她會接受鎮靜，也無法控制卵巢產生的卵子數量。當她在廚房裡慢條斯理地做事時，一陣疲憊襲上心頭。她已經等不及讓這段日子以來的一切——抽血檢查和所有檢測、擔憂成功率和機率、疲倦、浮腫和焦慮的感覺——全部結束。明天就能回歸常態了，曼蒂提醒自己，有那麼一刻她感覺輕鬆了一點。不用再打針，不再有壓力，還有想喝多少咖啡都行。

　　他們擠進了可靠的豐田 Corolla 老車，由昆西駕駛。曼蒂在高中時就買了這輛車，那是 15 年前的事了。她開車參加 SAT 考試、結婚，現在又去冷凍卵子。尖峰時間剛過，他們有一個小時的時間，去舊金山赴 11 點的約診。時間很充裕。

　　「等等，怎麼會這樣？」曼蒂一邊說著一邊向前傾，想看清楚擋風玻璃外的情形。舊金山海灣大橋大排長龍，交通陷入

---

* 卵巢在凍卵療程中會膨大，它們變得愈大，就愈有可能導致卵巢扭轉。某些類型的運動會增加這種風險。因此，在注射凍卵藥物期間以及取卵後幾天內，進行低衝擊的體能活動——步行、舉重、和緩的瑜伽——是可以的。劇烈運動——CrossFit、跑步，以及任何需要跳動、扭轉或翻轉身體的活動——都不行。至於咖啡因，它是一種興奮劑，會使血管收縮，提高心率和血壓；關於咖啡因影響生育力的數據有限，但與建議試圖懷孕的女性停止或限制咖啡因攝入量類似，要做卵子冷凍和體外受精的女性也會收到同樣建議。

癱瘓——一起重大交通事故。她低頭看向手機。地圖應用程式顯示，他們現在會晚半小時到達診所。她閉上眼睛，努力保持冷靜。她絕對不會因為交通擁堵而錯過取卵手術，進而導致她的人生為此停頓了好幾週。

汽車緩緩前進。昆西的雙手緊緊握住方向盤。曼蒂心想，這是她經歷過最長的一小時。

終於，Spring Fertility 進入眼簾。

人工生殖的新常態

除了幫助解決與年齡相關的生育問題外，人工生殖技術還幫助人們克服因醫療狀況引起的不孕問題。女性不孕的因素包括排卵障礙、輸卵管阻塞、子宮構造問題和卵子數量少等，有些女性會因此冷凍卵子和（或）接受體內受精。有兩種常見病症可能影響生育能力，一是多囊性卵巢症候群，另一是子宮內膜異位症。多囊性卵巢症候群是荷爾蒙失衡引起的疾病，它讓卵巢發育出許多卵泡，但並不釋放卵子，因此阻礙排卵。它影響美國約 10％ 的女性，但據專家估計，患有多囊性卵巢症候群的女性中，有超過 50％ 仍未被診斷出來。[1] 子宮內膜異位症是一種痛苦的發炎性疾病，有類似子宮內膜的組織生長在子宮外——在美國，大約十分之一的育齡婦女患有子宮內膜異位症——通常會干擾排卵，並可能導致疤痕組織和卵巢囊腫，損害生育力。患有這兩種疾病的女性較有可能受孕困難，平均而言需要更長時間才能懷孕。

最常用到人工生殖技術的醫療狀況，是醫療性不孕症，即患者有生育困難或因治療其他疾病，最常見的是癌症化療或放療，而變得不孕。25 歲的奧莉維亞，是數千名冷凍卵子的罹癌女性之一，她是來自北卡羅來納州的自由音樂教師，在星巴克兼職以獲得健康保險。三月寒冷的某天，奧莉維亞醒來，為這一天精心打扮——化妝、髮型、堅定的微笑，還有她最喜歡的粉紅色手包。她正要去取最近的切片檢查結果。她心想，如果診斷結果是癌症，我拒絕在他們告知我時看起來邋裡邋遢。她套上她的幸運粉紅色運動鞋，然後開車去診所。

當天她被診斷出患有乳癌。

奧莉維亞治療癌症使用的藥物，將使她停經 5～10 年。她的醫生建議她立即冷凍卵子。「不做就會死，」奧莉維亞告訴我。「我們必須在開始化療前五天停掉我的卵巢。」她最後沒有冷凍卵子，但冷凍了兩個以男友精子受精的胚胎。

奧莉維亞是醫療性凍卵的典型例子，這世界上有成千上萬像她一樣的女性，在接受損害生育力的癌症治療之前緊急保存卵子。但曼蒂的情況和我一樣，就不那麼明確了。雖然，我們的病歷不像奧莉維亞那樣能構成冷凍卵子的堅實依據，但我們都是醫生所說的「囊腫形成者」也就是說，容易出現有問題的囊腫，再加上我們的婦科手術史，以及沒有兩個健康的卵巢，這意味著我們未來生育困難的風險更高。

在 Spring Fertility 的候診室裡曼蒂環顧四周，看著熟悉的溫暖、平靜的色調。診所的氣氛照明和現代裝飾，散發出豪華水療中心的氛圍，但掩蓋不了醫院那種典型的無菌感覺。這

個地方有點欲蓋彌彰；我知道你們是做什麼的，曼蒂在看診前坐著等待時常常這樣想。她深吸了一口氣，盡量不讓自己煩躁起來。在她身旁的昆西——大多時候嚴肅、可靠又冷靜的昆西——正全神貫注地讀著加斯‧格林威爾（Garth Greenwell）的小說。

護理師叫了她的名字，把她帶到一個小房間。曼蒂換上粉紅色手術服、醫用帽和超大號防滑襪。在昆西於手術前拍攝的照片中，她的厚框眼鏡有點歪，粉紅色帽子遮住她部分閃亮的黑髮。她的手正舉起揮動；她的笑容緊張。昆西親了親她，並答應給她留一條候診室的穀物棒。這是她的小傳統，曼蒂每次去診所都會拿一份。她不太喜歡這些約診，但至少還有穀物棒可以期待。

她獨自坐在手術室裡等待。她感到焦慮，脆弱。她無法停止思考自己身體的限制，以及用藥物和荷爾蒙將身體推向極限是否正確。曼蒂認為，冷凍卵子感覺就像是介於分娩和科學實驗之間。即使終於到了取卵這一天，她仍然對整個療程感到矛盾。她投入了大量時間、金錢和情感能量在這個過程中，而這個過程原本是為了讓她握有控制權。但現在她只想要憂慮平息，只想解脫、安穩。就快了，她心想，很快就結束了。從手術室裡，她可以透過一扇大玻璃窗看到臨床醫師。他們手裡拿著寫字板，不時俯身進行顯微鏡觀察並操作實驗室設備。看看這些扮演上帝的人，曼蒂心想。一名醫生看到她在盯著他們看，向她揮了揮手。這讓她想起了電影《人造意識》（*Ex Machina*）：科技、金錢、未來。她向這位神揮了揮手。

第五章　女性為何冷凍卵子　125

等她再次睜開眼睛時,已經在恢復室了。一名醫生和昆西站在她旁邊。「進行得非常順利!」醫生爽朗地喊道。「你有很多卵子——我們取出了 20 個。」曼蒂眨了眨眼睛,試圖驅散腦海中的迷霧。20 ?一股如釋重負的感覺湧上心頭。她知道,卵巢不完整意味著她不太可能冷凍大量卵子。她一直小心翼翼地降低自己的期望。前幾次看診時,有次醫生告訴她,她的卵巢非常努力工作,但她的卵泡發育不如他的預期。我們還沒有達到我們想要的目標,他字斟句酌地說,但我相信我們很快就會達到目標了。在後來的一次看診中,他只數出 11 個卵泡。曼蒂躺在檢查台上,試圖解讀他的表情,就像她在每次檢查時所做的那樣。但在那次看診時,醫生更加直接:數字不太漂亮,但還可以。所以 20 個卵子是個好消息。

半小時後,曼蒂和昆西準備離開。在他們走出診所的路上,一名護理師遞給他們一小盒 Godiva 巧克力。在電梯裡,昆西翻開口袋給曼蒂看,裡面塞滿了穀物棒。

希望與心碎

也有許多人出於非醫療原因使用人工生殖技術。一個人成為父母的能力不受生殖器的限制,尤其是現在有了卵子冷凍和體外受精,使經歷或面臨因年齡而生育能力下降的女性,以及 LGBTQ+ 群體中的許多人得以懷孕。這是一個重要的主題,我將在第九章中詳細討論。雖然,目前使用者的人口結構開始發生變化[2],因為有愈來愈多來自不同種族和收入水準的人凍

卵，但大多數的凍卵者都是健康、年輕的順性別（cisgender）女性。更具體地說，是白人中產至中上階級專業人士。而她們通常可以分為兩類群體。第一類是 20 多歲到 30 歲出頭的女性，也就是 35 歲以下的女性，這類凍卵者人數逐漸增長──目前約占 35％，而 2012 年為 25％。[3] 這些女性知道她們將來會想要孩子，也許是在未來五年左右的時間內，但不是現在。對她們來說，卵子冷凍是一種防患未然的措施。第二類是 30 歲中後期或 40 歲出頭的女性，她們知道自己的生育窗口即將關閉，並希望在不久的將來提高懷孕機會。許多人到這個歲數早就渴望成為母親了。她們想要孩子，但還不適合生孩子，通常是因為她們還沒有找到合心意的伴侶。

當我開始研究，健康年輕女性冷凍卵子背後的研究和數據時，我預期主要動機，是為了讓生育力配合抱負和職業。但我驚訝地發現，與一般看法相反，很少人因此去做卵子冷凍。實際上主要的動機，是醫學人類學家、耶魯大學教授瑪西亞·英霍恩（Marcia Inhorn）所說的「擇偶差距」──缺乏合格的、受過教育的、平等的、準備結婚並為人父母的伴侶。英霍恩主持一項長達十年的研究，旨在了解是什麼驅使健康女性冷凍卵子，她發現大多數女性（超過 80％）冷凍卵子是因為缺乏伴侶。[4] 當然，一個人不需要伴侶也能生孩子，但這群女性希望與伴侶一起撫養孩子。英霍恩發現這類冷凍卵子者主要分為三種：分手或離婚後冷凍卵子的女性、已經約會多年但仍然單身的女性，伴侶還沒有準備好生孩子的女性。[5] 這類典型的冷凍卵子者是 30 多歲、受過高等教育的職業女性，當她走進生育

診所時已經事業有成。她缺少的是一個合適的伴侶建立家庭。英霍恩在她的《冰封母職》（*Motherhood on Ice*，暫譯）一書中寫道，冷凍卵子是「一種生殖備案，一種在等待合適伴侶的同時彌補差距的技術嘗試。」[6]

「我買的是內心平靜」

36歲的瓦萊麗就是這種情況，直到冷凍卵子時，她都無法客觀地看待戀愛關係。瓦萊麗住在亞特蘭大，她曾在三個州、四個不同場合下做過冷凍卵子療程。*她曾經把荷爾蒙針劑帶上飛機，並且不止一次在約會途中找藉口告退，到餐廳洗手間裡自行注射。原來瓦萊麗是一名生殖醫師。她第一次冷凍卵子時是28歲，正在醫學院就讀。瓦萊麗知道她的母親經歷了更年期提前，一開始她認為，冷凍卵子既是預防未來可能出現生育問題的手段，也是在不犧牲自己生三個孩子的願景下，追求高負荷職業的一種方式。

做了幾輪療程後，她開始認為卵子冷凍很有價值，可以在她等待合適的人兼真愛出現的同時，保有其生殖潛力。在瓦萊麗最後一次取卵時，她頓悟了。多年來，她始終無法看清自己戀愛關係的真實面貌，有時只是為了將來某天，能擁有理論上想要的孩子，就守著一個不滿意的伴侶。冷凍卵子改變了這一切。她認為凍卵挽救了她，使她免於悲慘的婚姻。她談到前一

---

* 通常需要做多輪療程才能取得「足夠」的卵子，之後我們會詳細討論何謂「足夠」，以及凍卵成功率。

位與她同居,而且原本計劃結婚的伴侶時說:「他的條件很出色,但終究不是我餘生需要的伴侶。而且,老實說,知道我有 22 個卵子在冷凍,給了我力量結束這段關係。」瓦萊麗的態度,說明了對於許多凍卵的女性來說,這個決定不僅關係到現在的獨立,也關係到未來的家庭。「我買的是內心的平靜,」她告訴我。「能夠不用緊盯著生理時鐘做決定——我現在還是會聽到它在我耳邊尖叫。」

因此,卵子冷凍通常被視為展望未來戀情時帶來希望的技術。但研究顯示,對一些人來說它是絕望下的技術。大多數冷凍卵子的女性要麼充滿希望,要麼憂心忡忡,或是兩者兼具。英霍恩的研究是基於至今最大規模的凍卵人種學研究。[7] 她和研究團隊發現,對許多女性來說,關係破裂——如英霍恩提及的離婚、分居、訂婚破裂——是尋求凍卵的主要原因。在結束一段失敗的關係後尋求凍卵的女性,離開了所愛的人,或被她所愛的人拋下。依其年齡,她可能正處於生育的關鍵時刻;但即使她才二十多歲,這個年紀的人也可能將分手視為對自我意識和對未來希望的打擊,而在心痛、甚至絕望的感覺下,冷凍了自己的卵子。英霍恩在《冰封母職》一書中寫道:「對於那些預期的生命歷程軌跡被打亂或破壞的女性來說,凍卵為她們提供了暫時的生物緩刑,讓女性能夠治癒她們的關係創傷,並重新校準她們的身分認同。卵子冷凍也激發了一些女性對不同未來的願景,其中伴侶關係不再成為最終目標。」[8]

瓦萊麗的選擇

蕾咪在注射培訓的之後幾天，下班後便去她最喜歡的公園散步了許久。她還在消化醫生和護理師之前，說過的所有事。她的冷凍卵子待辦事項清單愈來愈長。提交藥房文件。向聖地亞哥的莎拉要多餘的人類絨毛膜促性腺激素針劑，省點錢。申請新的信用卡支付藥物費用。她幾乎能預見自己將打破「一個月不喝咖啡」的規定——她根本無法想像這種情況——並且心想，如果她只違反這一項規定，應該還不至於搞砸全部吧。

在連日的陰暗天氣後，這一天陽光明媚，像是心也放晴了。蕾咪一邊走路，一邊準備沿著她平常的路線慢跑，在路上她注意到，一個又一個與她年齡相仿的婦女推著嬰兒車。通常情況下，看到這麼多全職媽媽（她猜的，至少有些可能是）會讓她感到痛苦，這刺痛地提醒她，她是單身，距離擁有自己的孩子還差得遠了。但今天這些景象反而讓她確信，她生孩子的經歷可能與她們的完全不同，這種想法令她感到解放。她覺得又髒又累——睡眠不足已成為最近的生活常態——但她也感到平靜和掌控。是的，她又單身了。但這也不是沒有好處，那就是她可以活得自私一點。她只需要照顧自己、考慮自己；沒有人依賴她，除了她的病人算在某方面依賴她吧。生活就是上班和回家。她的人生或許不會再有這樣自私的時期了。自從她決定凍卵以來，她就一直這麼想，這是凍卵的最佳時機。她現在完全掌握了生育力這件事。她在為母親的身分搶占先機。希望她推嬰兒車的日子不會太遠，但如果是的話，那也沒關係。

醫學上的一切都在不斷告訴她，她晚了。晚了，晚了，晚了。至少蕾咪距離可怕的「高齡產婦」分界線還有兩年。對於高風險懷孕以及不孕症診斷的常見程度，如果可以她也不想知道得那麼清楚。*她決心不進行高風險懷孕，並希望不惜一切代價，避免在高齡接受生育治療時經常帶來的心痛。蕾咪冷凍她的卵子是為了給自己爭取時間，去約會和追求感情，尋找她最終希望擁有的丈夫。他正在某個地方，投入時間發展自己，並準備好成為一個忠誠的伴侶。蕾咪也是這麼做的，盡她所能控制未知。

蕾咪熱愛列清單。更重要的是，她喜歡在清單上的項目打勾。生活中的重大時刻和決定，旁邊都有整齊的方框，在蕾咪二十多歲時，她把清單上的項目一一打勾。上醫學院、訂婚、結婚：打勾、打勾、打勾。但蕾咪現在知道了，生活並不總是陽光明媚和打勾的框框。經歷了與一個男人破裂的訂婚，然後又與另一個男人離婚，這讓她相信，選擇對的人一起分享生活，生兒育女，這會是她一生中最重要的決定之一。

冷凍的卵子屬於誰？

她開始以輕鬆的速度慢跑，思緒飛揚，將她帶回上次的卵

---

* 據估計，全球有六分之一的成人（占總人口的 17.5%）患有不孕症。[9] 被診斷為不孕，並不意味著女性不能懷孕，這只是代表有什麼阻止了她的身體自行懷孕。另一個值得注意的事實是——這一點很重要，所以讓我們沉澱一下——患有不孕症的女性和男性人數是相等的。大約三分之一的不孕症病例問題出在女性，三分之一可以歸因於男性，剩下的 33% 左右，要麼是兩者都有問題，要麼無法解釋。

第五章　女性為何冷凍卵子　　131

子冷凍約診。她記得當時,有一位自稱是臨床業務協調員的女士探頭進門。「看完所有內容了嗎?等你完成後,有一份表格要做公證。」蕾咪從膝上的一堆表格中拿起其中一張。「這個是給夫婦的吧——我是說,體外受精。但我只是冷凍卵子。這張的最上面說,需要由重要的另一半填寫完成。」

「是的,不過你還是要填寫,」女人說。

蕾咪唸出紙上的內容。「『若我分居或離婚』……『將所有權轉讓給』……『捐贈生殖……』」她抬起頭來。「這是不是說,如果我死掉的話?」

「啊,」女人說。「我不知道你要不要寫這個。」她離開了房間,片刻後又回來了。「路易斯醫生說你就寫『不適用』。」

「不適用,」蕾咪緩慢地重複。

「寫『n/a』就好,」女人說道,好像沒事一樣。

蕾咪奮力奔跑,想把自己累垮。她仍然能感受到那一刻的沉重;想到自己可能在用上卵子之前就死去,讓她感到很悲傷。最後她在表格上寫下母親的名字,後來又加上了父母的電話號碼,感覺有點奇怪。蕾咪知道,如果她過世,她的母親會對她卵子的去處很有意見。但還會有其他人在意嗎?也許簽署大量的表格,並倉促決定她冷凍卵子的去處以及誰來關心,應該是要讓凍卵者的她感覺更安心,但事實上並沒有。

那天晚上,蕾咪感到不安。當她坐下來冥想時,到處都找不到自己的月光石卵巢水晶。她翻遍了公寓,一遍又一遍查看同一個地方。最後終於在洗衣機門框的塑膠圈深處找到了。她

忘記從前幾天看診時穿的丹寧襯衫口袋裡取出石頭。月光石浸在水中，閃閃發光。讓蕾咪想起了腹腔鏡下卵巢的樣子。

那天夜晚躺上床後，她發簡訊給父親，告訴他，如果她在使用卵子之前出事，他和蕾咪的母親將負責處理她的卵子。他回訊說他會照顧她的「雙胞胎」，並開玩笑說要在亞利桑那州撫養他們，讓他們住在拖車裡，在碼頭釣魚。蕾咪看完後咯咯地笑起來。她回簡訊說：只要你把他們教得謙虛就好。意思是，要有謙卑感──她無法想像她的孩子們沒有這種美德，無論他們是誰撫養長大的。

聰明的女人懂得未雨綢繆

自從上一次與諾伊斯博士約診時斷然決定要做！我認為冷凍卵子可能是失落已久的「全都要城堡」的鑰匙。像蕾咪一樣，我擔心會太晚。我擔心以後自己也變成高齡產婦，或者仍舊單身又想要生兒育女。像曼蒂一樣，我擔心我的卵巢或缺乏卵巢，並感到壓力，要透過抓住我的卵巢現在所能產生的一切，來防止未來可能出現的遺憾。種種事實歸結成一句話：我將來想要親生的孩子。我是單身，課業繁重的研究生課程消耗了我大部分的時間和精力。我的卵子不再年輕。卵子冷凍技術自早期以來已經有了很大的進展。這些事實背後的潛意識訊息引起我的共鳴：聰明的女人會未雨綢繆。聰明的女人對自己想要的東西毫不妥協──並且在生活不按計劃進行時有備案。聰明的女人積極主動，善於掌控。這個想法又出現了：控制。有

一部分的我發現它非常有吸引力。

在我第二次凍卵預約診的 12 天後，我認識了班。

我們是在約會應用程式上「認識」的。我們在應用程式的訊息平台上進行了一些調情的玩笑後，約好在「布魯克林酒吧」見面，這家酒吧距離我的公寓只要走幾分鐘。他遲到了，這讓我很暴躁——多好的開始！但我原本以為只是小酌兩杯，結果變成了四個小時的對話。其中有些巧合令人震驚。我倆父母之中，都有一位是退休的美國陸軍上校（他的父親，我的母親）。他的妹妹和我的嫂嫂同名。他和我哥哥也同名。

班熱情地談論他在再生能源行業的工作。他戴著眼鏡，穿著一件皺巴巴的紐扣襯衫，外面罩著一件紅色巴塔哥尼亞套頭衫。他是我第一個認識來自威斯康辛州的人。午夜過後不久，我們走到店外的人行道上，在明月下接吻。他把我抱進懷裡，當他的手滑下我的牛仔褲並抓住我的臀部時，我感到一陣快樂的顫抖。「之前你去哪裡了？」他輕聲說道，雙臂環住了我的腰。

下一次約會時，我們在麥迪遜廣場花園（Madison Square Garden）的一場音樂會後，鑽進一家披薩店，買 99 美分的披薩和兩瓶 Snapple 果汁。我們在地鐵入口外的骯髒街角吃東西。我累壞了，急著想回家。班的衣領上沾滿了披薩餅皮碎屑。「你還沒告訴我，你寫的是什麼，」他說。

大多數情況下，和我約會過的男人都不會想聽這件事。他們會問我是什麼樣的記者，要報導什麼樣的主題。「最近是生育和凍卵，」我回答，他們會低頭或伸手去拿啤酒。「雞蛋

嗎？」曾經有一個這麼問我。我咬了一大口披薩，拖延時間。開始吧，我心想，我 12 歲的時候⋯⋯我總是從這裡開始說。多年來，我已經習慣向朋友或任何熟到會問起我手術的人，說起這些事。我總是能坦然地談論為什麼我只有一個卵巢。直到現在。我不知道該如何開始解釋，我可能不確定的生育未來──尤其是因為那個未來似乎突然離現在很近。距離我上次去診所看診已經過了兩週，當時我很興奮地宣布我要凍卵。而站在我面前、鬍子裡有麵包屑的男人，有一天可能會和我的生育力、我生孩子的能力有深切糾葛。這只是我們的第二次約會──事實上，他是我使用約會應用程式以來，第一個會赴第二次約會的傢伙。但我內心深處有一種認定的感覺。

我看著班，突然間嘴裡發澀。一個想法在我腦海中清晰浮現：我不能在愛上你的同時冷凍我的卵子。這不是一個合乎邏輯的想法──經常有女性在約會和開始戀愛關係時冷凍卵子──但我有一種不知所措的感覺。我喝了一大口冰茶，聳了聳肩膀，彷彿要清除腦海中循環的言情劇。一輛計程車按了喇叭。「是這樣的，」我開始說。我想不出有其他方法能回答這個問題。「我 12 歲的時候⋯⋯」。

我幾乎能聽到我的卵巢憤怒地低語。

我不記得自己說了些什麼，但我確實記得他不著邊際的回答。「對，生育力，對，」他急切地說。「我幾天前讀過一篇文章，是關於科羅拉多州免費的子宮內避孕器？某種針對低收入青少年和女性的計劃，你聽過嗎？」他繼續解釋這個計劃。他在說話的時候，我們已經走下通往地鐵站的樓梯。「那麼，

第五章　女性為何冷凍卵子　　135

你還在考慮冷凍卵子嗎？」他問。他的語氣與我此刻的大腦不同，非常就事論事。我搜括著該說些什麼。「我想是的，沒錯。」

班張開雙臂擁抱我。「聽起來你正在做的事情和正在寫的東西很重要，」他說。我的臉貼在他的胸口，他親吻我的頭頂。我覺得自己裸露、脆弱。他看向我身後，瞇著眼睛看著地鐵北向的標誌。我想繼續說，但他要趕車。

「下次再聊可以嗎？」他問。

我瞪眼。他還想聊我失去卵巢的事？

「下次再出來玩可以嗎？」他微笑著澄清。

「嗯，不行，」我微笑著回答。

那個週末，班第一次來過夜。在他到達前，我從冰箱上的顯眼位置取走了卵巢四乘六的超音波照片。

身為一名記者，我對卵子冷凍技術及其背後的財富和藥物，有很多疑問。但就我個人而言，前途一片光明。離開諾伊斯博士辦公室時的樂觀情緒依然殘存。而且，我有了一個計劃。等診所打電話給我，提供抽血檢查結果後，我就能更清楚地了解我當前的生育能力狀態，並知道那些檢查——那些檢查是檢查什麼來著？——說我的卵巢和卵子怎麼樣。然後，我將繼續進行卵子冷凍的下一步。其實我不確定接下來的步驟是什麼，但我會弄清楚的。同時，我會繼續和迷人、隨和的班交往。

第六章

生育力最佳化

色必發或巴斯特

最初並不是為了給子宮頸液一個更朗朗上口的名字。正如許多事情一樣,一開始都是因為愛。還有性。

「『色必發』,」威爾·薩克斯(Will Sacks)坐在科羅拉多州博爾德(Boulder)家附近的咖啡館裡說。他穿著一件與他眸色相配的藍色 T 恤,修剪整齊的鬍鬚後面是溫暖的微笑。「我們原本打算把子宮頸液叫做『色必發』,Cer-VEE-va。不錯吧?」

那是一個秋高氣爽的早晨,年近 40 歲的企業家威爾向我講述了子宮頸液(也稱為子宮頸黏液〔cervical mucus〕),與他身為共同創辦人 Kindara 公司之間的關聯。Kindara 是一家開發生育力追蹤應用程式和產品的公司。子宮頸黏液是子宮頸分泌的液體,在女性月經週期間,尤其是在排卵期間,其質地、

顏色和量會發生變化。直到不久之前，我對子宮頸黏液的了解還停留在「黏稠」和「蛋清」等字眼。但與威爾會面之前，我已經做好了功課，因為我意識到，如果想要了解 Kindara 為其數十萬用戶所做的事情，我就必須了解子宮頸黏液和排卵。而我很快就發現，要談論排卵，得先了解子宮頸的生理知識。

生育意識

女性的子宮頸是子宮的守門人。子宮頸——子宮的「頸部」，長約 2.5 公分，位於陰道的頂部——決定何時及何物能進出。衛生棉條、性玩具、手指和陰莖都可以碰觸到子宮頸，但無法通過。而經血之類的東西，也許還有嬰兒，則是要出去的東西。子宮頸的作用是保護子宮——就像豪華酒店外的保鏢只放行貴賓——並保持女性生殖系統中關鍵部位的健康。在子宮頸外，精子排隊並爭相進入。而子宮頸黏液就是子宮的保護屏障，根據女性月經週期的不同時段，它分別有兩種作用。一是阻止精子進入子宮頸，二是在精子穿過子宮頸進入生殖道（reproductive tract）使卵子受精時，滋養和保護精子。因此，在這個特別的派對上，如果女性接近排卵日，子宮頸黏液就會使精子保持活力，奮力舞動，而子宮內的卵子則會向下出現在大廳。一旦子宮頸判定哪些幸運的精子值得進入，好戲就開始上演。[1]

我請威爾喝咖啡，希望能更加了解 Kindara 這間公司，以及生育力與經期追蹤應用程式。我認識的大多數女性——

無論是嘗試懷孕、積極避孕還是介於兩者之間——都會使用應用程式追蹤她們的月經週期。每個人都對自己用的那一個充滿信心。Kindara 尤其讓我感興趣，因為它是基於生育意識（fertility awareness）的節育方法，也稱為 FAM 或 FABM。「生育意識」是試圖以各種做法，來確定女性月經週期中的生育期和不孕期的總稱。女性每個月只有少數幾天有生育能力——即排卵日前後，也就是卵子排出的時候。生育意識法本質上是要回答這個問題：我今天能受孕嗎？使用生育意識法的人可以找出並追蹤受孕日，並利用這些資訊避免或實現懷孕。實際做法是追蹤月經週期中的荷爾蒙波動，特別是密切關注排卵跡象。其中兩個主要跡象是基礎體溫和子宮頸黏液的稠度。這些生理指標在對照之下，可以幫助女性監測排卵模式，並可靠地確定可能懷孕的日子。

十多年前的一個八月，那年威爾 29 歲，正渴求改變。威爾出身於魁北克，住在多倫多，那時他剛辭去能源效率顧問的工作。他想開創自己的事業，利用自己的工程背景打造對社會和環境有淨正向（net-positive）影響、做真正重要事情的公司。他決定參加他的第一次火人祭（Burning Man festival）[*]，他很確定這是他這個年紀的人，在經歷準生存危機時會做的事。他訂了一張飛往沙漠的機票，到達雷諾機場（Reno airport）後，他在 Craigslist[†] 上發布了一則訊息，說他要去火人

---

[*] 編按：每年八月底到九月初之間，在美國內華達州黑石沙漠（Black Rock Desert）舉行的大型藝術與文化活動。
[†] 譯按：美國最大線上分類廣告網站。

祭,已經租了一輛車,有人需要搭便車嗎?來自布魯克林的年輕女子卡蒂・比克內爾(Kati Bicknell)回應了。卡蒂身材嬌小,皮膚白皙,有著棕色的捲髮和深藍色的眼睛,她在 TED Conferences 工作。兩人一路暢談進入沙漠。

火人祭之後他們開始約會。「我們相處起來就像乾柴烈火,」卡蒂告訴我。從一開始這就是遠距戀情,透過紐約和多倫多之間的夜間巴士維持。幾個月後,11月的一個週末夜,這對情侶談論了避孕問題。對卡蒂來說,生育不是個陌生議題。她的母親是安裝了子宮盾的兩百萬名女性之一,後來好不容易才懷上她。那年年初,卡蒂也曾放置子宮內避孕器,但因為太痛又拿出來了。再加上服用避孕藥的不快經歷——她在 10 幾歲和 20 歲出頭的時候被迫服用避孕藥,以「矯正」她不規律的月經,這造成她後來對荷爾蒙避孕藥深惡痛絕。

人們普遍認為,女性,尤其是那些處於長期戀愛關係中的女性,有責任透過使用避孕藥或子宮內避孕器等方法避孕。荷爾蒙避孕法的唾手可得,使得這種認知變得更加普遍。成年後,卡蒂對於這種避孕的分工影響了女性生活很有意見。她也認為,女性要承受荷爾蒙避孕的副作用,是非常不公平的。她不再使用避孕藥和子宮內避孕器,但在他們的關係穩定後,她和威爾都不想繼續使用保險套。卡蒂是受過培訓的生育意識法講師,過去一年一直在繪製自己的生育力圖表。有一天她向威爾提到這些。威爾告訴我,卡蒂剛開始告訴他有關生育追蹤的事情時,他還嘲笑她。「這怎麼可能是真的,」他回憶道。「我聽說過『安全期法』,那根本沒用。」那場對話就這樣

結束了。隔天，卡蒂遞給威爾她那本破舊的《女性私身體》（*Taking Charge of Your Fertility*），想讓他讀一讀。這是魏斯區勒（Toni Weschler）所寫，關於生殖健康和自然節育的重量級書籍。威爾非常懷疑。但當他翻閱這本書，並了解更多有關生育意識法的知識時，他的懷疑瓦解成疑問。「我對卡蒂說，『等一下。你是在告訴我，有一種避孕方法幾乎和避孕藥一樣有效，沒有副作用，不用荷蒙爾，不用花錢──而且還沒什麼人知道？』」他難以置信，卻又深感好奇。「我當時心想，『這怎麼可能？這絕對不可能。』」

威爾彬彬有禮，有分寸，認真專注。他不碰咖啡因，冷靜的舉止可能得益於此。他說話時會直視對方眼睛。他會說這樣的話，「當你說話的時候，有四種力量向我襲來」和「我真的認為這是父權制」。在我們談話的大部分時間裡，他的鬍子上都有麵包屑。「我以為自己是一個進步的人，」他一邊喝著花草茶，一邊反思。「我會談論荷爾蒙節育，我了解不同的避孕方法。然後我讀了這本書，我心想，『天哪。我對女性身體的實際運作一無所知。』」

威爾就事論事地向我說起這一切，他散發的自信代表他的無知並沒有持續太久。這聽起來像是一個美好源起故事的開端：一個開明的女人遇到一個自信的男人，而他對女性身體的嚴重了解錯誤。然後，劇情出現轉折。事實證明，威爾讀了一本關於生育的厚書，讓他和卡蒂的生活變得更好。

安全期迷思

《女性私身體》是美國暢銷書，堪稱生育意識法的聖經。最初出版於 1995 年，現已成為市場上最受好評的健康書籍之一。魏斯區勒在書中描述生育意識法，並解釋如何繪製月經週期圖表，以協助女性實施有效自然避孕、提高懷孕機率，以及控制婦科和性健康。「你的月經週期不應該被籠罩在神祕之中，」魏斯區勒在 20 週年紀念版中寫道。「多年來使用生育意識法，最棒的是我感到很榮幸，因為自己對身為女性的基本部分如此了解。」[2]

威爾對《女性私身體》很感興趣。他了解到，有幾種不同的生育意識法可以幫助女性追蹤排卵和生育模式，而生育意識法被世界各地的女性所使用，她們之所以受這類方法吸引，純粹是因為不像避孕藥，那樣用到與荷爾蒙相關的化學物質——也因為能盡量減少使用保險套、隔膜或其他屏障式避孕法。威爾得知，有許多伴侶使用生育意識法避免懷孕，但在嘗試懷孕時這類方法也能派上用場。他也得知，繪製生育力圖表，是女性全面掌握自身婦科健康狀況的好方法。長期追蹤下來，女性能更容易分辨什麼狀況是正常的，什麼又是不正常的。

威爾一開始聽到生育意識法時，誤以為是安全期法，這是常見的誤解，很可惜，也是生育意識法至今仍沾染汙名和混淆的主要原因。安全期法只是簡單地計算女性月經結束的天數，然後在第 14 天左右禁慾，這是假定的月經週期中點，也是女性最容易受孕的時間。威爾當時對卡蒂的嘲諷基本上是正確

的，因為安全期避孕法是最無效的避孕法之一。但他不知道的是原因：因為安全期法錯誤地假設所有女性經期都是 28 天，以及每次月經週期都可靠地保持一致。女性月經週期的長度是指兩次月經之間的天數，通常是從月經的第一天算到下次月經開始的前一天。正常月經週期為 28 天是一個很普遍的迷思，從性教育課程中的圖表到避孕藥包裝等，有大量醫學資料延續著這個迷思。事實上，女性的月經週期長度人人不同，從 21 天到 35 天不等，而且在個人身上也經常略有變化。女性可能會在月經週期的第 12 天或第 20 天排卵。因此，認為排卵發生在第 14 天的想法太過武斷——如果弄錯的話，就會對避孕科學產生嚴重影響。

在了解有關女性生育力的基礎知識後，威爾發現關於子宮頸黏液的知識特別有趣。子宮頸黏液由營養豐富的電解質、蛋白質和水組成，與精液有同樣的用途：幫助精子到達卵子並使卵子受精。排卵會誘發子宮頸產生各種分泌物；女性在月經週期中的不同時段，可能會注意到內褲襠部的濕潤程度不同，這取決於她處於月經週期的哪個階段，並且通常是遵守一套可預測的模式。她可以每天檢查子宮頸黏液，留意質和量的變化——乾燥、黏稠、奶油狀、蛋清——以此掌握自己處於週期的哪個階段，以及是否發生排卵。* 她還可以每天早上起床前測量體溫。這叫基礎體溫（basal body temperature, BBT），即

---

* 排卵前幾天，子宮頸黏液清澈、黏稠、滑溜——像生雞蛋清。這種濃稠度有助於精子在排卵時往上游與卵子相遇。

身體完全休息時的溫度。* 用基礎體溫可以測量排卵；黃體酮是一種讓子宮為受精卵做好準備的荷爾蒙，它會導致基礎體溫升高，代表排卵已經發生。

威爾告訴我，他在看到那本書恍然大悟。他讀到，只有在排卵前五天到排卵當天才有可能受孕。精子在女性體內最多可以存活五天，因此如果女性在卵子釋放前五天內發生性行為，她就有可能懷孕。排卵後，卵子可以存活長達 24 小時，所以一旦卵巢釋放出卵子後，卵子可以在通過輸卵管進入子宮的途中受精。當精子細胞在輸卵管中成功與卵子相遇，就是受精。[3] 這六天左右的時間，被稱為女性月經週期中的易受孕窗口（fertile window），是每個月經週期中唯一可以透過性行為懷孕的時段。† 因此，女性受孕期的長度，是考慮到卵子（約 24 小時）和精子（約五天）的總壽命。關鍵在於準確計算出這段窗口的具體時間——就像月經週期一樣，易受孕窗口因人而異。這就是為什麼判定排卵前後的幾天，是生育追蹤的關鍵。

這下威爾明白了。透過觀察和追蹤子宮頸黏液和基礎體溫等排卵跡象，以及使用日曆來繪製月經週期，女性可以估計自己的受孕期。威爾興奮地意識到，這是他和卡蒂可以利用的資訊。他們可以選擇在卡蒂的易受孕窗口期不發生性行為，或者

---

* 嚴格來說，你可以測量陰道、口腔或直腸溫度來繪製基礎體溫表。書中通常會說，醒來後立即使用口腔玻璃水銀溫度計，以獲得最準確的讀數。只要具有適當的準確度和精度，數位口腔溫度計也很適用。

† 如果你想懷孕，在這段易受孕窗口期間性交的次數愈多愈好。尤其是在排卵前一、兩天，因為卵子從卵巢排出後就開始迅速變質。你可以把它想像成精子細胞在側廳等待，準備卵細胞一出現就迎上去。

如果發生性行為,他們會使用保險套或其他屏障避孕法。[4] 就是這樣,他信了。生育意識法將是他們的自然避孕措施。這需要每天仔細的監控,但他內心的書呆子足以做到這一點。威爾讀完這本書——並告訴卡蒂他加入了。

共同責任

使用生育意識法和追蹤生育模式,有助於威爾更了解卡蒂,也幫助卡蒂更了解自己。「我戴了保險套,所以我負責」或「她在服避孕藥,所以她負責」的日子已經一去不復返。實行生育意識法後,威爾和卡蒂共同承擔了預防懷孕的責任。但在他們新發現的親密之中,威爾忍不住一直想,自己竟如此錯誤理解女性身體的運作方式。他知道這種無知很普遍。他相當肯定,還有很多很多人,一旦意識到自己不知道一件他們不知道的事情,就會因為發現一種自然節育方式,而打開新世界的大門,如果正確實行——這是關鍵,正確實行——這種方法對於預防懷孕非常有效。‡ 而威爾猜測,這些人可能需要一些幫助來找到最佳工具,以便可靠地運用生育意識法。這將改變世界,他心想。卡蒂也認同。

改變女性世界的應用程式

---

‡ 同時運用多種生育意識法最為有效。然而,要在整個月經週期中完全正確且一致地使用生育意識法,可能很難做到。在典型使用狀況下——以一般人的方式使用生育意識法,也就是有時是不正確或不一致的——懷孕機率便會增加。

他們的願景是利用科技透過身體素養為女性賦予權力，同時幫助改善兩性之間的關係。工程師威爾和產品設計師卡蒂，開始尋找最好的科技技術來追蹤卡蒂的月經週期，但很快就意識到它不存在。所以他們決定自己創造一個。

那年冬天，他們放棄了原本的工作，為了省錢，兩人一起搬到巴拿馬。他們在海邊租房子，接些案子以圖溫飽，但大部分時間都花在生吞活剝各種研究和最新的科學進展。幾個月後，他們返回北方，帶著一套推介方案，並開始為一個應用程式和數位基礎體溫溫度計申請專利，這些科技將使伴侶更容易繪製排卵和生育模式圖。

我試著想像眼前這個留著鬍子、喝著花草茶的男人，在會議室裡向一群清一色的男性創投家推介，一邊播放有關經期、生育窗口和擇時性行為的 PowerPoint 幻燈片。我可以想像有人會拉一拉他們的力量領帶；有人會咳嗽，一臉尷尬；也許他們當中的一些人會想知道，為什麼他們以前從未聽說過這些。「我們被很多人潑冷水，」威爾握著杯子說。我問為什麼，他給了我一個「這不是很明顯嗎？」的表情。「因為我談的是子宮頸液和創業。人們的反應是，『那是什麼？我不想聽這個。這讓我感到不舒服，而且，你到底在說什麼？』」但他並沒有被嚇退。

他們搬到了博爾德，這個小鎮最近被評為，美國人均科技新創公司數量最多的城市，並開始將他們的想法轉化為一家公司。兩年後，在 2012 年的夏天，他們推出了自行設計的生育追蹤應用程式。在那之前，他們在火人祭上舉行了婚禮，那天

是他們相識一週年紀念日。威爾和卡蒂一開始的現金和技術都有限，但風險投資家不再嘲笑——Kindara 募集了大約 1000 萬美元的資金，這對夫婦將 Kindara 打造成世界上第一批，由風險投資資助的數位女性健康公司之一。

這個應用程式的主要功能：排卵計算器、基礎體溫圖表和經期日曆，不僅可以用來幫助女性懷孕或避孕，還可以用來繪製月經週期圖表，以了解使用者整體健康狀況。使用者可以輸入性行為日期和月經日期，獲得排卵預測，並記錄子宮頸黏液和基礎體溫的變化。Kindara 的忠實用戶、28 歲的艾琳說，這個應用程式最棒的地方是自我教育。「生育力追蹤，幫助我更了解我的身體、我的情緒和整體健康狀況，」她告訴我。「真正了解自己非經藥物調整的月經週期，應該是鼓勵所有女性都要去做的事。」

和一個男人談論這些事

我見過不少創業家和新創公司創辦人，他們都說自己是善的力量，但威爾和卡蒂才是貨真價實的。在創辦 Kindara 後，他們轉而開發其他事業——該公司已被另一家位於博爾德的女性健康公司收購——但在談到使有關生育意識法的對話正常化，以及幫助人們在性健康和生育方面感到賦能時，他們依舊一臉興奮。「我們收到人們發來各式各樣的信件和電子郵件，他們說，『天哪，我現在第一次了解自己的身體。謝謝你，』」威爾告訴我。「這是整個旅程中最美好的部分。」一

開始，是威爾與卡蒂的關係激發他對 Kindara 的想法。「我認為我們從小就把性和親密關係搞得一團亂，」他說。「我當時心想，『希望每對伴侶都能體驗到我們那種感覺——感受到連結，了解彼此的身體，擁有那種親密感。』」陡峭的學習曲線是值得的。威爾對我這樣總結：「我認為在美國，比卡蒂和我更了解生育意識的，不超過一百人。」

我驚訝地發現，坐在我對面的那個男人，比我更了解女性生殖系統。這讓我很開心。也許我不該對威爾的開明感到驚訝。儘管如此，能和一個沒比我大幾歲、而且我幾乎不認識的男人，談論性、節育以及科技在未來生育教育中的作用，還是很新奇的經驗。和一個男人談論這些事情耶！我找上威爾，是為了了解創辦一家專注於女性健康科技公司的細節。但那天我們在咖啡店聊天時，我意識到我同樣對 Kindara 成立的原因感興趣，以及他和他的伴侶——在商業上和生活中——如何處理他們關係中可能感到尷尬、更混亂的部分，那些與性、避孕，以及子宮頸黏液等浪漫事物有關的東西。我聽他描述自己從極度無知，到能面不改色討論的「覺醒」歷程，心裡有些羨慕。我上一次與男人就陰道和陰莖進行坦率、基於科學的討論，是什麼時候？我曾經有過嗎？

他關於避孕負擔的評論也讓我心煩。威爾和卡蒂關於避孕問題的坦然對話讓我覺得很進步，但也讓我很在意。我當然相信，安全性行為——防止懷孕和性病——是睡在一起的兩人的共同責任。但根據我的經驗，情況通常不是這樣。事實上，關於可能懷孕這件事，我不記得有哪個男人在我們發生性行為

前,就開始談論避孕問題。在我二十多歲時的大多數戀情和性接觸中,我都會早早坦白自己在服用避孕藥的事實,然後就沒了。令我困擾的——根據我與其他許多女性討論過這個問題的經驗,她們也有這樣的感覺——是那種理所當然:男方經常是等到女方要求他戴上保險套後才戴,而且在性交之前不會問女方是否有採取某種避孕措施。

我在這方面的挫折感是最近才有的。多年來,我對承擔避孕的主要責任向來沒多想。但現在我的看法變了,這不僅是因為我發現雙重標準實在令人惱火。意外懷孕對雙方來說都是嚴重後果,所以我現在覺得讓女性獨自承擔避孕的負擔,簡直是愚不可及又不負責任。現在,當我決定是否要發生性行為時,這個想法總是會冒出來。男人真的不會考慮到這些嗎?或者,就算他們想到了,也只是一閃而過,並假設女方已經搞定避孕的事,所以就不用管了?我意識到,這種理所當然背後最令人不安的一點是,它實際上不會同時發生在我和我的伴侶身上。畢竟——因為這是我的身體,我的決定。對吧?

我還沒有想出這個問題的答案。是的,這是我的身體,我的事——不是他的。但男性應該向性伴侶詢問避孕問題;男性和女性都應該主動提起有關保護的對話。就像不管是男人還是女人——所有人——都應該了解有關女性和男性生育力的基礎知識。我逐漸意識到,避孕的負擔進一步延伸為女性生育力的管理。男性在管理生育力方面不會承受同樣的壓力,就像避孕通常由女性負責一樣,與保留生育力相關的費用和決策同樣落在女性身上,特別是對於想冷凍卵子的年輕女性而言。

第六章　生育力最佳化　　149

「月經的智慧追蹤裝置」：生育追蹤器的興起

威爾和卡蒂忙著讓 Kindara 起步時，生育追蹤領域正在升溫。2013 年，即 Kindara 應用程式推出一年後，PayPal 聯合創始人馬克斯・列夫琴（Max Levchin）協助推出了一款名為 Glow 的經期追蹤應用程式，Glow 在第一年就募集 2300 萬美元的風險投資。破解女性月經週期的競賽鳴槍起跑。

如果說試圖了解荷爾蒙和月經，讓我找上了 Kindara，那麼 Kindara 則帶領我進入了女性科技（femtech）的世界。依你問的對象或你讀到的內容而定，女性科技可能是一個概念、一場運動或矽谷行話。事實上，這三者兼而有之。丹麥企業家艾達・丁（Ida Tin），是流行的經期追蹤應用程式 Clue 的共同創辦人，一般認為是她創造了女性科技這個術語，指利用科技改善女性健康的產品、軟體和服務。女性科技主要由女性企業家推動，旨在改善女性的醫療保健，特別是有卵巢者特有的各種疾症，包括孕產婦健康、骨盆和性健康、月經健康、生育力和更年期。

「月經的智慧追蹤裝置」是很棒的推介詞，這是威爾在與投資者談論 Kindara 時用的。緊隨 Kindara 之後，其他瞄準女性的應用程式和技術同樣蓬勃發展，協助育齡和生育後年齡的女性。數位女性健康和女性科技產品的市場很大：從青春期到更年期女性。個人化檢測產品和自助式醫療保健，從未如此流行，一系列開創性的發展——從經期追蹤應用程式，到家用荷爾蒙試劑，再到穿戴式生育監測設備——已經出現。同時，行

動科技紛紛進場填補生殖健康知識的空白,就像它在我們的生活中幾乎已經無孔不入。這些新數位應用程式背後的時髦公司,專注於一系列問題,從利用 AI 繪製排卵圖表的應用程式,到協助性慾低落的女性,以及行銷經期護理產品,再到為卵子冷凍等生育療程提供資金借貸。作為數位醫學廣泛轉變的一部分,它們也展現了女性科技徹底改變女性健康的潛力。有藍牙連接的吸乳器、骨盆底鍛鍊器、追蹤排卵的數位手環、訂購有機棉條送到女性門前的服務等。穿戴式和數位生育監測器、經期追蹤應用程式和家用生育荷爾蒙試劑,是我將在這裡討論的主要內容。

矽谷能讓你懷孕嗎?許多女性科技公司都大喊「Yes」。女性想用智慧型手機管理自己的生殖健康嗎?哦,更多的「Yes」。據估計,到 2030 年,全球女性科技市場總值將超過一千億美元[5],投資者——主要是世界上男性占多數的創投家,歷來忽視女性健康的那群人——現在紛紛予以重視。

智慧型穿戴裝置已經蓬勃發展了一段時間,因為行動裝置中的生物感測器,可以輕鬆記錄、儲存和分析有關使用者身體和行為的數據。女性科技領域最受歡迎的設備,是外部和內部電子設備,以及數位生育監測器——這是一個統稱,指任何幫助女性追蹤生育能力的設備,尤其是有關排卵和懷孕機率。生育監測器可能採用幾種不同的方式,例如檢測荷爾蒙濃度和基礎體溫以預測易受孕窗口,其原理與生育意識法大致相同。有些是分析尿液樣本(使用者尿在棒子上,然後將棒子插入設備);有些則是在女性睡覺時,透過陰道感測器測量基礎體溫

或子宮頸液（夜間在體內置入一個類似衛生棉條的設備，早上取出後，放在手機背面附近，將數據下載到設備相應的應用程式）。

最受歡迎的數位穿戴式裝置之一是 Ava 生育追蹤器，這是一種佩戴過夜像手環的月經週期監測感測器。也是第一個——在撰寫本文時唯一一款[6]——獲得食品藥物管理局批准的獨立運作生育追蹤穿戴式裝置。該設備透過追蹤使用者的皮膚溫度、心率和呼吸頻率等生理跡象（作為荷爾蒙濃度波動的標記），檢測使用者的月經週期階段——以及易受孕窗口。根據最近的一項研究，準確率高達 90％。[7]Ava 的粉絲表示，它易於使用，比排卵檢測套組更方便。一些用戶將自己的懷孕歸功於她們的 Ava 手環——截至本文撰寫時，每支售價 279 美元——如果付費購買高級套餐，而用戶在六個月或一年內沒有懷孕，該公司將全額退款。

市面上其他受歡迎的生育監測產品，包括數位排卵套組、插入式子宮頸黏液監測儀和基礎體溫溫度計。有些人使用生育監測器，幫助她們在不採取避孕措施的情況下避孕，但更常見的是女性在嘗試懷孕時使用這些產品；追蹤排卵有助於受孕，但手動繪製月經週期圖表費時費力，而這些工具簡化了流程，使生育力監測變得更加容易。不過，它們並不是萬能的——沒有一種設備被批准用於避孕——也不能代替看診，而看診有時是必要的。即使是最高科技的數位生育監測器，也無法診斷為什麼一對夫妻難以受孕的潛在問題，例如精子數量少或子宮內膜異位症。

有太多女性在吃足了難以懷孕的苦之後，才意識到生育力這件事。有些人則是在剛成年時，注意到自己每月的出血狀況和經前症候群症狀，只是這種意識，從未完全轉變為對生育力的真正理解。數位生育穿戴裝置和設備，是幫助彌補這一差距的強大工具，因為這類裝置能告訴女性，個人的月經週期時間和方式，並讓使用者了解自身的整體健康狀況。

幫助更多女性了解自己

　　經期追蹤應用程式也是如此，它們是 App 商店中，最多人下載的健康應用程式之一。這類應用程式有時也稱為排卵追蹤器、月經週期追蹤器或直接叫生育應用程式，目標使用者是想要避孕的人、想要生孩子的人，以及尋找更簡單的方法，監測月經週期相關健康問題的人。使用者每天都會被邀請輸入私密的詳細資訊──月經的天數和量；與經期相關的疼痛類型，如經痛和頭痛；是否有受保護或無保護的性行為；性慾的波動──應用程式會使用這些資料，以及用戶選擇輸入的數十個其他可選資料來做出預測。

　　與數位生育監測器一樣，生育應用程式運用與生育意識法相同的物理基礎，即外部可觀察的生理跡象，代表女性處於月經週期的哪個階段，其中兩個主要指標，是基礎體溫以及子宮頸黏液的顏色和稠度）。每個應用程式都有自己的演算法，但都利用使用者輸入的資料，產生有關排卵、易受孕窗口和估計經期開始日期的預測。

我使用的是 Clue，它是女性科技領域的先驅，在 190 個不同國家擁有超過 1100 萬用戶。*Clue 的共同創辦人艾達‧丁長年苦於荷爾蒙避孕的副作用；和許多女性科技創辦人一樣，從自己遇到的挫折出發，她決定自行打造一套東西，大聲宣告，一定有更好的辦法。我現在用的是「Clue 月經追蹤」模式，但它也有「Clue 懷孕」模式，我將來可以轉用該模式。

Clue 可以輕鬆查看我的月經歷史和症狀，並根據我的追蹤情況提供預測。換句話說，除了告訴我，每個月什麼時候應該會出血之外，它還有很多功能。†Clue 幫助我計算月經週期的平均長度，並使用這些資訊幫助我預測下一個「經期」（還記得嗎？不是真正的經期，而是停藥性出血，因為我正在服用避孕藥）。Clue 為追蹤的內容提供了多種選項。我可以打開各種相關提醒，像是經期開始、易受孕窗口即將到來、避孕藥、檢查基礎體溫時間等。我不需要打開其中大部分功能，因為我不需要仔細觀察我的生育跡象，但我喜歡 Clue，因為它旨在支持生育意識法。我喜歡它的容易設置和直覺式使用。我喜歡它教會我有關自己身體和個人生物學的知識。我喜歡它在引用研究和數據方面很透明。我喜歡它乾淨、現代的介面和包容的基調。我真的很喜歡它不是粉紅色的。

因為我每天都會告訴 Clue 我已經服用避孕藥，所以它不

---

* 我用的是 Clue Plus，即 Clue 付費版本，可以使用更多功能和模式。截至撰寫本文時，每月費用為十美元，每年費用為 40 美元；價格因用戶所在地區而異。
† 這些應用程式對於提醒用戶月經週期出現問題也非常有用。例如，Clue 有一整個部分是關於用戶何時反覆出現腹痛，以及這可能代表什麼。或月經長達九天或 11 天是否正常（這同樣有助於縮小我們從童年時期起的資訊差距）。

會向我顯示預計的受孕日；如果用戶告訴應用程式她使用荷爾蒙避孕，程式就會隱藏可能懷孕的高風險與低風險日期的功能。但 Clue 考慮了我的特定避孕方法，可能如何影響我的月經週期和生育力。幾乎每天，我都會打開 Clue，記錄我可能遇到與經期相關的症狀，如經痛、疲勞、壓力等，有時還會記下有關睡眠、運動、飲食和一系列其他因素的註記，所有這些都會影響我的月經週期。當我發生性關係時，我也會告訴 Clue。一開始當然感覺有點奇怪，我的 iPhone 比我生命中的任何人都更了解我的性生活。但這很有幫助：在我「親密」的日子裡，我會快速註記這是受保護的性行為，還是無保護的性行為。因為我正在服用避孕藥，並且完全按照應該的方式服用，所以這個功能並不那麼重要——除了非常罕見的事故，比如我因為緊急的報導任務離家，結果把避孕藥忘在家裡了。我會在 Clue 中記錄「漏服藥」，此時它會（友善地）對我大喊，如果我那個週末發生性行為，請使用保險套。

　　「你從未得到過的性教育，」Clue 的網站如此自吹自擂。Clue 的客戶服務團隊收到數千則來自用戶的健康相關詢問，涉及性、月經、生育等問題。最常見的問題是：*為什麼我的月經晚了？為什麼我的月經週期不規律？我需要就醫嗎？* 因為服用避孕藥會阻止我排卵，老實說，我不是很確定每個月的身體變化是否是因為人工荷爾蒙，或者是否與我沒有月經週期無關。但多年來，我換了幾次避孕藥的品牌和類型，每次更換時，我的身體都需要一段時間適應。追蹤症狀可以幫助我找出模式，更了解荷爾蒙對我身體的影響——這是一種不大但非常

第六章　生育力最佳化

真實的安慰。當我打開 Clue 並輸入資訊——比如說，我那天早上吃了藥，或者我長了幾顆痘痘——頂部的小輪盤就會旋轉，並告訴我「Clue 正變得更智慧……」這讓我感覺更加了解自己的身體，以及在我看不到的地方正在發生的一切。*

它們不夠準確

生育追蹤應用程式並不完美。華盛頓大學的研究人員，收集了兩千則流行生育追蹤應用程式的評論數據，並對近七百人進行調查。他們發現用戶對這些應用程式缺乏準確性，以及對自己性別認同的假設感到不滿。[8] 許多人回應，大多數都是針對異性戀和順性別女性，他們也不喜歡強調粉紅色、都是花的介面，沒有個人化選擇。

確實。經期追蹤應用程式的一個重大缺點，是它們容易不準確。許多應用程式假設用戶最容易受孕的日子，是她的排卵日及其前五天。但是這種所謂的規律週期——意思是她總是每 28 天來一次月經——對大多數女性來說並不是常態。此外，排卵期往往每個月都會略有變化。因此，應用程式告訴她的易受孕窗口很可能是錯誤的。用戶愈仔細、愈一致地追蹤她的月經週期，應用程式就能愈準確。應用程式的估計會隨著時間累積而改善，因為用戶追蹤的時間愈長，提供有關其月經週

---

* 對於想要懷孕的女性來說，生育追蹤應用程式可以是很有用的工具，特別是從使用避孕模式轉換到懷孕模式時。還有一點很酷：一些生育追蹤應用程式具有一項功能，可以讓使用者與伴侶或朋友分享她們的排卵資訊和月經週期監測。

期的資訊愈多，應用程式的演算法能夠處理的數據就愈多。大多數應用程式都允許設置，以向你發送提醒，我就是這麼使用 Clue 的。儘管如此，人們還是很容易忘記更新資料，以及每天使用應用程式。如果女性使用該應用程式，作為其月經週期的可靠數位紀錄，如果她有時候少記了一天，特別是如果她使用荷爾蒙避孕的話，風險並不高。但如果她是依靠應用程式來避孕，而且沒有使用其他形式的避孕措施，那麼僅僅是少記一天就可能導致意外懷孕。[9]

隱私不隱私

另一個缺點是隱私疑慮。世界各地有數百萬名女性使用應用程式追蹤她們的月經週期，而這些寶貴的數據往往會傳遞給 Google 和 Facebook 等第三方公司。一般來說，當涉及與其共享的資訊時，應用程式幾乎不提供任何資料隱私權，生育應用程式也不例外。一些應用程式允許用戶從儲存其中的資料裡刪除自己的身分，但許多應用程式不允許，這意味著用戶的資訊不是匿名的。2022 年《消費者報告》（*Consumer Reports*）的一項研究，評估了多個生育應用程式的隱私政策和資料安全性，該研究得出的結論是：雖然，有些應用程式可以讓用戶輕鬆了解它們收集了哪些資訊，但所有應用程式都「出於針對性廣告等目的，與外部合作夥伴分享了一些用戶資料。且這些合作夥伴可能會將用戶的個人資訊，共享或轉售給第三方，而第三方當然不會向用戶承諾如何處理這些資訊。」[10]

告知應用程式她有無保護性行為或墮胎的女性,都不會希望如此私密的資訊,以可識別她身分的方式分享出去。這在2022年夏天成為一個重大議題,也就是《羅訴韋德案》(*Roe v. Wade*)* 被推翻後,資料隱私問題和生育追蹤應用程式呈現出新的、更可怕的含義。這引發了一些州針對公司收集的消費者健康數據,採取保護行動,但還需要新的聯邦監管框架。儘管美國有嚴格的隱私法,管理醫院和健康保險公司等實體,如何共享患者信息,但這些法律不適用於行動健康應用程式,因為行動健康應用程式,屬於消費者隱私法的範圍——而且提供的保護標準要低得多。換句話說,人們輸入消費者應用程式的個人健康資料,不受聯邦病患隱私保護措施的保護[11]——包括最重要的聯邦健康資訊隱私法《美國健康保險可攜性與責任法案》(Health Insurance Portability and Accountability Act, HIPAA)。

不過,匿名分享這種性質的資訊有其積極的一面,那就是為月經和生殖健康的科學和醫學研究提供數據。現代醫學的發展是以男性生理學為預設,歷來女性在醫學研究、臨床試驗和生物學教科書中的代表性都不足;直到1993年,法律才要求聯邦資助的臨床研究必須納入女性。2022年麥肯錫的一份報告發現,只有1%的生物製藥和醫療技術投資,用於腫瘤學以外的女性特定疾病。[12] 百分之一。考慮到擁有卵巢的人占世界

---

* 譯按:1973年,美國聯邦最高法院對此案裁決,孕婦選擇墮胎的自由受到憲法隱私權的保護。此裁決之後於2022年遭最高法院推翻。

人口的近一半,女性健康仍然如此被忽視且資金不足,這既荒謬又令人憤怒。

有一些生育應用程式說,醫學研究人員將使用其應用程式中的匿名資訊,用於研究以女性為主的健康問題。在告訴用戶會保密他們的資訊後,就將敏感的健康數據共享出去,這樣不對。† 但將個人資料用於益途的好處也不應忽視。《紐約時報》有一篇關於人氣經期追蹤器 Flo,令人不安的數據共享做法的文章,內文一語中的:「女性消費者健康科技(或投資人所說的『女性科技』)問題的癥結在於:Flo 等應用程式中收集的大量數據,足以構成侵犯隱私,但同樣的這些數據,也可能打開一扇大門,解開女性健康一些最大的、未被充分研究的謎團。」[13]

私人小革命:荷爾蒙檢測的真相

26 歲的瑪格麗特・克蘭(Margaret Crane)坐在紐約家中的書桌前,擺弄一個塑膠迴形針盒、一根試管、一個滴管和一面小斜鏡。當時是 1967 年,身為自由平面設計師的克蘭,不久前被製藥公司歐嘉隆(Organon)聘用。在參觀該公司的實驗室時,她注意到一個鏡面上方懸掛著多排試管。他們說那是在驗孕,與孕婦的尿液結合時,試管底部會呈現一個紅環。

---

† 明確詢問用戶是否願意分享其匿名資訊,顯然是最佳做法。例如,Clue 就邀請用戶選擇這樣做,「有些常見的健康狀況診斷不足且研究不足,讓我們為縮小這些診斷差距盡一己之力。」

第六章 生育力最佳化

「我覺得這很簡單，」克蘭回憶起第一次看到這些檢測的情景。「女人應該自己就能做。」[14]

克蘭不是科學家，也沒有化學背景；公司是請她去設計一個新的化妝品系列，但她回家後受到啟發，開始開發驗孕的簡化版本。她第一次的嘗試設計並沒有成功，這讓她感到很沮喪。有一天，她坐在辦公桌前，心不在焉地看著一個用來裝迴紋針的時尚塑膠盒，她突然意識到這個盒子的尺寸剛好適合容納檢測所需的組件。幾個月後，她向歐嘉隆展示了她的套組──看起來很像玩具化學套組──歐嘉隆於1969年以她的名義申請了專利。兩年後，她的家用驗孕組（名為Predictor）在加拿大上市，並於1976年獲得食品藥物管理局批准後在美國上市。Predictor推出時的售價為十美元，相當於今天的50美元左右。

家用驗孕組是20世紀最具革命性的產品之一。在克蘭發明之前，女性想知道是否懷孕，必須去診所等待兩週以上才能得知結果。有了家用驗孕組以後，女性可以在短短兩個小時內，在自家浴室就能知道自己是否懷孕。現在的家用驗孕組和冰棒棍差不多大，幾分鐘內就能得出結果，其原理是檢測人類絨毛膜促性腺激素，即一種在孕婦尿液中發現的高濃度荷爾蒙。*

「與揭示身體其他非經檢測就不得而知資訊的醫學檢測

---

* 雖然，人類絨毛膜促性腺激素在1920年代就被發現，但直到1960年代，科學家才發明免疫分析（結合人類絨毛膜促性腺激素、人類絨毛膜促性腺激素抗體和尿液的檢測），並發現如果女性懷孕，這些混合物會以某些獨特的方式聚集在一起。

不同,驗孕只是加速了資訊的傳遞。」[15] 卡里・羅姆(Cari Romm)在《大西洋》(*The Atlantic*)雜誌中,一篇有關早期家用驗孕的文章中寫道:「無論誰尿在什麼東西上,隨著時間過去,懷孕還能以其他更明顯的方式透露出來。所以,家庭驗孕不僅是為了知情;更是為了負起責任,這種情感與時代的精神非常契合。」[16] 當 Predictor 和其他類似的檢測進入市場時,關於女性健康和性行為的開創性書籍《我們的身體,我們自己》(*Our Bodies, Ourselves*,暫譯)已經問世六年,而墮胎在美國剛合法化三年。早期的家用驗孕廣告,強調除了是否懷孕的結果外,它們還提供什麼:隱私、自主權、對自己身體的了解。1978 年一則家用驗孕平面廣告,稱其為「任何女性都可以在藥局輕鬆購買的私人小革命」。[17]

但是,正如羅姆所指出的,並不是所有醫生看到自己的權威被推翻,都對這種變化感到高興。在 1976 年《美國公共衛生期刊》(*The American Journal of Public Health*)上發表的社論中,一位醫生反對使用家用驗孕:「我認為,這會損害商業企業和醫學實驗室技術專業的聲譽,應立法限制家用驗孕此類潛在危險的套組。」[18] 在這篇文章後面的註釋中,該雜誌的編輯堅定地認同家用驗孕:「不是每個人,」他們寫道,「都需要木匠來幫他們釘釘子。」

與生育息息相關的荷爾蒙

家用驗孕如今已非常普及,而其他私人小革命也加入這一

行列。除了檢測懷孕狀況外,女性現在還可以在舒適的沙發上檢測她們的生育力。人們認為,了解你現在的生育荷爾蒙,可以為以後提供更多選擇。一些線上公司和生育診所,現在都提供在家中進行診斷性生育檢測的方法。這些檢測透過血液樣本進行,檢查與產卵和排卵相關的荷爾蒙濃度。我之前提過卵泡刺激激素和黃體激素,這是兩種與生育有關的荷爾蒙。讓我們回顧一下並再多介紹幾個:

- 抗穆勒氏管荷爾蒙(Anti-Müllerian hormone, AMH)由女性卵巢中的小卵泡分泌。了解血液中的抗穆勒氏管荷爾蒙值,有助於估算卵子供應量。
- 卵泡刺激激素負責刺激卵子生長和開始排卵。
- 雌二醇(E2)是雌激素的一種形式,是與排卵和生殖器官正常功能相關的主要荷爾蒙之一。它與卵泡刺激激素一起提供有關女性卵巢庫存量(其實就是卵子數)狀態的線索。
- 黃體激素是另一種負責排卵的關鍵荷爾蒙,以及調節女性月經週期的長度。
- 促甲狀腺激素(Thyroid-stimulating hormone, TSH)調節甲狀腺健康。甲狀腺關乎新陳代謝、心臟功能、神經系統等方面,並影響排卵、情緒、體重和活力等。
- 游離甲狀腺素(Free thyroxine, FT4)關乎甲狀腺健康,通常與促甲狀腺激素一同檢測。
- 睪固酮(Testosterone, T),在女性是由卵巢細胞少量分泌,有助於卵巢健康、骨骼健康、情緒和性慾。最近的

研究指出,它還在卵泡每月的發育和最終徵召中發揮關鍵作用。

• 泌乳素(Prolactin, PRL)刺激乳汁分泌,並在女性分娩後暫停排卵。

生育檢測

在生育診所由生殖內分泌科醫生進行荷爾蒙檢測,費用為 800～1500 美元。截至本文撰寫時,Modern Fertility 公司的這類產品零售價為 179 美元──該公司打的口號是「可在家中進行最全面的生育荷爾蒙檢測,讓您能積極主動地了解您的生育能力」。Modern Fertility 使用者的平均年齡為 31 歲,使用者在家中進行指尖採血並分析多達八種荷爾蒙後,她會收到經臨床醫師審查的個人化報告,針對她的荷爾蒙、年齡、避孕措施、健康調查以及醫生的最新研究。然後,她可以選擇與生育護理師進行一對一諮詢(無需額外費用),以討論檢測結果。

幾滴血就能透露出這麼多訊息,真的很了不起。檢測女性的荷爾蒙,可以幫助確定是否有妨礙卵巢釋放卵子的失衡狀況,或是否受影響的不僅是生育能力;荷爾蒙失衡會影響體重、睡眠,甚至會影響一個人的整體感受。這些檢測也能揭示女性未來可能的時間表──例如,她是否會比平均值更早或更晚進入更年期。* 檢測也提供有關卵子冷凍或試管嬰兒結果的

---

* 美國婦女停經的平均年齡是 51 歲。

線索,例如使用者在這些療程中,是否可以期望收集到比平均值更多或更少的卵子。

我第一次與 Modern Fertility 的亞芙頓‧維卻里(Afton Vechery)交談是在 2019 年。她和共同創辦人卡莉‧萊希(Carly Leahy)於 2017 年,在維卻里的公寓創辦了這家公司。沒人談到「積極主動生育力」。但是維卻里說,「我們鐵了心要把這個東西做出來,因為我們全身上下每一寸都相信,身為女性,我們有權決定自己的生育未來。」現代社會更著重預防懷孕,而不是計劃懷孕,這也是 Modern Fertility 希望改變的核心。她們在打造 Modern Fertility 時考慮的是特定人群:有卵巢但尚未積極嘗試懷孕的人。Modern Fertility 傳達的一個主要訊息是:我們不接受「觀望」作為生活中任何部分的答案——在生育方面我們也不會接受。與其他許多女性女性科技創辦人一樣,維卻里和萊希將生殖健康視為主流健康議題,可以追蹤和監控,就像睡眠時間或步數一樣。

了解生育力,難上加難

取得和負擔生育荷爾蒙檢測的難度,是維卻里想要改變的另一件事。大多數女性,不會想到要向家庭醫生或婦科醫生詢問,她們的卵巢健康狀況。當維卻里第一次檢測她的生育荷爾蒙時,她自掏腰包支付了 1500 美元,並且必須與醫生進行多次討論才能了解結果——其中一個主要問題是她患有未確診的多囊性卵巢症候群。聽到維卻里試圖獲得全面荷爾蒙評估的艱

辛故事，讓我想到我一個朋友，她 28 歲時做了基本的生育診斷檢查，不過那是因為她騙了婦科醫生，說她已經嘗試懷孕一年無果。大多數保險計劃都不涵蓋主動生育檢測。初步診斷檢測是否涵蓋，有時取決於你居住的地方和你的健康保險計劃，但要獲得給付資格通常需要不孕症診斷。為了取得診斷，夫妻通常必須向他們的醫生和保險公司證明，他們已經嘗試懷孕至少一年（第九章將進一步介紹）。目前仍未打算懷孕，但試圖獲得有關其生育力寶貴資訊的單身女性，通常沒這個運氣。

Kindbody 是一家提供生育、婦科和打造家庭護理服務的健康科技公司，同時涉及自助式生殖業務。我將在下一章詳細討論 Kindbody，但除了實體店面據點外，Kindbody 還在多個城市設有流動診所，邀請潛在客戶登上一輛舒適的亮黃色麵包車進行檢查和生育檢測，有時還是免費的。*「生殖健康是醫療保健領域中唯一一個垂直領域，等到出現問題後才採取措施進行糾正。」Kindbody 創始人兼前首席執行官吉娜・巴塔西在一次受訪時表示：「這是倒退。我們就是為了改變這一點。」就像一個人不會等到心臟病發作才改善飲食或運動一樣，巴塔西希望幫助消費者更主動地了解自己的生育力。2022 年，Kindbody 開始銷售針對女性和男性的家用生育荷爾蒙檢測，以及其他孕前、懷孕和產後產品。Kindbody 成立消費用

---

* 最初，這些麵包車通常停在交通繁忙的角落作為行銷工具。現在，它們被應用於各個社區，為自費患者和私人保險患者，以及 Kindbody 簽約公司的員工提供服務。有意使用 Kindbody 員工福利的員工，可以在工作日前往停放在工作園區的行動診所，以了解更多資訊並進行初步檢測。

第六章　生育力最佳化　　165

品部門「Kind at Home」，最終目標是要將公司打造成所有生育健康照護的一站式入口。

家庭或車內生育力檢測有其缺點。這類檢測無法偵測在生育能力中，發揮作用的每種荷爾蒙，也無法診斷可能影響女性生育能力的其他健康狀況。這些檢測通常不適用於，月經週期不規則的女性。以及接受荷爾蒙節育的女性——她們透過控制荷爾蒙濃度預防懷孕，因此影響體內荷爾蒙的正常濃度——這些檢測通常只能評估我之前列出的八種荷爾蒙中的其中兩種：抗穆勒氏管荷爾蒙和促甲狀腺激素。無論如何，單獨檢測生育荷爾蒙，並不像實際觀察卵巢及其所含卵泡數量那麼有用，兩者並用，能使生育荷爾蒙檢測的結果（特別是抗穆勒氏管荷爾蒙和卵泡刺激激素的濃度），更有用並提供更全面的信息。*經陰道超音波檢查期間，生殖醫師會計算休止的小卵泡，以了解女性有多少個卵子在等待上場。竇卵泡計數（antral follicle count, AFC）是女性當月的卵子供應量（即卵巢儲備量）的良好指標。†超音波和抽血檢查並用，就是所謂的卵巢儲備量檢測。它指的是女性卵巢中卵泡的數量，並透露當接受人工生殖技術療程中使用的荷爾蒙藥物刺激時，她的卵巢可能如何反應。

---

* 但仍然不是全貌，目前還沒有可靠的生物標記，可以告訴女性她還剩下多少卵子。
† 女性的竇卵泡計數可能每個月都不同，抗穆勒氏管荷爾蒙和卵泡刺激激素濃度不僅會在月經週期內波動，也會在月經週期之間波動。另外，接受荷爾蒙節育的女性請注意：荷爾蒙節育會抑制卵巢和排卵，根據一些研究，這會影響抗穆勒氏管荷爾蒙並抑制卵泡數量（不是永久性的，只在節育期間）。[19] 為了獲得更準確的抗穆勒氏管荷爾蒙結果，最好在不使用荷爾蒙避孕的情況下進行檢測。

卵巢儲備功能是生育健康整體狀況的一部分，把它置於脈絡中理解很重要。你的年齡、生活方式和病史，也是決定懷孕可能性的重要因素。卵巢儲備檢測，是任何生育診所初步評估的標準項目，因為它為任何考慮卵子冷凍或體外受精者，提供了有用的基線；每個凍卵者都要進行抗穆勒氏管荷爾蒙，和其他生育荷爾蒙檢測，並檢查卵巢，以評估她對生育藥物的反應。但對於尚未嘗試懷孕，並想知道自己目前自然生育能力的女性來說，抗穆勒氏管荷爾蒙值[20]在這種情況下並沒有多大幫助。雖然，女性的抗穆勒氏管荷爾蒙濃度，有助於估計卵巢內的卵泡數量，但無法準確地確定有多少卵子，或者更重要的是，這些卵子的狀態如何。它也不一定是女性是否應凍卵的良好指標。這是關於卵巢儲備功能，尤其是抗穆勒氏管荷爾蒙檢測的最大誤解：誤認為它是「女性生育力檢測」。雖然，卵巢儲備檢測有助了解女性的生育能力，並推測她做卵子冷凍或體外受精的潛在結果——在使用生育藥物刺激時，她的卵巢可能會產生多少卵子——但它並不能準確預測女性目前或未來某一時刻，透過性交懷孕的能力。幾乎所有有關生育力檢測的炒作，都未提及這個關鍵事實。

醫學上的重大發現

《美國醫學會期刊》（*The Journal of the American Medical Association, JAMA*）於 2017 年刊載的一項重大研究（其結果於 2022 年複製）指出，抗穆勒氏管荷爾蒙並不能揭示女性的生

殖潛力[21]。而且，卵巢儲備檢測對於行銷目標中的許多女性來說，通常毫無用處，原因正如前述。這項研究是最大規模的，調查抗穆勒氏管荷爾蒙和卵泡刺激激素濃度，影響自然受孕能力的研究，追蹤了 750 名年齡在 30～44 歲之間、沒有不孕史的女性。這些女性接受了一年追蹤，並接受了血液和尿液中三種常見卵巢儲備生物標記物的檢測——抗穆勒氏管荷爾蒙、卵泡刺激激素和抑制素 B（inhibin B）。* 令研究人員驚訝的是，他們發現抗穆勒氏管荷爾蒙濃度，與後期妊娠和分娩沒有顯著相關。抗穆勒氏管荷爾蒙值低或卵泡刺激激素讀數高——卵巢儲備功能下降（diminished ovarian reserve, DOR）的標誌，即卵巢失去正常生殖潛力，進而影響生育能力——的女性，在受孕能力方面與正常水準的女性沒有差異。換句話說，與生育相關的兩種主要荷爾蒙濃度不正常的女性，透過性交懷孕和分娩的可能性，不會比正常水準的女性低。

自然受孕的唯一驗證生育力方法

主要作者、先前提過的生殖醫學專家兼婦產科教授安・史坦納博士，在一篇有關這項研究的文章中告訴《Vox》：「這些檢測是卵巢儲備功能的重要衡量標準，即你有多少卵子，但它們並不能預測女性的生殖潛力。」[22] 史坦納和許多醫界人士原本認為，這些檢測會是預測女性自然生育能力的良好指標，

---

* 一種與卵巢卵泡成熟相關的胜肽激素。

因為對於使用人工生殖技術受孕者來說，抗穆勒氏管荷爾蒙和卵泡刺激激素等荷爾蒙值，通常與女性對生育藥物的反應——即她可以產生多少卵子——以及透過體外受精懷孕的機率相關。但《美國醫學會期刊》的研究，及其他類似的試驗表明。其中研究人員將抗穆勒氏管荷爾蒙和卵泡刺激激素濃度，作為預測自然生育能力的標誌，情況並非如此。

抗穆勒氏管荷爾蒙低和卵泡刺激激素高，確實意味著女性更難透過人工生殖技術受孕。這是因為卵子冷凍或試管嬰兒的機會，與醫生取出的卵子數量直接相關，而卵巢儲備較高的女性，對在生育療程中服用的荷爾蒙藥物，更有可能產生強烈反應，比卵巢儲備較低的女性產生更多的卵子。† 但這些檢測對於尚未嘗試自然受孕的女性來說，並不是那麼有用，因為無論她的抗穆勒氏管荷爾蒙、卵泡刺激激素濃度和竇卵泡計數是多少，只要她有月經週期，每月就會自然排出一個卵子。因此，自然懷孕的機會，直接且完全取決於該月的卵子是否健康——而不是取決於為未來儲備的卵子數量。在這種情況下，質量完全勝過數量。因此，對於想要透過性行為懷孕的女性來說，能驗明生育能力的唯一方法就是嘗試懷孕。

這項事實對於目前並不打算懷孕的女性來說，毫無助益。儘管有人可能說，對於無意使用人工生殖技術懷孕的女性而言，在家進行生育荷爾蒙檢測是浪費時間和金錢，但事

---

† 由於較低的抗穆勒氏管荷爾蒙濃度可能代表卵巢儲備功能下降，因此抗穆勒氏管荷爾蒙較低的生育患者可能需要接受多個體外受精療程才能懷孕，或者需要接受多個冷凍卵子療程，才能獲得足夠數量的卵子供冷凍。

第六章　生育力最佳化　　169

實證明，這些檢測對許多女性都是值得的。舉個例子：卡洛琳・倫尼（Caroline Lunny）曾經參加過《鑽石求千金》（*The Bachelor*）*，也是前美國麻州小姐，她在 29 歲時做了 Modern Fertility 的荷爾蒙檢測，正如她在部落格文章中所說，她希望自己「肥沃到不行。」[23] 事與願違，她發現自己的抗穆勒氏管荷爾蒙值，居然和即將停經的人差不多。她與醫生討論了結果，以及她母親在相對年輕時就停經了的事實。倫尼後來做了九輪冷凍卵子療程，最後冷凍了 11 個卵子。† 正如上述研究所示，需要這麼多輪療程，很可能是她的抗穆勒氏管荷爾蒙值較低的結果，但倫尼很高興她做了冷凍卵子，並希望當初能早點做 Modern Fertility 檢測。

因此，雖然這些檢測不能作為女性生育能力或卵子質量的良好預測，也無意取代醫生進行更深入的診斷檢測，但它們提供的一些資訊可能非常值得了解。例如，荷爾蒙濃度可以檢測——但不能診斷——多囊性卵巢症侯群等潛在疾病。正如我之前所說，整體而言，荷爾蒙失衡影響的遠不只是生育能力。如果家庭檢測得出意外或異常的檢測結果，使用者可能會意識到他們原本不知道存在的問題，並產生緊迫感，進而就診進行全面的生育力評估。生殖內分泌科醫生會檢查與不孕症相關的潛在問題，從排卵障礙到輸卵管阻塞，並尋找可能影響懷孕的

---

* 譯按：美國真人秀約會遊戲節目。
† 如果倫尼冷凍的卵子無法產生可存活的胚胎，她會使用她姐姐的冷凍卵子；倫尼的姐姐也做了凍卵，並把一半——十個冷凍卵子——捐給了倫尼，以備她以後需要卵子捐贈者。

子宮結構問題，例如肌瘤和息肉。

　　但反過來說，如果沒有經過適當解釋，不確定的結果可能會導致焦慮，並進而採取行動——例如，在收到卵巢儲備功能下降的可怕報告後，急於冷凍卵子——可能是被誤導的結果。很多時候，女性只收到「數字」，而不是這些數字對她們個人或生育能力及家庭目標，意味著什麼的真正分析。例如，常見的是女性在得知，自己的抗穆勒氏管荷爾蒙濃度較低時大受打擊，因為她認為這代表了不孕。低抗穆勒氏管荷爾蒙，確實可能意味著醫生在凍卵療程中想取得大量卵子會更加困難。但至少根據《美國醫學會期刊》的研究，這些女性似乎沒有理由認為，她們自然受孕會比一般人更困難。

　　隨著在醫生診間以外檢測生育荷爾蒙變得愈來愈普遍，一些醫生開始愈發擔心，女性可能會對超出正常範圍的結果，產生不必要的緊張，尤其是低抗穆勒氏管荷爾蒙——而現實情況是，正如我剛才解釋的，她們非常有可能可以自然受孕。不難想像，一個荷爾蒙濃度略有異常的女性，會因為擔心自己的生育能力急劇下降而無奈地冷凍卵子，但事實上，情況可能並非如此。有些公司，例如 Modern Fertility，很快就承認他們的試劑盒只是生育評估工具箱中的一種工具，並鼓勵使用其產品的女性後續向醫生諮詢。Kindbody 也承認抗穆勒氏管荷爾蒙測驗，只是用來幫助衡量生育能力的一種工具。但我發現 Kindbody 彈出視窗，所提供的免費抗穆勒氏管荷爾蒙檢測令人不安，因為它的實用性值得商榷，而且該公司的目標客戶是

第六章　生育力最佳化

20歲和30歲出頭的女性。*

　　Kindbody從頭到尾品牌定位是圍繞著消費者打造的，該公司有十足的動力，將抗穆勒氏管荷爾蒙檢測打造為生育力的有效衡量標準。一位女士在午休時造訪Kindbody專車，進行荷爾蒙檢測，知道了一、兩件她之前關於卵巢和卵子不知道的事，等Kindbody用電子郵件把檢測結果寄給她時——不管這些結果是否在範圍正常內——信件內會提醒道，如果她現在考慮冷凍卵子，Kindbody診所就在附近。

　　因此，在家中進行生育力檢測，或在專車中進行荷爾蒙分析都是可以的，但本身並沒有真正的價值。單只檢測生育荷爾蒙濃度可能會產生誤導，特別是如果使用者是健康女性，只想了解自己目前的生殖潛力。她想了解更多資訊固然很好，但她也必須知道，檢測提供的結果資料，尤其是關於抗穆勒氏管荷爾蒙，並不是她能否懷孕的指標。而且僅靠卵巢儲備檢測，也無法估計女性在某一月份的受孕機會。重要的是了解這些檢測測量什麼、不測量什麼，以及它們的局限性，並知道是否應於後續找醫生諮詢檢測結果。

　　荷爾蒙濃度是相當複雜的生育拼圖中的關鍵部分之一。其他因素還包括適量的優質卵子、健康的輸卵管和子宮的容受能力。不過，歸根究柢，決定女性生育能力最重要的因素是——你猜對了——年齡。儘管我們可能希望在家，就能得到神奇的

---

* 除了抗穆勒氏管荷爾蒙檢測外，Kindbody的行動診所還能進行全面的初步諮詢、骨盆超音波檢查、實驗室檢查、遺傳攜帶者篩檢和健康女性檢查。

答案,也希望有水晶球能透露關我們生育能力的一切,但它們並不存在。不過,往好處想,所有這些增加的檢測和知識,意味著女性本身對人類生育能力的真正複雜性有了更多了解。

至少這些家庭荷爾蒙檢測可能是一個有用的起點。當諾伊斯醫生的跟診護理師打電話告訴我,我的抗穆勒氏管荷爾蒙濃度時,我把這個數字寫在筆記本上並圈起來。因為她沒有提供任何背景資訊,所以我在旁邊寫了問號,提醒自己之後記得查一下這個數字是否代表良好或令人擔憂——跳進抗穆勒氏管荷爾蒙和生育荷爾蒙檢測的兔子洞,幫助我做到了這一點。對女性來說,知道可以進行卵巢儲備篩檢是件好事,但對女性進行有關生育期有限的教育,和利用她們對此的恐懼之間,存在著微妙界限,不過生育行業的人不會告訴你這麼多。

但現在你知道了。如果你充分了解這些檢測的含義及其局限性,那麼檢測你的荷爾蒙,是可以增進你對自己生育軌跡的了解。由於抗穆勒氏管荷爾蒙濃度和卵子數量都會逐漸下降,因此,關注荷爾蒙濃度隨時間的變化,可以讓你了解生育力「山丘」高度下降的幅度。但是,擁有不準確或不完整的資訊,可能比完全沒有資訊更具破壞性。

蕾咪:打針、打針、打更多針

蕾咪從來不曾如此渴望月經來潮。那是三月底,生育藥物還放在她的冰箱裡,等待開封。大多數冷凍卵子的女性,會在月經出血後的第二天或第三天開始注射荷爾蒙。現在,她隨時

都會來月經,並且能夠開始服用生育藥物。她也可以停止服用避孕藥了。有些女性在進行凍卵前服用口服避孕藥,這可以幫助卵泡以更相似的大小和速度生長,並使女性和她的醫生更能控制卵子冷凍療程的時間。*蕾咪向來對於有幫助的事都不會放過,因此不介意服用避孕藥暫時控制排卵。她很高興在卵子冷凍過程中不需要改變她的常規節育方法,即含銅避孕器;取卵時它可以留在原處。

蕾咪是那種總是會擬定五年計劃的人,其中一個就是今年她要開始嘗試懷孕。這種心態——健康的習慣、健康的懷孕、健康的卵子、健康的寶寶——讓她動力十足。三個星期以來,她每天都喝綠果汁,希望在開始注射之前保持最佳狀態。每天的早餐一如往常:燕麥片加杏仁醬、藍莓和蔓越莓乾。為了開始注射針劑,她戒咖啡戒得很艱難。她從每天喝幾杯濃縮咖啡,變成三杯咖啡,再到一杯。緩步前進。這讓她感到暴躁,而且每次想到生育藥物可能對她身體造成的傷害,她都會有點沮喪。她曾聽人說過,在連打那麼多天的針劑之後,會覺得自己就像背著一袋馬鈴薯一樣。

但至少,等她一想到這個過程是多麼井然有序,她就不再那麼害怕了。蕾咪向來自豪能將生活中可以管理的部分都置於自動駕駛狀態。她不擅長的是放棄對結果的控制;她不喜歡難以預測自己的身體會經歷什麼。這是她擔任麻醉住院醫師的第

---

* 生育診所對此往往有自己的偏好和政策,但已知在卵子冷凍療程之前直接使用口服避孕藥,可能會產生潛在的抑制副作用。現有數據有些矛盾,但幾項研究得出的結論是[24],這樣做可能會導致刺激週期更長,需要更多藥物——而且可能對取出的卵子數量產生負面影響。

二年,她已經為病人進行了數百次靜脈注射和硬脊膜外麻醉,但她並不特別喜歡在自己身上紮針。在生育診所,當護理師示範如何準備和注射荷爾蒙時,她有些慌亂。護理師的注射方式與她注射的方式不同——但這次她是病人,而不是醫生。

幾個晚上後,終於到了開始的時間。蕾咪開始做晚上的例行公事,和她平常做的事差不多。因為前一天晚上她在醫院值班,所以她睡了一整個下午。醒來後,她開車去了最喜歡的路徑,聽著 podcast 節目跑了 9.5 公里。這一天天氣晴朗又涼爽,是她暫時最後一次跑步的完美天氣。跑完後回家喝杯綠拿鐵,然後去散步,打電話問候一個不在本地的朋友。最後,點著蠟燭洗了個長長的澡,穿上她常穿的舒適衣服:Lululemon 緊身褲加 T 恤。她坐在廚房的桌子旁,用毛巾包住濕髮,打開了藥品包裝。

比想像的要痛得多

那天晚上的荷爾蒙注射菜單上有兩款混合物:Gonal-F——是精美的筆型,可以調到合適的劑量——和美諾孕。她配製好藥物,她的麻醉醫師大腦處於全聚焦模式。她的神經高度緊張,這種期待讓她的心情變得興奮起來。她原本決定自己注射荷爾蒙——不知怎地,這感覺具有象徵意義——但突然間她想要有人陪伴。在最後一刻,她拿起手機和她最好的朋友克里斯蒂娜[†]進行了視訊通話。她需要分散注意力,就央求克里斯蒂

---

† 此處為化名。

娜給她說一個好笑的故事。當克里斯蒂娜喋喋不休地講述著，她母親某次所有鞋子都從車裡被偷走的事情時，蕾咪捏住她下腹部周圍的皮膚，深深地吐出一口氣，然後把針扎進去。比想像的要痛得多。但她很亢奮。來吧。

第七章

不是我們的身體、不是我們自己

恥辱與汙名

1940 年,詩人兼社會活動家格蕾絲・佩利(Grace Paley)18 歲時,偷偷摸摸地走進醫生診間,謊稱自己已婚,以便取得避孕隔膜。「我們都知道避孕用品的存在,但我們也知道不可能拿到。」[1] 她的文章〈非法的日子〉(*The Illegal Days*,暫譯)開頭如此寫道,收錄於佩利的作品集《如我所想》(*Just As I Thought*,暫譯)。「你得更年長,還要已婚。你在藥局買不到任何東西,除非你病得很重,並且因為子宮即將脫落而不得不購買隔膜。圍繞著避孕措施的普遍尷尬和悲慘,是真實存在的。」

當我們談論掌控女性身體時,墮胎一詞通常會使談話終結。幾十年來,女性的選擇權一直主導著生殖權利的討論。佩利於 2007 年因乳癌去世,她曾公開談論她 30 歲時在曼哈頓進

行的非法墮胎事件，這段發言為人所知。然而，她對於取得避孕措施是多麼困難的言論則沒那麼有名，但我發現那同樣令人不安。雖然不像佩利那麼嚴重，但在那以後，障礙仍舊困擾著好幾個世代的女性。1975 年，我母親等到離家上大學後才第一次去計劃生育協會，以免在小鎮診所遇到她認識的人。2006 年，我一個高中女同學誇大了她的經痛，這樣她才可以服用避孕藥，而不讓父母知道她和男朋友上床了。截至 2023 年，已有 24 個州限制未成年人，在未經父母同意的情況下，獲得避孕措施的能力 [2]——這與 2006 年形成鮮明對比，當時沒有任何州或聯邦法律要求未成年人要獲得父母同意，才能獲得避孕措施。[3]

我想起與名叫辛西亞的女子有過的一次談話，她在維吉尼亞州西南部的農村長大，是一位年輕的母親，有三個孩子。辛西亞的家裡信仰五旬節教派；她的丈夫詹姆斯則是嚴格的天主教徒，不相信節育。我們第一次交談時，辛西亞剛滿 26 歲。她告訴我，她已經流產了四次，雖然她和丈夫想要更多的孩子，但一想到要再次嘗試，她就感到不知所措。主要是她害怕體重再次快速增加。正常情況下，她的體重只有 45 公斤，而每次懷孕都非常艱難，給她的身體帶來巨大負擔。她的第二個孩子太大了，無法自然分娩；她的醫生說，如果陰道分娩會導致她的臀部骨折。上次懷孕後剖腹產疤痕組織的併發症，導致她需要以手術修復膀胱。「所以我現在並不急著要更多的孩子，」她告訴我。

沒人告訴我的事

辛西亞不記得在學校接受過性教育。當她第一次來月經時，根本不知道那是什麼。當她 16 歲的時候，為她所在小鎮的 2000 人看診的醫生給她開了避孕藥，因為她經痛得厲害——但醫生甚至懶得告訴她，這藥的主要作用是避孕。她沒有定期服用。然後，在她高中畢業的那天晚上，第一次發生性行為，結果懷孕了，儘管他們使用了保險套。「沒有人告訴我，即使使用保險套也可能懷孕！」她驚呼。「我不知道它們有不同的尺寸。在我們鎮上，不會有人告訴你有關節育的訊息。最多給你一點知識，然後就送你上路。」我問辛西亞，如果她知道更多的話，她是否會做出不同的選擇。「我常常在想這件事，」她說。「我的孩子就是我生命的全部。」她頓了一下。「但如果我能回到過去，如果我有現在的知識，我會再等一等。」

當我回顧自己，在了解身體及體內運作過程的主要里程碑時，我腦海中浮現出幾件事。都很不愉快。雖然，我比辛西亞有更多的選擇和知識，仍然不是一帆風順。

經期。我是在八年級某一天放學後來的初潮，然後自行摸索如何置入衛生棉條。褐色、黏稠的血液讓我感到震驚。那是 911 事件發生後的一年，我的母親是一名陸軍上校，不久前被派往海外。我不記得這些衛生棉條是我在距離學校幾個街口的藥房買的，還是我偷偷把它們加到我父親的購物清單中。但我記得盒子裡有複雜的說明書，獨自破解它們讓我感到渺小和害

怕——就像一個需要媽媽的小女孩一樣。但媽媽不在這裡，我告訴自己，所以你必須自己解決這個問題。

去看婦科。我第一次進行骨盆檢查時，非常緊張，我為自己流了太多汗而向醫生道歉。這是一種特殊的、令人不安的感覺，在光線刺眼的房間裡張開雙腿，而一個陌生人盯著你的陰道。更糟糕的是窺器和手指探診。我以病患身分見過的婦產科醫生大多數都很有禮貌，但話語都很簡潔。我通常會帶著一些未解答的問題離開診間，因為我不敢問，但隱約有種被入侵的感覺。我 22 歲時看的婦產科醫師則完全不一樣。他五十幾歲，來自羅馬尼亞，口音重，雙手更加粗重。在檢查室裡，我滔滔不絕地講述了我只有一個卵巢的事，並總結了自己的手術。他問我是否有性行為。我回答說，我和男友已經睡在一起一段時間了，但我很沮喪：儘管我正在服用避孕藥，但我不規則的「經期」經常引起「如果我懷孕了怎麼辦」的恐慌。「所以我們才使用兩種形式的避孕措施，」我解釋道。我感到不自在，與陌生人談論我的性生活——即使他是醫生——實在很尷尬。婦產科醫師揚起了眉毛。「哦，親愛的，」他搖著頭說。「那是非常沒有必要的。停止使用保險套，過你的生活！」他啪一下合上我的病歷，笑著說：「你男朋友會感謝我的。」我和男友沒有停止使用保險套，但我因為這次互動而遷怒我男友，倒是讓我們兩個，更容易開口談論性及與性有關的事情。*

---

* 我後來得知，有大約十分之一的女性同時使用兩種避孕方法，例如保險套和避孕藥。[4]所以，也許我和男友用保險套有點多此一舉，但醫生的反應實在不是很恰當。

然後是更近期的里程碑，是當我在 EggBanxx 的活動上聽醫生講話時。他們向一屋子成熟、受過良好教育的女性，講解她們的生殖系統，而不是假設出席的女性早已熟知這些。當我坐在那裡時，以前上性教育課的記憶如潮水般湧來：老師們用投影機展示生殖器的照片，高年級的高中女生小聲談論手淫和男生更喜歡「剃毛」女孩的事。我記得當我和其他女孩、男孩一起坐在教室地板上時，胃裡有一種緊張興奮的翻騰感。我記得學到了很多東西，但從未真正談論過。性教育頂多可以解釋身體開始成熟時，青少年會經歷的一些事情。但對我們大多數人來說，它也播下了困惑和恥辱的種子，隨著我們年齡增長，這些種子跟著生長茁壯。那天晚上，在 EggBanxx 聚會上，我看到的就是那些被澆灌的種子。

　　關於幾個世紀以來女性健康的殘酷循環，已經寫成好幾本書。《紐約時報》對克萊貢（Elinor Cleghorn）著作《不適的女性》（*Unwell Women*，暫譯）的書評中，珍妮絲・二村（Janice P. Nimura）寫道：「因為被教導成她們的解剖構造是恥辱的來源，女性對自己的身體不聞不問，更無法辨識或說出她們的症狀，因此無力反駁男性醫療機構，不過他們也不會聽就是了。」[5] 大多數女性很難知道，自己的身體怎樣是正常的，什麼樣是不正常的。我們交換有關避孕方法的故事，並抱怨去婦產科不舒服的就診經驗。在某一刻，我們才意識到自己從未從多年前健康課，強加給我們的可怕畫面中恢復過來。膚淺貧乏的性教育，和文化上普遍存在的「噓」，讓許多人蒙在鼓裡，錯過或避免了關於性及其一切相關的坦誠對話。

對生育與生殖自主的片面理解

辛西亞的故事有力地說明了，女性缺乏生育知識，與缺乏生殖選擇自主權之間的直接關聯。除了未獲得關於身體的充分教育外，女性在試圖獲得全面的性保健和資源方面，仍面臨挑戰。佩利關於購買隔膜的敘述、辛西亞的故事，以及我與其他女性關於性和生育的對話，讓我不禁思考：一個人該如何獲得他們有權獲得的知識和資源？

正如我們所確定的，學校提供的不多。事實證明，醫療人員提供的也不多。耶魯大學研究人員的一項研究發現，大約50％的育齡婦女，從未與醫生討論過她們的生殖健康問題。[*][6] 婦產科醫師通常會提供避孕措施，但很少評估患者的卵子數量和品質；一項針對五千名美國婦產科醫師的調查發現，只有不到三分之一的臨床醫師，為35歲以下的患者，提供生殖老化和生育力保存方面的諮詢。[8] 那為什麼這些討論很少發生呢？沒有足夠的醫生和時間是原因之一。美國有近一半的郡沒有婦產科醫生。[9] 對於定期去看婦科醫生的患者來說，診療時間通常很短，只夠請醫生重開避孕藥處方，並詢問她是否接種了最新的人類乳突病毒（HPV）疫苗，根本沒時間詢問她的卵子品質或檢查她的荷爾蒙濃度。[†]

---

[*] 研究的共同作者、耶魯大學醫學院婦產科教授盧布娜・帕爾（Lubna Pal）博士指出：「我們發現，調查中40％的女性認為，她們的卵巢在生育期內會繼續產生新的卵子。這種誤解尤其令人擔憂，尤其在有愈來愈多女性推遲懷孕的社會中。」[7]

[†] 缺乏溝通的部分原因是，健康保險不會補貼醫生花更多時間與病人交談。此外，有些婦產科醫師不會與較年輕的患者討論生育問題，因為他們不想無意中增加許多年輕女性已經面臨的生育壓力。

誠然，青少年會從學校以外的各種來源學習性知識。但孩子們在健康課上學到的內容，與網路和流行文化告訴他們的內容並不相符——當然，電視、音樂和電影對這個主題也沒多大的教育意義。[10] 而且也與他們從爸爸媽媽那裡聽到的不同步。性教育工作者一再指出，大多數美國父母要麼完全忽視這個話題，要麼在孩子很小的時候，就教他們關於寶寶從哪裡來的兒童迷思，然後就再也沒提過。有鑑於佩利這一代人所承受的可怕恥辱，我母親給了我一本《美國女孩身體書》是相當進步的。

還有可輕易瀏覽的線上色情內容，記者瓊斯（Maggie Jones）在《紐約時報雜誌》的一篇專題文章中，將其描述為事實上美國青少年的性教育者，填補了美國性教育不足所留下的真空。「沒有其他地方可以學習性知識，」一名男孩告訴瓊斯。[11]「色情明星知道他們在做什麼。」我們消費和觀看的媒體，無疑會影響我們在現實生活中的行為方式。而最受歡迎的色情網站，名列世界上百大人氣網站。[12] 瓊斯指出，要分辨色情片中的真假並不容易，幻想和誇張之間的界線可能很模糊。對於一個見多識廣的成年人來說，為了好玩而觀看色情片並不是什麼大不了的事，但當我們考慮到很多青少年是從硬派色情片學習如何對待彼此，而且成為年輕人生活的主要影響因素，也塑造了他們對性和性行為的早期觀念[13]，這就完全是另一回事了。

還停留在未成年的性觀念

所以,性教育教導女孩要感到羞恥。我們的醫生很忙,反正我們也不知道該問他們什麼問題。色情和流行文化扭曲了我們的思想,為性提供了腳本,讓許多年輕人感到不安和疏遠。那麼也就難怪,許多年輕女性在成長過程中對月經感到厭惡,並覺得有需剃陰毛的壓力。成年後從未說出「陰唇」這個詞,也不知道陰蒂是什麼,它在哪裡,和(或)拿它做什麼。因此,我不能責怪 EggBanxx 活動中的醫生認為我們需要他們的生育入門演講,也不能責怪女性孤陋寡聞。現在我很清楚,不管在任何年齡段,要填補我們的知識空白,既不直截了當也不是容易的事。年輕女性缺乏關於自己身體的重要知識,這限制了她們在青少年時期和年紀更大些時,做出明智選擇的能力——尤其是關於她們的生育能力方面。

大約在這個時候,我與一群十人左右的年輕女性,聚集在其中一位女性位於華盛頓特區郊區的家裡聚會交談。我們圍坐著餐桌,吃著薯片和鷹嘴豆醬。這些年輕女性*年齡在 22～29 歲間,代表不同的種族,屬於中到中上層階級家庭,都在維吉尼亞州北部長大,那裡是美國最繁榮和進步的地區。當我邀請她們時,我解釋說想問她們一些關於性和生育的開放式問題:她們知道什麼以及是如何學到的。在我打開錄音機並開始提問前,我環顧餐桌,停頓了一下。我向大家講述了我寫的一些文章,希望能在進入親密領域之前破冰。

---

* 姓名經過改動以保護她們的隱私。

然後我開始問她們,對性教育課還記得什麼。她們同時大笑起來,臉上是心照不宣的笑意。除了得知性病以及陰道和陰莖的結構外,她們都同意自己不記得有學到太多東西。「有點像他們在小學教我們毒品知識時一樣,」23 歲的泰勒說。「我們的反應是,『什麼是毒品?』」她繼續說道,描述了年輕人在被告知某種東西固有危險性的同時,又被告知該東西到底是什麼的模式。「現在就像是,『啊?什麼是口交?』」

談話轉向了另一個禁忌話題:女性快感。「我甚至不知道女性應該享受性,」身材苗條、意見強烈的大學高年級學生亞莉西絲說。沒有一位女性記得性教育課提過女性自慰。「不會提到女孩撫摸自己,或做類似的事情,」亞莉西絲繼續說道,她的語氣很刺耳。「而是『這是你的子宮,這就是你需要知道的一切。』」

「這是你 30 歲的時候孕育生命的地方,」24 歲的曼蒂森附和。

「我在高中時就自慰了,然後我還對男朋友撒謊,」另一個穿著牛仔褲和黑色上衣的女孩說。「我當時說,『不,只有你。你是最棒的。』」桌邊有好幾個人都翻了白眼。

在談到生殖焦慮的話題時,有幾位年輕女性表示,她們從未做過子宮頸抹片檢查,還有一些人從未看過婦科醫生——這一事實讓我脫口而出,「等等,真的嗎?」儘管我試著靜靜坐著,盡量傾聽而不插話。

在場幾乎每個人,都有一個特定理由相信她的生育能力,在某種程度上受到了損害——因為飲食失調,或者長年參加田

徑運動,或因 Accutane(一種治療痤瘡的強效藥物),或多囊性卵巢症候群,或 X 染色體脆折症(fragile X syndrome,一種遺傳性疾病),或連續幾個月月經不來。「我甚至不知道自己是否有生育能力,」亞莉西絲低頭看著自己的雙手說。「就像,因為我太魯莽了。我在性方面做了錯誤的決定。我停止服用避孕藥,因為我不太會吃藥。我不記得上次與固定伴侶使用保險套是什麼時候了。所以,我不知道。我猜我這是無計劃的方案吧。」

「我要說出來了,」一個女孩突然說。她穿著一件粉紅色的襯衫,緊張地玩著自己的黑髮。「我墮過胎。」

一開始所有人都安靜了下來,然後:

「我也有過。」

「我也是。」

「加一。」

另外幾個人小聲附和,她們的目光低垂,看向桌子。

米雪的故事

米雪兒分享了她在懷孕 15 週時墮胎的故事。當她描述自己穿著運動衫、把兜帽拉到頭上走進計劃生育組織時,她開始哭泣。女孩們看看米雪兒,然後又看看彼此。「有老太太向我丟紙團,」她說。她指的是經常站在墮胎診所外的抗議者,會騷擾進入診所的婦女。我環顧四周,幾乎每個人臉上都露出悲傷的表情。原來在場超過一半的人都曾墮胎,雖然她們的經歷

不像米雪兒那麼可怕,但她們都擔心墮胎會在某種程度上影響她們未來的生育能力。當我問為什麼時,沒有人能清楚地說明為什麼她們的擔憂感覺如此真實。*

甚至這群人中有一、兩個女性已經生下健康的嬰兒,也擔心自己的生育能力。多年來,25 歲的史蒂芬妮和她的伴侶在發生性行為時,沒有使用保護措施。過了一段時間,史蒂芬妮以為自己不孕。「當時我就想,『哦,我沒辦法懷孕。』」她靠在椅子上說。「不然我早該懷上了。」但後來她確實懷孕了,她的兒子剛滿一歲。但她還是說:「我知道我顯然可以生孩子,但我們三年沒避孕都很巧地沒懷孕。所以我不知道等我真的想嘗試生孩子時,要花多長時間。」小組中的另一位母親凱拉說,她在 26 歲懷孕後第一次看診時,感覺就像在接受約談。醫生提問的措辭方式,讓凱拉覺得,有必要為自己保留孩子的決定辯護。同時,醫生溫柔的探問也讓凱拉停頓了一下。「我心想,『我現在配生孩子嗎?』」她說。和史蒂芬妮一樣,凱拉和她的伴侶也沒有採取避孕措施。「我知道後果,但我自在慣了。我懷孕時,我們已經在一起八年。」

我現在配生孩子嗎?後來我又想起凱拉的措辭,反思年輕女性對母職的看法中經常包含的價值判斷,就好像生孩子是一個人必須贏得和應得的事情一樣。同時,不採取避孕措施,又代表人們對懷孕的可能性持輕率態度,對可能發生的事情無所謂。這是一個令人困惑的並列,通常我會問一、兩個具有挑戰

---

* 墮胎很少會影響一個人的生育能力或未來懷孕的能力。[14] 但很多女性都在社會化過程中,養成它會的這種想法。

性的後續問題。但當時《羅訴韋德案》仍然有效,當我們的討論結束,空氣中瀰漫著某種溫柔,所以我選擇不再追問。我意識到,我對這些女性有種悄然而至的親切感,不知道這是否讓我不那麼像記者,是否讓我所謂的客觀性打了折扣。將我作為記者的工作與身為女性的工作區分開來,變得愈來愈困難。

這場非正式討論中最令我驚奇的地方,是年輕女性對缺乏關於性、生育和生殖選擇等話題的公開對話,大多感到沮喪。不僅是與家人或性伴侶之間,也包括他們的同儕和朋友之間。那天晚上的談話並不是這些女性第一次面對這種缺失,但一起說出她們的挫敗感撬開了一道裂縫。當話題轉向墮胎,那些曾經墮胎的女性分享她們的經歷時,我看到一種真正的宣洩正在發生。羞恥被團結取代,餐桌上瀰漫的那種承認和你並不孤單的感覺,令旁人都感到振奮。

知識差距

我和班交往幾個月後的一個冬夜,我們在布魯克林的一家義大利餐廳,分食義大利餃和一籃麵包。在講述第二次手術的細節時,我摳著紅白格子的桌布:我彷彿感覺到身側熟悉的疼痛,醫生把手伸進我的雙腿之間,還有深深的恐懼。我盡量保持語氣平穩、不帶感情。畢竟,我現在很好,不是嗎?但我覺得有必要解釋這一切對我來說有多重要。至今仍是。

班聽著,眼睛睜得大大的。我不太清楚他聽懂了多少,大多數聽過我解釋手術的男性——其實女性也一樣——聽到「經

陰道超音波」和「卵巢扭轉」就會開始不安地扭動，這時候我就知道應該盡快結束話題了。當我說話時，班一動不動地坐著，臉上帶著關切和同情。「我們做愛的時候你會想到這些事情嗎？」我說完後他問我，聲音平靜但不害羞。我低頭看著自己的雙手，轉動著拇指上的戒指，不知道該如何回答。

我的少女時期，即青春期和身體成長的青澀時期，因為我卵巢的急症提前結束。班的問題，激起了我對這些創傷之間和之後幾年的記憶：當我感覺身體好像不屬於自己的痛苦回憶；那些讓我感到赤裸、孤單、消失的時刻。我的清單很長，但我的故事並不是特別獨特。手術。性暴力事件。我剛從大學畢業，急需現金時，曾經當過醫學研究的對象，為此我收到了微薄的金錢。醫生把我像蚌殼一樣撬開；一個陌生人強壓我；一個男朋友在我替他口交時用手壓住我的頭，沒有事先詢問我就用力推得更深，直到我作嘔。事實上，從青春期到 25 歲左右，我對自己身體的理解，都以別人對我做的事情的感覺作為標誌。這些經驗已不再定義我與身體的關係，但它們當時確實有很大的影響。

但我還沒準備好告訴班這些事。「不會，不太會，」我終於回答，我的心提了起來。班在開口前猶豫了一下。「因為我不想把事情搞砸，」他說。「我不想傷害你。」

與年輕女性的會談，以及我試圖與班，更坦誠地談論我過去的醫療創傷，激起了我對年輕女性集體無知的熟悉挫敗感。知識就是力量，而在與我交談過的女性所描述的特定情況下，不論是知識或力量，她們兩者都缺乏。我在十幾歲和二十幾歲

的不同時期也經歷過同樣情況。但其實這個問題更加深層。起初，我認為知識問題集中在一個令人不安的事實上，即我得知大學年齡的女性對自己的月經只有粗略的了解。但後來我又加上與年齡相關的生育能力下降的現實，以及有關荷爾蒙的基礎知識，因為我發現大多數年輕女性對她們吞下的避孕藥、裝置的子宮內避孕器知之甚少。

女性對身體的認知空白

問題不僅是我們沒有被教導或告知什麼，還在於空白中存在什麼。當女性到了三十多歲時，所有這些無知的後果，延伸到了全新篇章的漠視或誤導。性教育早就被拋諸腦後，老舊且幾乎毫無幫助，像在後視鏡中逐漸消失的影像。現在，無知和沉默的巨大泡沫集中在生育力上——尤其是兩個令人不安的事實。第一，太多女性對自己的身體在生物學上能生育孩子的時間，抱有不切實際的期望。第二，太多女性不了解生育能力，直到她們得知自己已不再擁有這項能力。

就像威爾遇到卡蒂之前一樣，我直到成年後才了解易受孕窗口。女性只有在排卵日才會懷孕：錯的。女人隨時可能懷孕：也是錯的。我對排卵和荷爾蒙了解得愈多，就愈意識到，我新獲得關於女性懷孕能力的知識，意味著解開我長期以來信以為真的迷思和誤解。

和威爾一樣，當我第一次翻閱《女性私身體》時，我才驚覺自己知道的那麼少。這本書條理清晰、內容全面，溫暖又平

易近人。我折起書頁,在空白處寫下問號和感嘆號。對於極其複雜的事情,書中有圖片和有用的圖表,以及簡單易懂的解釋。我的那本是我開始寫這本書後,母親送給我的禮物,距離那本《美國女孩》已經很多年了。她在這本書上也題辭了。親愛的娜塔莉,她那熟悉、令人安慰的草體字寫著。我拿到這本書好幾天了,打算在給你之前寫幾個字。昨晚夢到在給我的小女娃餵奶!我一定是一直在想「生育力」這件事。用這本書來增進你的知識。利用你獲得的知識成為一名更有準備、更輕鬆的準媽媽。我毫不懷疑你會成為母親……很好的母親。我很高興成為你的母親。

現在我愈來愈清楚,我與身體的關係,與我決定卵子冷凍是分不開的。更大的事實是:女性如何學習或不學習基礎知識,決定了她們能否以及何時了解,生育能力以及影響其生育未來的各種條件。醫生告訴我,多年來女性最常見的挫敗感之一,是她們希望自己盡早知道,卵子數量和卵子質量有多重要——而且希望早點了解這一點,在她們近30歲或40歲出頭,開始尋求生育治療之前。與我交談的醫生也證實,我所聽到的軼事是真實的:許多接受凍卵的女性,希望她們當初能早點意識到,年齡對懷孕能力影響有多大,而不是看著名人在45歲,甚至將近50歲還能有孩子——通常是透過捐贈卵子、代理孕母*或妊娠代孕†,但他們使用的人工生殖技術一般不會

---

* 譯按:使用委託者的精子與孕母的卵子。
† 譯按:委託者的精子和卵子在體外受精後,再植入孕母子宮內。

第七章 不是我們的身體、不是我們自己

被提及——還以為自己也能有樣學樣。

蒙在鼓裡的不僅是年輕女性。有許多四十多歲的女性滿心以為自己可以懷孕,只因為她們自我感覺年輕、健康。這是一個很容易落入的陷阱。女性以為,因為我們看起來更年輕、壽命更長,所以卵子的有效期限也應該延長。但正如我在第三章中所討論的,女性生育能力的現實情況,基本上沒有什麼改變。在人生的這個領域,30 歲絕對不是新的 20 歲。

一切在掌控之中?

好,到目前為止,我已經接受了女性晚育的社會和個人原因。我了解到我們從未接受過的性教育,並開始努力應對「不知道」的長期影響。但是如何解決棘手的生物學問題呢?儘管我們可能試圖忽視或淡化它,但這一生物學事實,不容易被掩蓋。美國生殖醫學會的倫理委員會提醒我們:「高齡女性因為卵母細胞數量和質量下降,不孕風險會增加,染色體異常的情況也會增加,導致更多的胎兒畸形和流產。」[15] 翻譯一下:隨著年紀增長,生育能力會不斷下降。健康的卵子愈來愈難得。流產和患有天生發育問題的嬰兒變得更加常見。

「生育力對二十幾歲的我們來說不算什麼;是該關在地牢裡,留在那裡腐爛的東西。」[16] 艾瑞兒・利維(Ariel Levy)在她關於流產、失去伴侶和家庭的回憶錄《規則不適用》(*The Rules Do Not Apply*,暫譯)中寫道:「在 30 歲出頭時,我們記起它的存在,心想我們是不是該看它一眼,然後——猝不及防

地──情況變得緊急：誰去找到那條龍！是時候喚醒它，它該上場了。但這頭猛獸在數十年的冬眠中並沒有變得更強壯。等到我們試圖喚醒它時，龍已經變得虛弱、乾癟。老了。」

她的話語有如警告。再加上我之前引述過紐約大學生物倫理學家亞瑟·卡普蘭的話──有一種觀念是，你想什麼時候懷孕就能懷孕，有這個技術，我們有解決之道，一切都在你的掌控之下──這些話始終困擾著我。對於受過教育的中產階級女性來說，生活中我們可以控制並取得成功的事情清單很長，而且還在增加。我們生活在一個充滿抱負的時代；如今，幾乎沒有什麼事情會放慢或緩和。這也難怪，隨著年齡增長，我們收到的訊息是，生育力是我們應該控制的東西──保留、保護、投資。而不孕，在很多方面都是終極的失控。

「我們生活在一個我們可以控制很多事情的世界，」利維繼續寫道。「如果你有聰明才智、金錢和毅力，一切似乎都是可能的。但身體並不遵守這些規則。」[17]因此，我們要在身體背叛我們之前進行干預。運用科技，不僅用來控制，更用來增強我們的生殖系統，它們將產生什麼以及何時產生。利用科學的進步，使我們的卵巢產生卵子的能力倍增，提高我們生下親生孩子的機會，只等我們準備好，完全或至少大部分符合我們設的條件時。立即採取行動，以防未來失控。這些都是鼓吹女性接受的解決方案。遊戲的本質已經改變，我們之中的聰明人將意識到，我們不再只能被動地接受我們的身體不守規則。

至少這是我們積極進取的社會向我們承諾的。

近看凍卵

我釐清了一些基礎知識，也明白了為什麼直到現在我才知道自己不知道。在我看來，下一步應該是更深入了解這項神祕的技術，畢竟我的生殖醫師和 EggBanxx 活動的醫生，都認為這是解決棘手的生物學問題的方法。為了更加了解整個過程，我需要親眼看看卵子冷凍的實際情況。

我參觀了位於曼哈頓市中心，精品卵子冷凍診所 Extend Fertility 的實驗室。在一個下雪的冬日，我沿著西 57 街（West 57th Street）匆匆趕路，要去參觀胚胎師示範冷凍卵子的實際技術。這是第一次我以記者而非患者的身分參觀生育診所，但我內心的潛在卵子冷凍客戶，注意到了 Extend Fertility 溫暖而親切的氛圍、接待櫃檯的蘭花、灑滿陽光、有著大窗戶的諮詢室。由於隱私規定，我無法觀看患者取出卵子的過程，但胚胎師兼當時該公司胚胎學實驗室的副主任萊絲莉・拉米雷斯（Leslie Ramirez），答應讓我看一遍整個過程的快速示範。

大多數關於卵子冷凍的討論，都集中在注射荷爾蒙的幾天和取卵的那一天。雖然從很多方面來說，女性取出卵子的那一天是她經歷的結束，但她卵子的旅程才剛開始。卵子冷凍中真正的「凍卵」部分，在女性卵子離開體內後就立即開始了。在這類療程的大肆炒作中，最重要的玻璃化冷凍步驟，那是一種能顯著提高卵子存活率和懷孕率的超快速冷卻技術，但它往往被忽視。

作為卵子冷凍的關鍵步驟，玻璃化冷凍這項精細過程，在

取卵後不久就會進行。當女性從麻醉中醒來時，她的卵子已經被護送到實驗室並放在培養箱中幾個小時。然後，胚胎師會在顯微鏡下檢查卵子，以確定哪些卵子已經成熟，然後將成熟的卵子暴露於冷凍保護劑中。冷凍保護劑是保護卵子免受冷凍和解凍壓力的化學物質。接下來，胚胎師會一次將幾個卵子固定在帶有標籤的塑膠條上（塑膠條的直徑和意大利麵條差不多），這個塑膠條稱為吸管，胚胎師將吸管浸入液態氮中，使之幾乎立即凍結。卵子中的所有生物活動，包括老化，都會停止。卵子快速冷凍後，吸管就會被接到一個較長的塑膠片（稱為拐杖）上，並放置在密封罐中，這個密封罐看起來像是燒烤架用的丙烷罐。密封罐裡充滿了液態氮，溫度保持在攝氏零下196度（華氏零下320度），使浸置的卵子保持低溫──並無限期保存。

胚胎實驗室門上的裝飾性雪花，與我被要求換上的深藍色手術服相稱。拉米雷斯示意我進入。我按下手機上的「錄音」鍵後塞進腰帶裡，希望它不會從我的褲腿上滑落摔在白色瓷磚地板上，接著走進去，關上沉重的金屬滑門。明亮的實驗室裡，瀰漫著醫院級消毒劑的淡淡金屬味。高倍顯微鏡旁邊，是類似電玩遊戲機的顯微操作器，以及貼著粉紅色或藍色標籤的白色機器，上面寫著 TransferMan 4M 和 Incubator CI6 之類的字眼。還有專門為像這樣的胚胎實驗室設計，客製化的空氣過濾器。由於卵子和胚胎在移入和移出培養皿時會暴露在空氣中，因此，保持空間盡可能無菌和無汙染非常重要；即使是實驗室工作人員的香水，也會影響胚胎的品質和發育。

有活力的卵子

拉米雷斯三十多歲，身材嬌小，在墨西哥出生，畢業於哈佛大學，擁有生物技術博士學位，她正低頭看著檯上的培養皿。她告訴我，在皿內清澈的液體中，躺著兩個人類卵子。我走近一些以便看得更清楚，小心翼翼地避免撞到，這些看起來很昂貴的設備。大多數細胞都太小，不用顯微鏡就看不見，但人類的卵子——直徑為 0.1 毫米，大約和一根頭髮一樣寬，正好達到可見程度——可以用肉眼看到，不過看到一堆卵子還是比看到單個容易。我勉強辨認出培養皿中的小小卵子，卵子的大小跟用筆點一下的墨跡差不多大。「噢，」我輕聲嘆道，抬頭看向拉米雷斯。她對我回以微笑，然後迅速地繼續解釋。這些液體溶液又稱培養基（culture media），模仿卵子在女性體內營養豐富的環境，而胚胎師會檢查它們的成熟度。通常，只有成熟、有活力的卵子——大多占取出卵子的 75%——才會被冷凍，因為它們是以後可望能受精的卵子。*我面前的培養皿上，用手寫的黑色大寫字母標記著「丟棄」，裡面裝有從一位女性身上提取的卵母細胞，該女性取出的卵子已經成功冷凍了幾個成熟的卵子。患者同意將她剩餘的、無法存活的卵子用於訓練目的。

拉米雷斯將培養皿放在顯微鏡載物台上，然後用移液管將

---

* 只有成熟的卵子才能受精。但有些診所也會冷凍未成熟的卵子，因為仍有極小的可能，卵子能在解凍過程後成熟。此外，由於卵子冷凍是長期方案，因此未來有望開發新技術，使這些卵母細胞得以使用。

卵子從營養豐富的溶液中，移至另一個培養皿。另一個培養皿中的液體溶液是玻璃化魔法發生的地方：在一系列化學過程中，溶液中的冷凍保護劑將水分從卵子中吸出。在顯微鏡連接的顯示器上──其中一個卵子的放大影像，使動作看起來更加戲劇化──我可以看到它立即縮水。在脫水狀態下，投射在螢幕上的卵子就像一顆乾癟的小豌豆。然後，隨著冷凍保護劑填滿細胞，卵子再次膨脹。卵子幾乎立刻就恢復成正常完美的圓形。拉米雷斯走到一邊，示意我自己透過顯微鏡的目鏡觀察。一罐液態氮發出嘶嘶聲；一臺機器嗡嗡運作並發出嗶嗶聲。我瞇起眼睛，凝視著培養皿，觀察其中含有的微小生命碎片。

我曾經聽人解釋，保存卵子就好比保存雪花晶體──只不過卵子更加細緻，也更加脆弱。在實驗室環境中，當它們從女性卵巢轉移到塑膠吸管上、再轉移到液態氮罐內時，這些小得不能再小的細胞對溫度的任何變化都非常敏感。幾度的溫度波動就會毀掉它們。當我觀看拉米雷斯示範如何在液態氮浴中運輸和浸沒卵子時，實驗室門上的雪花裝飾吸引了我的注意，我發現自己笑了。巧合，也許是個小小的諷刺，或者兩者兼而有之。我不確定自己是否確實理解我所看到的一切──字面意思的，一個女人的生育能力被冷凍了──以及它意味著什麼。

我最後一次上生物課是在 11 年級，那也是我最後一次觸摸顯微鏡。那時，多多少少假裝自己知道在看什麼，以及為什麼它很重要，相當於青少年的聳聳肩和一個 A–。但那天站在實驗室裡，穿著借來的手術服，在筆記本上抄寫下陌生的單詞，我甚至無法假裝，自己擁有理解凍卵最複雜部分所需的強

大科學背景。

但我走到這一步並不是為了停止提問。我提醒自己，我已經開始超越科技的表面解釋。因此，作為一個新興的科學記者（我現在顯然是），我會繼續前進，繼續深入研究卵子冷凍的影響，看穿其複雜的科學光彩和各種閃亮的承諾。

搖擺不定

早春。一堂接一堂的課程，還有在紐約大學圖書館寫作好幾個小時，漫長的一天結束了。班和我在下東區與朋友共進晚餐。在開車回家的路上，我搖下班那輛老舊 Civic 汽車的副駕駛座車窗，看著後視鏡裡閃爍的曼哈頓天際線漸漸遠去。開往布魯克林的車堵成長龍，車頭燈刺眼、明亮。那是三月中旬一個柔和的夜晚，空氣中像是有種脈動：季節交替和花朵綻放的承諾。我們爬了五層樓來到我的公寓，然後筋疲力盡地倒在床上。不出我所料，班在幾分鐘內就睡著了。我還醒著，思緒翻湧，沒有什麼特別的原因，而是因為很多原因。手邊的一切讓我有種招架不及的感覺：我的論文和研究所功課，我在雜誌社的精彩實習，我與班的新關係。除了我每天原本就過度投入的工作外，我還要試圖弄清楚我的生育能力，並做出關於凍卵的決定，事實證明，所有這些都比我預想的複雜。

外面，酒吧的門砰地一聲關上了，不時有警笛聲呼嘯而過。我的頭靠在班赤裸的胸前，他摟著我，手罩著我的胸部。我對著黑暗眨了眨眼。我想從我們的交纏中得到安慰，我們交

疊的部分有時完美契合，但他的手臂變得更重，我們的皮膚變得汗濕，街道噪音變得更大，直到我能聽到和感覺到的只有我奔騰的心跳。

自從遇見班以來，我對卵子冷凍──以及我整體生育能力──的看法發生了一些變化。雖然我知道我可以獨自成為母親，但對我來說，擁有孩子總是與忠誠的關係相連。我一直想像的是具備所有基本條件後再生孩子：充實的職業、足夠的儲蓄、健康保險。還有一個伴侶。

在我們一起度過第一個週末後，在他見到我的父母之前，我試探地向班提起了孩子的話題。他告訴我，他從不懷疑有一天自己會成為一個好父親。

「是嗎？」我笑了。「你怎麼知道？」我試著保持語氣隨意──還有比這更好的回答嗎？──但我的酒窩出賣了我。

「我只要照著我爸做就行了，因為他是世界上最好的爸爸，」班回答。

我的心狂跳起來。他說得如此簡單、如此真誠，讓我立刻相信了他內心的純粹。我低聲說了些什麼作為回應，然後放鬆下來品味這一刻。我細細地看著班。他手裡托著啤酒，腳上棕褐色鬆垮的軟底樂福鞋掛在吧台凳的底部。我開始熟悉他臉上和善的微笑，自信又有點害羞。我想像他以同樣的自信撐起父職。我可以輕易想像他當爸爸的樣子，在綠草如茵的後院裡跑來跑去，肩上扛著一個小小孩，腳邊還跟著另一個。但想像他陪我去冷凍卵子，並在我的屁股上注射荷爾蒙？想像不出來。不只是因為班極度恐懼針頭。我無法想像，是因為這個場景與

我腦海中關於我人生故事的美好敘述不符。

我一開始是把凍卵看成一件獨立、個人的事，是為了試圖擁有某種從未感覺，像是我控制之下的東西所有權。既然我已經戀愛了——很快就認真起來，好的那一種——我還有必要冷凍卵子嗎？我不知道怎樣或要不要把班，放進我冷凍卵子的決定中。他從第一天起就一直支持我，並對我學到的一切表現出真正的好奇。我想知道他是否對我要不要或何時去做有意見，儘管我不確定自己想不想聽。我想，也許我應該放棄凍卵，並提前我的懷孕計劃。

但儘管如此，許多個躺在床上的夜晚，班摟著我的時候，我都會發現我對可能永遠無法用自己的卵子懷孕，而感到焦慮。也許我缺失的部分不算什麼。思緒紛飛，我記起從前類似的不眠之夜，就像幾年前在斯里蘭卡一樣，當時我猛地驚醒，抓住自己右側的身體，感受到很久以前手術記憶，所喚起的某種幻痛。

多年來，半夜的思緒和揮之不去的憂慮，它們對我來說就像是既強壯又頑固的結締組織。意外懷孕的想法什麼時候才能不再像一場災難？永遠無法懷孕的可能性，什麼時候才能停止困擾我？需要多少資訊和賦能才能消除我，甚或是每個女人腦中的這種焦慮？

距離我上次與諾伊斯醫生的會面已經過了幾個月。她說服了我卵子冷凍的強大潛力，她那響亮的背書，一直縈繞在我的腦海裡。當我告訴她我要凍卵時，我對自己聲音中的力度感到驚訝和高興。但在那次踩在馬鐙上的宣言之後，我就不再那

麼確定了。當我試圖了解卵子冷凍的基本原理時,我曾暗自希望,如果我至少能在基本程度上,了解這個過程如何運作,我就會有一個「啊哈!」的時刻,讓我更容易對做出的決定感到安心。因為我已經做了決定,穿著鬆垮的病人服躺在那裡,臉上掛著傻乎乎的笑容,因為我的卵巢功能很好。

你知道的太多了,諾伊斯醫生在我第二次就診時對我說。這就是問題所在。她是開玩笑地說的,但我開始認為她是對的。觀察卵子冷凍的實際過程,的確有助於揭開科學的神祕面紗,但又給了我更多問題,而不是減少。幾乎就像是,我花愈多時間拼湊我所學到關於卵子冷凍的知識,試圖弄清楚一切,這一切似乎就愈像潘朵拉魔盒。

我溜下床,穿著內褲走到廚房,赤腳下的木地板很涼爽。我的手機螢幕上顯示凌晨 1 點 11 分。在客廳裡,我蜷縮在我最喜歡的藤椅上,這是我從大學留到現在的。又圓又深,一個破舊的巢穴。前一天晚上的柔和空氣和與友人的歡笑,現在感覺如此遙遠。我閉上眼睛,斷斷續續地打瞌睡,醒來時手指上沾著糖果留下的糖漬。外面天還黑著。我打開我那本《女性私身體》,額頭上綁著一盞粉紅色頭燈,閱讀有關子宮頸黏液和 G 點的內容,直到天色變亮。

第三部

刺激

第八章

預備、開始、破卵針

蕾咪：讓卵子來吧

注射了幾天的荷爾蒙後,蕾咪感覺自己快要爆破了。我感覺自己就像一隻鵝,肚子裡裝滿(非常昂貴,有 14 克拉的)卵子,搖搖晃晃地走來走去,她在注射的最後一天給我發了這樣的簡訊。自從她開始使用卵子冷凍藥物以來,我們一直保持聯繫。她感覺還好,除了強烈的腹脹,這是她以前從未經歷過的。隨著取卵日的臨近,焦慮開始蔓延,在簡訊裡以幽默妝點:我很怕它們出事,哈哈,我現在對自己的一舉一動超級注意。必須不惜一切代價保護卵子。

我飛往納許維爾看蕾咪打破卵針和取卵。這將會是我第一次,近距離觀察卵子冷凍過程的這些部分。關鍵的最後一次注射那晚,我開車從飯店來到城鎮另一邊的一間公寓。蕾咪的好朋友莉亞*也是麻醉住院醫師,她就住在那裡。當我到達時,

蕾咪和莉亞正躺在有著厚厚軟墊的沙發上，在看 Netflix 的《瘋狂亞洲富豪》（*Crazy Rich Asians*）。一個典型的千禧世代週六晚上，只不過廚房流理檯上散落著各種藥物小瓶和針頭。兩個女人對著電影鬼哭狼嚎，仰天長笑。此時蕾咪已經連續醒著 22 小時了，她剛結束在醫院的長時間值班。蕾咪穿著黑色緊身褲和寬鬆的灰色運動衫，頭髮綁成高馬尾。她光著腳──腳趾甲是粉紅色的，之前做的美甲──臉色清新，沒有化妝。她看起來像 23 歲，而不是 33 歲。

屋外的天際線由灰漸暗。莉亞關掉了電視。在自己注射荷爾蒙針劑十天後，蕾咪決定讓莉亞打最後一針。這一針將打在蕾咪右臀上方。蕾咪在生育診所的注射示範中最大的收穫，是了解卵子冷凍過程中，不要強調什麼以及絕對要強調什麼。護理師用肯定的語氣告訴蕾咪，不用太擔心每天晚上，一定在同一時間注射這件事。但蕾咪記得路易斯博士很明確地說明，打破卵針的時間。「如果你太早打，」她警告說，「你就會太早排卵，釋放出所有卵子，那就沒用了。如果注射太晚，卵子就會不成熟，那還是沒用。」當時蕾咪就半哼了一聲，已經在擔心自己會犯錯搞砸時機了。診所為蕾咪提供了一段教學影片，讓她在打破卵針前復習，她看了，但還是感到有些困惑和緊張，因為它的使用說明與她注射的其他藥物不同。

時間快到了，蕾咪和莉亞站在廚房流理台前，清點著面前擺開的小瓶子和注射器。蕾咪開始重組藥劑。觸發劑是一種粉末，需要溶解在生理食鹽水中。混合，但不能大力搖動。

「看起來可以了嗎？」蕾咪問莉亞。

莉亞盯著小藥瓶。「再晃一次好了。」

蕾咪伸手去拿一根長針。「你確定是用 27 號針注射嗎？」莉亞問。

「百分之百確定，」蕾咪回答。「我的意思是，我想是吧。它確實很長，但不用完全插入。他們跟我說，就算扎到骨頭也不會痛，別擔心。開什麼開玩笑呢？骨膜這麼敏感，那會超痛的。」

「的確是會超痛的，」莉亞附和。

「我還是不懂那些沒有學醫的女性是怎麼做到這一點的，」蕾咪說道，同時瞥了一眼手錶，確認時間。「我的意思是，重組藥物就是我們的日常。但這並不容易。」[*]

幾分鐘後，破卵針準備就緒。蕾咪把緊身褲拉下一半。她看著莉亞。「我相信你，我愛你，來吧。」她閉上眼睛，轉過身，背對著莉亞，靠在廚房的水槽上。莉亞將針頭刺入蕾咪臀部上方的皮膚，推動注射器，然後將其拔出。蕾咪大聲嘆了口氣。「行～～了，」她說。「等等。這是所有裡面最不痛的。怎麼會這麼容易？」

「嗯，你的屁股沒有你想像的那麼敏感，」莉亞說，蕾咪假笑了兩聲。

「唉呀，我把這件事看得很重嘛，」蕾咪一邊說，一邊調整她的緊身褲。「這一針不是應該特別重大嗎？」她傾身去擁抱莉亞。「天啊，我真高興是你來打。太感謝了」。

---

[*] 在大多數醫學領域，護理師和藥劑師負責給藥，但在麻醉領域，醫生直接稀釋和給藥。蕾咪和莉亞是專業的。

第八章　預備、開始、破卵針

莉亞笑了，回抱住蕾咪，「我剛給了你一個寶寶！」

她們開始清理流理檯，處理針頭和塑膠包裝紙。在接下來的 35 小時內，蕾咪的卵泡將完成自她開始注射荷爾蒙以來，所有發育卵子的成熟。

「現在要做什麼？」莉亞說。

蕾咪一邊走回沙發，一邊拉緊馬尾辮說：「現在我們要把《瘋狂亞洲富豪》看完。」

到目前為止，卵子冷凍對蕾咪來說都很簡單。是的，給自己注射生育荷爾蒙很複雜，但看著她告訴我到目前為止的整個過程，其實也可以不那麼複雜。她讓這一切看起來可行。她是一名醫生，對注射、抽血檢查和所有縮寫詞都很自在，這當然有幫助——同時讓我們的情況不那麼具有可比性。但她的態度也很重要，從她決定凍卵的那一刻起，她始終充滿自信，從不懷疑。她為自己發聲，每一步都積極主動。她的樂觀態度就像讓人欣喜的新鮮空氣。

我羨慕她的篤定——和她兩個健康的卵巢。當我遇到蕾咪時，我已經決定要冷凍卵子。我沒有改變主意，但我在拖延。儘管我非常希望我的凍卵經歷會和蕾咪，以及我遇到其他凍卵過的女性一樣，但我知道它可能不會。對我來說，賭注是不同的。更高。我只有一個卵巢；如果出了什麼問題，我失去的會更多。換個方向想，萬一發生其他奇怪的事情——另一個囊腫破裂，另一個緊急手術——而我的卵巢必須切除怎麼辦？如果發生這種事，我會永遠後悔沒有趁機冷凍我的卵子。

勾選完成的方框與渴望

　　我母親身高 152 公分，體重略低於 52 公斤，看起來不太像典型的美國陸軍上校。1978 年她應徵入伍；是第三批招收女性的預官團大學畢業生。我的母親有過很多角色：高中畢業致辭代表、州最高法院法律文員、女童軍長、營長、三個孩子的母親、司法部道德律師。她曾經從飛機上跳下；她訓練士兵接受 911 事件後的立即部署。她喜歡園藝和烘烤餅乾。有些母親會教女兒如何滑雪、烹飪或使用縫紉機。我母親教我軍事拼音字母，如何握步槍，以及如何最有效地舔掉攪拌器上的餅乾麵糊。我的母親是一位拓荒者，她也喜歡在炎熱的夏天修剪草坪，把女兒們塞進被子裡，朗讀圖書館的書給我們聽。她每年都在軍事體能訓練檢測中竭盡全力——俯臥撐、引體向上、快跑 1.6 公里——而且喜歡美甲。她結婚時沒有改變自己的姓氏，不是因為那是 1960 年代後她想變得激進，而是因為她的父母總是告訴她：不要因為其他人都在做，就去做某件事。

　　我母親懷孕時的世界與我所處的世界完全不同。但我從小就被教育去做我想做的事，而且從小相信我有權利像我母親一樣活得充實。自由的社會向我們這一代女性承諾，我們可以做任何我們想做的事，成為自己想成為的人。這是我們不會輕易忘記的承諾。我們被教導要永不放棄，永遠奮鬥，追求幸福的結局——無論是堅持還是透過顯化（manifesting）*。這種心態在追求愛和母職中同樣真實，相關的討論總是提到奇蹟和毅力。從表面上來看，一切皆有可能。但當我們深入挖掘時，我

們發現自己正在遵循一直關注的同一迷思：只要一個女人足夠努力，都可以擁有她夢想的任何東西，只要她將主控權握在自己手裡。

採取行動

現在我開始明白，為什麼像我這樣的年輕女性，很快就接受這樣一種觀念：在生育方面，如果女性想要在生活中握有自主權，就需要採取行動。如果說 1960 年代見證了節育和女性性解放的興起，那麼 2010 年代則是女性，不再認為自己必須安定下來的十年，迎來了試圖全都要的第二階段。畢竟，這是《挺身而進》（*Lean In*）和 #女老闆（#girlboss）的時代，也是美國可能出現第一位女總統的時代。當我還是個女孩時，接收到的訊息是：是女性也沒關係！去成為任何你想成為的人吧。現在像是出現了反彈，生物學和文化告訴我們，當母親是一種不容錯過的經歷，當妻子是一種地位的升級，因為我們生活的世界將浪漫的伴侶關係視為幸福人生的必要條件。

因此，不難看出，女性被賦予暫停生理時鐘的潛力——或至少抑制滴答聲——是多麼有威力的可能性。在社會壓力和期望的背景下，冷凍卵子太好賣了。乍看之下，這似乎是解決人類長期難題的理想技術解決方案：女性如何才能推遲生育，直到她們覺得生命中最適合的時間？

我想起蕾咪告訴我，在她二十多歲的時候，她看待生活某

些方面的方式,就好像它們是等待勾選完成的方框一樣。也就是成為醫生,以及約會。她以對待職業生涯相同的完成清單心態,對待戀愛關係,並且期望這兩者的投資都有回報。但當進入三十多歲時,她意識到,儘管盡了最大的努力——真誠、耗時費力的努力——她生命中最重要事項的那些整整齊齊的方框,其實並不那麼整整齊齊。「事實證明,生活並不是這樣的,」蕾咪告訴我。「生活中有許多部分,我以為是已經勾選完成的方框,最後卻是最不穩定的。顯然,我兩次都沒有選對伴侶。到頭來最穩定的是我的職業生涯。」

我想起我為自己設想的方框開始偏移的時刻。是我從斯里蘭卡搬回美國並接獲警告的那一天。「你的護照滿了,」那位熱心的海關人員說。那是七月的一個週五下午。我在華盛頓杜勒斯國際機場的入境處排了好幾小時。海關人員看了一眼我的短髮和瘦削的臉頰,然後又低頭看了一眼我在走訪幾十個國家前、像是上輩子拍攝的照片。「在獲得新護照前,你不得再次離開美國。」

「沒關係,」我一邊回答,一邊調整我沉重的背包。我回到美國不過 17 分鐘。「我暫時不會去任何地方。」我護照上的每一頁都蓋著戳章和簽證。我曾在四大洲生活,有時一次住好幾年,而且剛從為期一年的傅爾布萊特獎學金(Fulbright scholarship)歸來。我喜歡旅行,並相信它仍將是我生活中的重要部分。但我開始渴望紮根,讓在一個地方停留一段時間變成一種冒險,而不是預設。我還年輕,但我也在制定計劃——我希望當時的男友,也就是過去一年裡在地球的另一邊同住的

男友,能成為這計劃的一部分。我破舊的護照已經準備好休息了,我也是。

幾年後,我仍然能感受到背包帶下的汗水,和機場航站樓裡的忙碌喧鬧聲。那時我 20 歲出頭,婚姻和孩子的概念似乎很抽象,儘管某些事件讓我考慮了孩子部分。但我正沉浸於愛河之中,我記得回到美國後,感到一種強烈的自我壓力,讓我暫時把我的戀情和浪漫的未來置於我剛萌芽的職業抱負之前。然而,返家還不到一星期,男朋友就跟我分手了——後來我才明白他的理由,但當時感覺那麼突然,一點都不真實——然後我們痛苦的分手所帶來的餘震,把我所有關於紮根和未來孩子的想法都拋到腦後。

現在的生活不一樣了,尤其是在關係方面:我更愛班了。自從我們開始約會,我們一起經歷很多。和我的家人一起過聖誕節,和他的家人一起過感恩節。我們在各自的好朋友婚禮上牽手出席,也互相參觀了我們的大學校園。他關於父職的評論讓我感動,和他在一起的時間愈多,我愈能清晰地想像他當爸爸的樣子——組嬰兒床,跑幾十趟大賣場,凌晨兩點寶寶哭時是他醒而不是我。有時一想到懷上我們的女兒或兒子,我就會感到一陣刺痛,一種渴望的疼痛。

我一直在回想當初自己在生育診所那一句熱情的,好,我要凍卵!我做了初步評估,做了血液檢查。接下來是決定何時參加診所的強制性卵子冷凍術前培訓,學習如何注射藥物。是的,我一直在推遲安排下一次約診,但我仍然有很多事情需要考慮。其中之一還沒深入探究的,便是功效。是時候了解卵子

冷凍的實際成功率了。

卵子冷凍有用嗎？

我想深入了解凍卵的女性數量和卵子冷凍的成功率。然而我發現的是相互矛盾的統計數字、經過挑選的數據以及根本不可能的數字。我注意到討論卵子冷凍受歡迎度的文章和研究，完全依賴美國輔助生殖技術協會（Society for Assisted Reproductive Technology, SART）的數據。因此我聯繫了他們，希望有人能幫我砍掉一點不斷變長的問題清單。當時的輔助生殖技術協會會長寄給我原始數據電子表格，並透過幾通電話和電子郵件向我解釋了一些數據。後來，輔助生殖技術協會的其他人向我提供了最新統計數據，並幫助我得出了更清晰的數字。我在第一章中提過，但在這裡會詳細解釋。

2009～2022 年間，美國有近 115000 名健康女性做了冷凍卵子。[1] 2009 年，美國選擇冷凍卵子的健康女性人數為 482 人；到了 2022 年——截至撰寫本文時可獲得官方數據的最新一年[2]——該數字為 22967。* 同年，卵子冷凍療程數量也比兩年前增加了 73％。[5] 就生育力保存整體而言，我驚訝地發現，到 2021 年，美國進行的所有人工生殖技術療程中有 40％，都是為了冷凍產生的卵子或胚胎以供將來使用。[6] 這是很顯著的

---

* 在這份統計數據中，「健康」意味著患者凍卵以保存生育力，而不是出於醫療原因接受卵子冷凍的患者。這些數據確實有差異[3]，如今，絕大多數凍卵的女性都是為了保存生育能力。[4]

第八章　預備、開始、破卵針

比例，畢竟在人工生殖技術問世以來，人工生殖技術的主要類型絕大多數是體外受精——也就是女性試圖現在懷孕，而不是在某個未知的未來日期。生育力保存率顯著上升的這種成長趨勢，在未來幾年幾乎肯定會持續下去，而且很可能更加擴大。

當卵子解凍

好，所以卵子冷凍已經急劇增長，並且還在繼續飆升。但這數千例冷凍卵子到底怎麼樣了？更重要的是，它們解凍後會怎麼樣？事實證明，我們很難真正確定卵子冷凍的效果如何。如果要談論它的成功率，談話很快就會變得複雜起來。我花了數週的時間進行集中研究，才確實弄清楚我們知道什麼、不知道什麼以及原因。為了深入了解這類療程的功效，我需要了解療程的成功率是基於哪些數據。經過更多挖掘後，我得知了壞消息：可靠的數據極少，主要是因為很難匯整能推斷出有用結論的資料。

這有幾個原因，第一個與技術有關。我發現的少數好消息再次證實，卵子冷凍背後的科學，自大約 30 年前開發以來已經取得長足進步，特別是在更可靠的解凍方法和更有效的卵巢刺激藥物方面。正如先前所提到的，玻璃化冷凍——涉及實際冷凍卵子的科學——是遊戲規則改變者。這個原本該令人感到樂觀的消息有個問題，那就是現今可得的許多卵子冷凍數據，都是匯集自非玻璃化卵子，因為當時診所使用的是效果較差的慢速冷凍技術，這意味著它無法反映今日所用卵子冷凍技術的進步。這讓池水更為混濁，並且使得凍卵的懷孕潛力「過去」

與「未來可能」的比較，變得極難預測。更重要的是，早期進行的許多研究都集中在因癌症診斷而凍卵的年輕女性身上。當今大多數的冷凍卵子者是追求保存生育力的無病高齡女性，兩個族群人口組成完全不同。

第二個原因是我們根本沒有可靠的數據——而且短期內也不會有。想當然，衡量卵子冷凍是否有效最明顯的一個方法，就是看有多少健康嬰兒是從用掉的冷凍卵子中出生的。問題是，目前尚不清楚全世界有多少嬰兒是透過女性自身的冷凍卵子出生。大多數人估計，這個數字只有幾千人[7]——隨著時間過去，這個數字肯定會增加。我原以為凍卵之所以受歡迎，是因為它確實有效——而且有確切的數據可以證明這一點。但事實並非如此，因為大多數冷凍卵子的女性都還沒有回去使用它們。

2017年3月，在科學期刊《人類生殖》(*Human Reproduction*)上發表的一項小型但重要的研究發現，於1999～2014年間冷凍卵子的人當中，只有6%曾利用這些卵子試圖懷孕。[8] 2023年《臨床醫學雜誌》(*Journal of Clinical Medicine*)的一項研究——首次回顧社會性卵子冷凍(social egg freezing)後，卵子解凍療程結果的全球相關文獻——指出，「平均返回率較低，約為12%」。[9]其他來源也得出類似的結論，冷凍卵子的美國女性中只有不到15%回頭解凍卵子。原因各有不同。有些女性始終找不到合適的伴侶，或者她們後來透過性行為受孕了；其他人則推遲使用她們冷凍的卵子，以防離婚或希望之後生第二或第三個孩子。在這些情況

第八章　預備、開始、破卵針

下，卵子代表了這些婦女——迄今——尚未選擇使用的後備計劃。這說明了有關卵子冷凍的討論中經常被遺漏的一些關鍵事實。第一，嘗試使用冷凍卵子懷孕的女性是多麼少。第二，許多女性在冷凍卵子後的幾年內都不會嘗試使用卵子。第三，許多女性最終根本不會使用它們——但我們還需要很多年才能肯定。

在談論卵子冷凍的活產率時，一個常見的錯誤是只指出一項統計數據就了事。我知道這是真的，因為我在陷入數字泥淖前也是這樣做的。幾年前，美國生殖醫學會釋出了一項經常受到討論的可怕統計數據[10]，而許多記者和媒體在撰寫有關卵子冷凍的文章時都引用了。在我發表第一篇關於這個主題的文章中，我才開始了解這個統計數據——並學到誤解卵子冷凍數據是多麼容易。當時美國生殖醫學會的統計顯示，卵子冷凍成功率在 2 ～ 12％之間——慘不忍睹！但該統計數據指的是使用較舊的冷凍方法取出的單個卵子活產率。正如我稍後將介紹的，使用玻璃化冷凍的卵子活產率更為看好。但這統計數據具有誤導性的主要原因是，它是*單個卵子的活產率*——幾乎沒有人會只冷凍一個卵子。

我們需要新鮮的卵子

當我明白為什麼關於非醫療性玻璃化凍卵的數據如此之少，以及為什麼報告女性回頭使用凍卵的結果的相關研究很少時，我轉向了其他脈絡的證據。我發現，我們目前對卵子冷凍

的了解，大部分來自卵子捐贈或醫療性卵子冷凍療程（第十章會深入討論卵子捐贈者），以及從體外受精數據推斷的統計數據。當醫生談論卵子冷凍成功率時，他們傾向於將該療程與體外受精或卵子捐贈進行比較。與卵子冷凍一樣，這兩種人工生殖技術手術都涉及卵巢刺激，但它們並不相同，並且最主要的是對象群體不同。體外受精通常使用新鮮的——即最近取出的——卵子進行；卵子捐贈通常使用20歲出頭女性的冷凍卵子。而且，正如《時代》雜誌的一篇文章指出，「雖然，軼事證據（anecdotal evidence）認為冷凍卵子與體外受精相當，因為冷凍卵子的舉措與新鮮卵子相似，但其實體外受精本身並不是萬無一失的——即使對於35歲以下的女性，大多數療程也無法導致活產。但由於體外受精是一種常見手術，女性在聽到這種比較時往往會感到安心。」[11] 好消息是，現有的一些研究結果指出，無論使用新鮮卵子還是冷凍卵子進行體外受精，懷孕率都相似，而且冷凍卵子並解凍以供日後使用，不會對女性的懷孕潛力產生不利影響。因此，雖然這些是推斷的結論，但這對於希望將來透過凍卵懷孕的女性來說，仍然是令人鼓舞的訊息。

為了幫助填補這一空白，有些生育診所自行匯整並公布了自己的統計數據。紐約大學朗格尼生殖中心是該領域歷史最悠久的診所之一，自2004年開始冷凍卵子計劃以來，該中心已完成了三千多個卵子冷凍療程。2022年，《生育與不孕》（Fertility and Sterility）期刊上發表的一項研究，分析了2002～2020年間在紐約大學朗格尼分校，接受凍卵的543

名患者的 15 年數據。*研究顯示，有 74％的卵子熬過解凍過程，而存活的卵子中有 70％成功受精。[12] 這份研究也發現，冷凍卵子活產的整體機率為 39％。女性冷凍卵子的平均年齡是 38 歲，平均等待四年才回到診所使用卵子。在冷凍卵子時年齡小於 38 歲的女性中，活產率為 51％。如果 38 歲以下的女性解凍 20 個或更多卵子，這一比例將上升至 70％。所以這項研究的結論並不令人意外：女性冷凍卵子時愈年輕，活產的機會就愈大。[13]

一切都等解凍後才知道

乍看之下，這些冷凍卵子的活產率似乎不太樂觀。懷孕率不如許多女性想像的那麼好。但要知道，使用冷凍卵子的當前活產率數據，不能代表目前卵子冷凍的效果，因為這些數字還不存在。儘管可能令人沮喪，但這就是現實。我們根本沒有關於尚未使用的冷凍卵子的可靠數據。未解凍的卵子不代表任何失敗，只有在證實它們解凍後不具活力時，才能將其定為失敗。

紐約大學朗格尼分校和其他類似研究的另一個結論是，他們的數據證實了生殖醫師之間多年來的私下傳聞：許多凍卵的女性無法懷孕，因為她們保存卵子時的年齡和（或）她們沒有保存足夠的卵子。這跟我們在第二章中討論的卵子數量和質量

---

* 2011 年之後接受該療程的所有患者，她們的卵子均採用玻璃化冷凍保存，這種更現代的非慢速冷凍方法，使得該研究的凍卵數據顯得相對穩健。

的意思一樣。獲得大量高品質的卵母細胞是卵子冷凍的關鍵，年輕女性具有明顯的優勢，因為她們能產生更多的卵子，而且優質卵子的比例更高。卵子品質：年輕女性的卵母細胞更有可能產生染色體正常的胚胎。卵子數量：年輕女性更有可能對荷爾蒙注射有更好的反應，因此能在一個療程中取出更多的卵母細胞。

女性能成功取出的卵子愈多愈好。為什麼？因為，並非所有卵子都會成為可存活的胚胎。首先，請記住，通常並非所有取出的卵子都是成熟的，而只有成熟的卵子才能受精。再者，有些卵子無法熬過解凍過程，而且也不是所有進入受精階段的卵子都能與精子融合形成早期胚胎。最後，並非所有發育完全的胚胎都是基因正常的。使用冷凍卵子成功懷孕是一個多步驟過程，在過程中會損耗許多卵子或胚胎；一顆冷凍卵子不一定等於一個孩子。這就要談到損耗率。

當女性準備好使用冷凍卵子時，體外受精會接棒卵子冷凍的工作。它的運作方式如下：首先將卵子解凍，然後注入精子。第二天，胚胎師將評估哪些卵子已受精，受精卵將在培養皿中放置 5～7 天，其中一些會從早期胚胎發育成所謂的囊胚（blastocyst）。† 部分囊胚將發育成可存活、染色體正常的胚胎。‡ 再來是將其中一個胚胎移植到子宮，希望它能附著在子

---

† 受精後，胚胎在營養液中生長——就是第七章我在參觀 Extend Fertility 實驗室時提到的那種——模擬生殖道的內在環境。
‡ 只有在女性解凍的卵子受精並檢測所得胚胎後，才能評估其染色體是否正常。我們在第 11 章討論冷凍胚胎與冷凍卵子的優缺點時，會對此進行更多介紹。

宮壁上成功植入。*生育專家有時將解凍卵子、將其受精成囊胚，以及將產生的可行胚胎移植到子宮的成功率，描述為類似於倒金字塔：從一定數量的卵子開始，每一步都會失去一些卵子。

假設亞莉克絲冷凍了 24 個成熟的優質卵子。80 ～ 90％的卵子能在解凍後存活，等於大約有 20 個卵子能進入受精階段——也就是卵子注入精子階段。受精率約 75％，那就是 15 個受精卵。這些受精卵會生長幾天，成為根據某些特徵分級的早期胚胎。大多數會到達生長的第三天——在亞莉克絲的例子中，會留下 12 個早期胚胎——有些能撐到第五天，此時它們會成為囊胚。達到囊胚發育階段的胚胎是由兩種類型的細胞組成，一種將發育成胎兒組織，另一種將發育成胎盤。最後，以大約 40％的囊胚轉化率（50％就被認為是絕佳），亞莉克絲最終將獲得 4 ～ 6 個染色體正常的胚胎。每個都有 55 ～ 65％的機會活產。如果亞莉克絲在 28 歲時冷凍卵子，那麼她大約有四分之三的胚胎都會是正常的。如果她是在 38 歲時凍卵，這個比例就會降成一半。如果她是在 42 歲時凍卵，就僅有四分之一的胚胎會是正常的。†

---

* 在各個年齡層的患者中，有愈來愈多人選擇移植單一胚胎。[14] 移植多個胚胎會增加多胎妊娠的可能，例如雙胞胎或三胞胎，反過來又增加了早產和相關健康問題的可能（後代平均出生體重較低，母親患妊娠糖尿病的風險較高等）。

† 本例的數字為整體平均值；許多損耗數據取決於臨床，因此數字各不相同。

你有 15 顆卵子嗎？

雖然並沒有一個神奇數字，告訴女性應該冷凍多少個卵子才能有信心手術能「成功」，但 2021 年《輔助生殖和遺傳學期刊》（*Journal of Assisted Reproduction and Genetics*）上的一篇文章，總結了有關社會性卵子冷凍的現有證據，發現平均而言建議冷凍 20 個卵子才能順利懷孕，最少也要 8～10 個。[15] 先前提到的 2023 年《臨床醫學雜誌》研究強調，數量是一個關鍵因素，該研究判定「無論冷凍年齡為何，當每位患者冷凍卵子數量達到或超過 15 個時，活產率就會顯著提高。」[16]‡

布萊根婦女醫院（Brigham and Women's Hospital）和哈佛醫學院的兩名研究人員，率先嘗試根據女性的年齡和取出的卵子數量來預測凍卵成功的機率。[18] 他們的分析發表於 2017 年 4 月的《人類生殖》雜誌上，該分析使用的數學模型是基於五百多名二十幾到三十多歲健康女性的數據，這些女性在沒有冷凍卵子的情況下，接受了體外受精（因為她們男性伴侶的生育問題），並藉此推斷選擇使用冷凍卵子進行體外受精的女性。研究預測，冷凍 10～20 個卵子的 35 歲以下患者，之後至少有 70～90% 的機會活產。他們的預測模型中，最常被引用的有利統計數據顯示──請注意「預測」一詞；這項研究並非基於卵子冷凍者的實際分娩情況──若 36 歲的女性冷凍 10 個卵

---

‡ 另一方面，參與 2021 年研究的研究人員明確表示，現有數據「清楚表明，年齡是決定成功率的主要因素，即使有最樂觀的預測，也無法保證活產。」[17] 重點是，女性凍卵時的年齡和取出的卵子數量，都會顯著影響她用冷凍卵子生孩子的機會。

子，其中單個卵子的活產機率為 60％。相當不錯。[19] 然而，真正令人興奮的是，他們的研究提供了預測凍卵成功率的最佳新工具之一，正如我們之前所看到的，這很難解析。網上可以找到基於他們研究成果的計算器；輔助生殖技術協會、疾病管制與預防中心和一些生育診所也有公開的計算器[20]，供女性嘗試評估自己使用冷凍卵子生孩子的機會時使用。

可想而知，差異極大的百分比和依患者而定的因素，使生殖醫師難以徹底讓患者知情。但好的生殖醫師會嘗試這樣做，因為他們知道對於女性來說，考慮嘗試使用冷凍卵子所涉及的許多步驟是多麼重要。舊金山 Spring Fertility 的生殖內分泌學家特梅卡·佐爾（Temeka Zore）博士，在為考慮冷凍卵子手術的患者提供諮詢時，明確說明有關凍卵成功率的已知和未知情況。在初次諮詢預約時，她會展示一張幻燈片，描述與冷凍卵子相關的損耗率。她向患者一一說明胚胎發育的階段，並解釋說在冷凍的所有卵子中，只有四分之一會成為適合植入子宮的染色體正常胚胎。

「卵子冷凍沒有保證書，」佐爾博士告訴我。「它將為你的未來提供更多選擇，但沒有人能保證卵子冷凍一定會帶來活產。」我採訪過的其他生殖醫師也提過佐爾博士的主要擔憂：大多數接受凍卵的女性，最終並沒有取出足夠的卵子。「舉例來說，許多患者認為冷凍八個卵子意味著八次生育機會，」她說。「事實並非如此，因為並非所有卵子都能發育成胚胎。我認為這需要醫生詳細說明。我們必須清楚說明這個領域的數據——關於冷凍和解凍卵子後會怎麼樣。」

愈多愈好

對於常見問題:「我需要冷凍多少個卵子?」負責任的生育診所和醫生會提供一個範圍。當然,女性冷凍的卵子愈多,就愈有機會選出最優質的卵子,用於製造染色體正常的胚胎並成功懷孕。這就是為什麼許多女性要進行一輪以上的療程以取出更多卵子。那些意識到獲取足夠卵子重要性的人——他們確實接受了「足夠」在這種情況下代表什麼——通常會做多個療程以取得更多卵子。特別是對於這些患者來說,冷凍卵子的總數就是終點,對於如果嘗試使用冷凍卵子會發生什麼事,她們的認知就沒那麼清楚了。這不是她們的錯——診所對這部分通常都不怎麼樂意提供資訊。儘管大多數生殖醫師都知道,特定年齡的成功率高度取決於女性儲存的凍卵數量,但許多醫生並沒有向患者解釋可能需要額外的療程。因此,聽到佐爾博士與卵子冷凍患者直言不諱的談話,才會如此令人耳目一新。正如她說得比大多數生育診所都更清楚的,現實是,大多數冷凍卵子都不會變成嬰兒。

所以,在更多冷凍卵子的女性回頭使用卵子之前,我們不會有可靠的數據來預測更準確、希望更高的成功率。同時,我們只能盡可能地從現有的小型研究——特別是最近且相對更可靠的研究,例如紐約大學朗格尼分校的研究,同時了解研究附帶的警語是由於各種因素,很難將該推斷數據應用於整體人群——以及針對特定患者的卵子冷凍預測計算器搜括出訊息。

冷凍卵子不是保險

總而言之，我發現有關卵子冷凍成功率的數據既令人鼓舞——又不太樂觀。在分析數字和研究後，我得出以下結論：

- 總的來說，卵子冷凍是數字遊戲。
- 少數無可爭議的確定性之一是，你凍卵時愈年輕並且取出的卵子愈多，就愈有可能產生染色體正常的胚胎，以及生出健康的嬰兒。
- 卵子冷凍成功率在描述時，是作為一般規則和廣泛平均值。線上卵子冷凍計算器等新的有用工具，可以在個人層面上提供幫助，但為了更準確地預測個人的生育健康狀況，你需要了解有關你卵子品質和數量的事實。
- 雖然，已有成千上萬的女性冷凍了卵子，但絕大多數人都還沒有回去解凍卵子。

至於我了解到的缺乏可靠數據的情況——老實說，這一切都讓我感到非常沮喪。蕾咪、曼蒂和數千名其他千禧世代和Z世代女性，都致力確保她們的生育未來。但考慮到掌握凍卵成功率是多麼棘手，很容易看出她們是將希望寄託在有限的數據上。人是多麼容易陷入虛假的安全感。這真的讓我很沮喪。我對卵子冷凍了解得愈多，就愈明白這是昂貴且密集的過程。現在我還了解到它充滿不確定性。一位醫生這樣評價卵子冷凍：「我總是告訴病人，『這不是把寶寶存在冰箱裡，而是有機會懷孕。』」

但這不是我們對卵子冷凍的看法。可以想見，它會受歡迎幾乎完全取決於它能提供一種保險——現在保存有活力的卵子，希望以後可以使用。但卵子冷凍並不能保證一切順利。西雅圖的 Pacific Northwest Fertility 生育力保存主任朱莉·蘭姆（Julie Lamb）博士說：「如果你購買保險，那麼你在需要時就一定能得到理賠。冷凍卵子不是一種保險，因為它不一定能兌現。」這與我之前聽到的言論完全相反，所以我把醫生的這番話寫在便利貼上，貼在浴室的鏡子上。卵子冷凍不是一種保險。我一邊刷牙，一邊讀著紙條，然後搖搖頭。我讀過多少篇文章，聽過多少醫生說過完全相反的話？但我現在明白了，尤其是在我花了很多時間篩選成功率（或缺乏成功率）之後：卵子冷凍，並不是預防與年齡相關的不孕症的可靠保障。

　　「關於凍卵好處的資訊，比關於其不確定性的訊息要強烈得多。」之前提到的第一項《人類生殖》研究的主要作者卡琳·哈馬伯格（Karin Hammarberg）博士這麼說。當時，我是打電話詢問她關於那些沒有回來使用卵子的女性。然後她提醒了我另一件事，真正打亂了我對這一切的思考：雖然在年輕時儲存卵子的女性，她們的卵子更有可能具活性，但她們必須依賴這些卵子的可能性也小得多。蘭姆博士在我們一次談話中也說過類似的話：「基於恐懼的行銷是一個巨大的道德兩難，因為很多患者永遠不會需要這些卵子。」

　　所以，卵子冷凍是一種可能性，而不是一種承諾。當我們談論它在生殖醫學革命中的作用時，其實存在著巨大問號。冷凍卵子的兩難在於，在更多女性重新使用冷凍卵子之前，其有

效性仍不得而知。但儘管它的功效仍然籠罩在神祕中，也阻止不了更多女性前撲後繼。

生育力智商

在試圖分析卵子冷凍的成功率和深陷縮寫詞泥沼之時，我聽說有一家生育教育新創公司，專門審查生育診所和醫生。它有一個特別吸引我的名字：FertilityIQ（生育力智商）。在布魯克林一個溫暖的工作日早晨，我打開筆記本，撥通了公司創始人傑克・安德森-比亞利斯（Jake Anderson-Bialis）和黛博拉・安德森-比亞利斯（Deborah Anderson-Bialis）的電話，這對夫婦住在舊金山。他們的公司相對較新，但從我迄今為止了解到有關人工生殖技術缺乏數據的情況來看，很明顯他們正在做的事情是獨一無二的——而且是迫切需要的。

FertilityIQ 的使命是對各種生育力療法提供最新研究，包括結果和成本。它透過強大的線上平台做到這一點，網站裡塞滿了關於每個人工生殖技術主題的教育課程和指南。再加上 FertilityIQ 針對生殖內分泌學家和診所經過驗證評估，使其成為美國尋求生育治療者的深入資源之一。它提供了 Google 商業評論的全面性、亞馬遜（Amazon）的智能分類以及《消費者報告》（*Consumer Reports*）的老派準確性。

當我第一次透過視訊與他們交談時，我被他們真誠、踏實的舉止所震撼。我們後續的對話同樣令人振奮。傑克和黛博拉的熱情——對他們創建的公司，對與另一個投身於生育領域的

人交談——洋溢在他們每一句話當中。在我們一次談話後，我讀了 FertilityIQ 網站上文筆詼諧的「創辦人筆記」部落格文章。其中一篇寫道：「也許我們都是受虐狂，但根據蓋洛普民意調查，90%的人想要一個孩子……通常，懷孕需要洗個熱氣騰騰的澡、一瓶桃紅葡萄酒和恩雅（Enya）的熱門歌曲。但當你不能生或不那麼能生時，受孕的莊嚴就會被咬牙切齒的焦慮（根據哈佛大學的一項研究，與罹患癌症相當）、飛漲的費用（一回體外受精要耗掉兩年的家庭積蓄）所取代，而且交配行為不自然到連海洋世界（Seaworld）都會抵制以示抗議。」

我很快就明白，FertilityIQ 所做的事情在人工生殖技術界是完全新穎的——提供冷靜的事實、生育專家的廣泛評估，以及對治療計劃和方案的簡單解釋。我經常看到《紐約時報》和其他主要新聞媒體引用他們的數據。在我們最初的電話和視訊通話中，黛博拉和傑克向我解釋了他們的目標：在患者生命中最艱難的過程中，為他們提供最好的資訊。現在，FertilityIQ 已經影響深遠——該公司不斷成長並開始獲利，為美國 85%的生育患者提供幫助——但創辦人一開始只是想解決自己的需求。他們在攻讀深造學位時相識：傑克在哈佛商學院，黛博拉在喬治城大學法學院（Georgetown Law）。這對夫婦於 2012年結婚並計劃生兒育女。他們想要親生孩子，但面臨一個潛在的併發症：黛博拉有卵巢囊腫破裂的病史，如果再次發生這種情況，她就有失去卵巢的風險。即便如此，也沒理由一開始就認為這是他們能克服的問題，但他們不想浪費時間找答案。「我不知道我們是不是在婚車上就預約了，就算不是那時候，

至少也是到達酒店時，」傑克微笑著告訴我。

那時他們兩人都還不到 30 歲，認識去過生育診所的人一隻手就能數完，其中對這類經驗有正面的評價更少。像其他許多夫婦一樣，他們知道自己想要一個家庭，即使他們不知道這個家庭到底該如何或何時形成。但他們不知道生育治療需要什麼，儘管他們努力搜尋，卻無法在網路上或現實中找到有用的資訊。黛博拉憑藉著與生俱來的緊迫感和勇氣，帶頭衝鋒，盡力在忙碌的生活中擠出時間摸索生育領域。傑克是矽谷創投公司紅杉資本（Sequoia Capital）的合夥人。黛博拉在一家名為 Rise 的新創公司擔任律師，這家公司做的是一款行動營養應用程式。在接下來的兩年裡，這對夫婦走遍全美各地，花了 75000 美元做體外受精──結果一無所獲。這樣的時程和費用很典型，不過，大多數接受生育治療者不會前往多個州去做就是了。黛博拉和傑克在嘗試做人的過程中，愈來愈心力交瘁。在多次流產和三輪體外受精失敗後，他們放棄了。

FertilityIQ 的起源

這趟艱難旅程的禍中之福，激勵他們創立了 FertilityIQ。黛博拉和傑克並不急於從中獲利，並在創辦公司時拒絕了潛在的投資者。FertilityIQ 從一開始就自籌資金，並且完全免費，後來才增加了付費瀏覽課程。與其他充當患者和生育診所之間的中介公司不同，FertilityIQ 不收取任何推薦費，它與醫生或診所沒有任何隸屬關係或夥伴關係。

患者可以透過多種方式使用該網站並與之互動。潛在患者在嘗試尋找合適的生育專家時，可使用 FertilityIQ 的評估數據（該網站的查找醫生資料庫可免費使用）。這非常有用，因為是考慮生育治療女性能做的最重要的事之一，就是盡快且盡可能準確地找到適合個人特定情況的最佳醫生。但要找到符合你的需求，又不會浪費你的時間、金錢或希望的人，說來容易做來難。「對我們大多數人來說，選擇生殖醫師其實很像首次創業者選擇創投家，」前創投家傑克說。「做決策時情緒激動、腦袋不清楚，受到空口說白話的影響，對經濟影響不夠敏感，只能一股腦地靠品牌聲譽去選擇。我們問過 90% 的患者都懶得去評估第二位醫生——但大多數人早在他們耗完希望或金錢之前，就對他們第一位醫生失去了耐心。」朋友或同事口耳相傳的醫生推薦通常沒有用，因為它只占某位生育專家或某家診所在某段時間接診的所有患者的一小部分。「你其實不清楚情況，」黛博拉說。「如果是要挑一家三明治店可能還好。可是事關生命、預算和關係，那就不行了。」

少走冤枉路

點擊 FertilityIQ 主頁上的「找醫生」，就會彈出有關醫生排名的快速指南，然後是易於瀏覽的醫生列表，包括他們的專業、鄰近地區和照片。大多數醫生至少有十幾個詳細的評論——由不孕症患者主動提供——有些醫生有一百多個。我在網站上找到了我自己的生殖醫師——他們的評論在我看來很

準確——也告訴朋友在預約醫生前先看 FertilityIQ 的資料庫，比較診所和專家。與 Yelp[*] 或 Zocdoc[†] 等網站不同，FertilityIQ 沒有廣告，並設有適當的保護措施，以確保評論是由真實患者審核和撰寫。整個生殖產業深受付費推薦的困擾，這使得 FertilityIQ 為女性提供經過患者審查的醫生，以及卵子冷凍等療程可靠數據方面的努力更加可貴。

不過，我印象最深刻的是 FertilityIQ 的近三百門課程。[‡] 這些課程都由信譽良好的醫生和一流的生育專家教授——都是我認得的名字，甚至是我在報導中遇過的人——而且都是針對希望了解更多有關特定治療訊息的當前或未來生育患者，幫助他們面對一路上的各種決策。「等你找到醫生開始治療後，還需要做出無數艱難的決定，」黛博拉解釋。「每一個都需要取捨。」就體外受精來說，問題包括卵子如何受精、是否要做植入前基因檢測（preimplantation genetic testing, PGT）以及移植多少胚胎等。如果你是想冷凍卵子，則需要考慮要進行多少輪、是要冷凍卵子或胚胎、是否要將所有冷凍卵子存放在同一個地方等。

「大多數 FertilityIQ 醫生沒有時間針對這些足以改變生活的決定，一一向患者提供不偏不倚的細節，」黛博拉說。她繼續說道，有鑑於此，FertilityIQ 提供了各種與生育相關的完整

---

[*] 譯按：總部位於美國舊金山的跨國公司，供用戶對商家和服務評論的網站及應用程式。
[†] 譯按：尋找醫療服務的網站和應用程式。
[‡] 在 55 個國家，由地區專家以母語授課。

課程,「這樣患者知情的程度,就不會再取決於醫生那天早上有多忙了。」舉例其中幾個課程名稱:女同性戀者成為母親的生育力。使用捐贈卵子進行體外受精。生育能力入門。子宮內膜異位症。心理健康和生育能力。

倫敦大學學院(University College London)女性健康社會學家潔妮普・古爾坦(Zeynep Gurtin)告訴《麻省理工科技評論》(*MIT Technology Review*),「在做出凍卵決定時至關重要的是,人們必須充分了解四個議題:成功率、風險、副作用和成本。」[21]FertilityIQ 是這方面的可靠資源,也是一個很好的起點。現在,我正在思考卵子冷凍的現實與其承諾之間的不一致,其中仍有許多我不明白的地方。擁有這個選擇實際上能為女性帶來什麼?將數以百萬計的卵子和胚胎冰存的醫生是些什麼人?誰擁有這些診所?數千美元的價格標籤包含了什麼?這時我又回到了身為記者的舒適圈。我需要更多資訊和安心。這就是我真正想要的。是時候尋找更多的資源——個人、公司、醫生——來幫助我真的去做之前能充滿信心,相信冷凍卵子是正確的決定。

第九章

女性科技革命

卵子冷凍，商品化

週一下午六點剛過，在 Kindbody，一家總部位於曼哈頓、由女性領導的生育新創公司。嚴格來說，是 Kindbody 在熨斗區（Flatiron District）的旗艦診所，但「診所」會讓人想起醫生的診間，而我剛剛進入的別緻、溫馨的空間，感覺更像是西榆（West Elm）*——這正是 Kindbody 希望給進門者的感受。我來這裡參加「生育力入門」，這是 Kindbody 的教育活動之一。一到現場，我立刻想起了 EggBanxx 的雞尾酒會，這也難怪：兩場活動背後都是同一個女人。

Kindbody 創辦人兼執行主席吉娜・巴塔西，於 2018 年創辦這家由創投支持的公司，這並不是她第一次大展身手。

---

* 譯按：美國居家用品專賣店，風格繽紛。

早在 2008 年，巴塔西就創辦了 FertilityAuthority，這是一個體外受精推薦網絡。FertilityAuthority 衍生出的卵子冷凍公司 EggBanxx 與醫生簽訂合同，為患者提供更低的卵子冷凍價格，並專注於行銷。然後她又創立了 Progyny，代雇主管理生育福利，其運作方式與健康保險公司類似。[†]

在那之後她著手建立全國性的精品生育診所網絡，提供高貴不貴的服務。透過 Kindbody，巴塔西完全消除了中間商，直接向消費者和雇主銷售產品。Kindbody 推出僅五年後預估市值就接近 20 億美元，這是她最雄心勃勃的願景，也是她迄今為止最成功的事業。

與你的朋友論吧

這是春天的第一天，聚集在 Kindbody 大廳的五十多名女性和兩名男性，與會者的鮮活臉龐和青春活力也充滿春日氣息。至少那天晚上，走進 Kindbody，感覺就像走進一個朋友的客廳，只是這個朋友比我富有得多，也更有品味。淺色木地板，可愛的多肉植物，灰色沙發，沙發扶手一側搭著柔軟的毯子。室內播放著輕柔的音樂。咖啡桌上放著移去書衣的書籍。《經期力量》（*Period Power*，暫譯）。《KINFOLK 餐桌》（*The Kinfolk Table*）。《問我關於我的子宮》（*Ask Me About My Uterus*，暫譯）。房間裡充滿了低低的交談聲，偶爾夾雜著

[†] EggBanxx 是 FertilityAuthority 的分支機構，在 FertilityAuthority 被收購併入 Progyny 後，也一併被吸收進 Progyny。巴塔西不再參與 Progyny 業務。

打開 prosecco 酒瓶的聲音。

這場活動由婦產科醫師法薩桑（Fahimeh Sasan）博士主持，她是 Kindbody 的創始醫師兼首席創新官，從第一天起就為公司掌舵。兩名戴著羊毛帽的 CNN 攝影師，在那裡拍攝了全國不孕意識宣傳週的片段。薩桑博士站在前方，衣領上別著一個麥克風，供攝製組收音。Kindbody 的口號「擁有你的未來」，用奇特的草書字體掛在她身後的白色磚牆上。Kindbody 標誌性的黃色──「我們稱之為『樂觀』黃，」巴塔西後來告訴我──隨處可見：餐巾、鮮花，甚至薩桑博士合身的無袖連身裙。這是一場沒有壁爐的爐邊生育談話。與 EggBanxx 派對相比，參加人群更年輕、更多元化，這反映了冷凍卵子客戶群的變化。結婚戒指也變少了。

在簡要解釋男性和女性生育能力的基礎知識後，薩桑博士概述了 Kindbody 的卵子冷凍和體外受精技術──包括實體、後勤和財務方面的內容。這時，我看到房間裡的幾個女人微笑著點頭，彷彿在說：是的，這就是我們來的原因。太陽開始下山，我注意到窗戶上螢光黃色的 Kindbody 標誌，面對熙熙攘攘的第五大道，顯得更加閃亮了。薩桑博士回答了幾位與會者的問題後，結束她的演講，並提出了一個請求──「與你的朋友討論這個議題，分享一些你今晚學到的有力量的訊息」──以及提供折扣（「24 小時內有效」）：若向 Kindbody 預約評估，可折抵體外受精或卵子冷凍療程 500 美元。

Kindbody 在女性科技領域的影響力是無與倫比的。除了流動診所和零售產品車隊外，該公司在美國擁有並經營三十多

家實體生育診所，其中大部分位於大都會地區。Kindbody 也直接與雇主簽訂合同，為其員工提供生育和家庭建設福利，客戶包括沃爾瑪（Walmart）、Lyft、BuzzFeed、普林斯頓大學（Princeton University），甚至是迪士尼和 SpaceX 等公司。

城堡裡的女王們

現在五十多歲的巴塔西是城堡裡的女王。她沒有醫學學位，但在哈佛大學學習了高階主管教育課程，並成為日益龐大生殖產業的重量級人物。EggBanxx 的目標──向女性推銷冷凍卵子的理念──現在 Kindbody 做得比任何人都好，並成為美國發展最快的冷凍卵子提供者。在 EggBanxx，巴塔西行銷卵子冷凍技術，並為女性與可以進行凍卵手術的生育診所居中牽線；在 Kindbody，女性愛上這個想法，並在那裡做冷凍。瀏覽巴塔西的 Instagram 帳戶，你很快就能感受到 Kindbody 的影響力。有貼文宣布 Kindbody 已籌得數百萬美元的風險投資，有嬰兒穿著黃色的 Kindbody 連身衣，甚至還有一張巴塔西與 Kindbody 的名人投資者之一的派特洛（Gwyneth Paltrow）在座談會上說話的照片。（另外兩人：雀兒喜・柯林頓〔Chelsea Clinton〕和蓋柏莉・尤恩〔Gabrielle Union〕。）「生殖界 SoulCycle[*]向 25 歲世代兜售卵子冷凍和『賦能』」，關於該公司的一則標題如此寫道。《The Verge》一篇文章的開

---

[*] 譯按：美國室內單車健身連鎖品牌。

頭寫道：「如何為卵子冷凍診所培養一批狂熱追隨者？」[1] 其一，製作一個應用程式。利用社群媒體宣布標誌性精品店開幕，以及下一次快閃活動的舉辦地點，推出影響者計劃，向內容創作者提供冷凍卵子折扣。

Kindbody 主要由女性經營，超過 50％的診所和企業團隊都是黑人、原住民和有色人種，考慮到生殖產業歷來都是白人和男性掛帥，這一點值得注意。Kindbody 的醫生不穿白大褂，也不將醫學學位掛在診間牆上。事實上，他們根本沒有診間；他們在檢查室會見患者，而檢查室的氣氛與診所大廳一樣舒適，就像客廳一樣。巴塔西和她的團隊在設計紐約市旗艦診所時，特意避免傳統檢查室冰冷和無菌的感覺，而是從全球連鎖私人會員俱樂部 Soho House 汲取設計靈感，並參考 Drybar[*] 和 SoulCycle。幾個月後，當我走進 Kindbody 的丹佛診所時，感覺就像是曼哈頓之行再度重現；和所有星巴克門市一樣，所有 Kindbody 診所的外觀和給人的感覺都一樣。

生育力入門聚會的第二天，我和巴塔西坐在 Kindbody 一間有著整面玻璃牆的會議室。她穿著一件藍色透膚襯衫，戴著銀色小圓環耳環；栗色的頭髮上架著眼鏡；沒有做美甲，塗著淡淡的紅色口紅。大玻璃桌上放著一罐蘇打水和一臺玫瑰金 MacBook，桌上散落著幾支標誌性的黃色 Kindbody 鋼筆。我記得她透過體外受精生下了孩子，並問她是否希望在年輕時冷凍卵子。「我應該、可以、本來會。」她用南方口音回答

---

[*] 譯按：美國專門提供吹髮服務的連鎖店。

道,感嘆自己三十多歲時玻璃化冷凍技術尚未開發,卵子冷凍技術還不可靠。「我是一個永遠的樂觀主義者,」她繼續說道。「我認為大多數企業家都必須如此。我試著總是向前看並思考,『好吧,今晚我得搭哪一列車才能趕回家和孩子們一起吃週二的玉米捲餅?』所以,我總是思考未來而不是過去。不後悔。」巴塔西也為 Kindbody 樹立這樣的中心理念:透過幫助女性依自己的時間規劃生育孩子,幫助她們過無悔的生活。這意味著在二十多歲的女性中建立品牌忠誠度,讓她們在 35 歲、42 歲甚至 50 歲時回來,以及提供從第一次婦產科就診到最後一個孩子出生的連續護理。

被炒作的卵子

霍姆斯(Elizabeth Holmes)[†] 的 Theranos 曾經設在 Walgreens[‡]。Modern Fertility 設在 Target[§]。Kindbody 就在你的辦公大樓旁邊,趁午休就能去一趟。我參加的 Kindbody 教育課程,跟幾年前參加的 EggBanxx 活動相比的確升級了,但房間裡的開胃小菜和低度焦慮確實感覺很相似。而關於卵子和生育力檢測的宣傳攻勢更加猛烈。

到目前為止,我請教過幾位擔憂女性將凍卵視為商品的專家。我也對女性科技領域大量冒頭的這類新商業模式,有所了

[†] 譯按:宣稱其公司 Theranos 開發出創新醫療設備,身價水漲船高,後證實為騙局。
[‡] 譯按:美國最大連鎖藥局。
[§] 譯按:美國第二大折扣零售百貨集團。

解。我看到該產業的專題文章，使用令人心驚的語言（積極擴張；針對女性；是保險；是控制），尤其是關於卵子冷凍文章的措辭更刻意從容（掙脫生育能力的束縛；賦能；高效；尖端；有如解放時間）。我讀到的頭條新聞令人挑眉：「女性科技打開通往數十億美元機會的道路」（《富比士》）、「破解月經的競賽開始」（《Elle》）、「掏空積蓄凍卵的女性」（BBC），「矽谷能讓你懷孕嗎？」（《Fast Company》），「女性科技革命的黎明」（麥肯錫公司）。

媒體炒作反映了一個新現象：卵子冷凍，是價值數十億美元的女性科技產業中一個蓬勃發展的領域。私募股權投資的湧入和大量創投支持的新創公司，為不久前還屬於人工生殖技術小眾領域的卵子冷凍，注入了大量資金。現在有卵子冷凍禮賓服務、針灸師和卵子荷爾蒙專家，還有兼任待命生育教練的護理師會到家一對一指導凍卵者自行注射。卵子冷凍專門新公司的目標群體是二十多歲和三十幾歲的女性。這些公司提供的不是典型的醫療體驗，而是時尚的裝潢和一流的客戶服務，將凍卵療程打造成合乎邏輯、精明的選擇，就像研究共同基金或規劃從租房到貸款買房的路徑一樣。《The Cut》的一篇文章寫道：「就像 Uber、Seamless、Spotify 和 Tinder 一樣，」新的卵子冷凍公司「迎合了千禧世代對無限選擇，和渴望比傳統診所更時尚、更有效率的用戶體驗。」[2]

約書亞‧克萊因（Joshua Klein）博士，曾在美國最著名的生育中心之一的紐約生殖醫學協會（Reproductive Medicine Associates, RMA）任職，之後與他人共同創辦了 Extend

Fertility，就是我去參觀卵子冷凍實際運作的精品診所。他的舉動順應了一個趨勢——主導生育行業的少數大型知名機構，分裂成小型、靈活的診所，擺脫了龐大的營運開銷並蓬勃發展。Extend Fertility 具有開創性，因為它在 2016 年開業時是世界上第一個專精卵子冷凍的醫療機構。*在那之前，女性想要冷凍卵子只能找大型生殖中心。在這些忙碌、以體外受精為重點的設施中，卵子冷凍當然不是首要任務，而且往往只是附帶選項。候診室通常擠滿了夫婦，因為他們需要醫療幫助才能生孩子。對某些人來說，像是對延遲生育可能感到好奇的 30 歲出頭女性；或是開始性別肯定醫療護理（gender-affirming medical care）前，對保留生育能力感興趣的跨性別男性，這並不是一個特別受歡迎的環境。在行銷方面，體外受精患者希望在牆上看到快樂嬰兒的照片——穿著尿布的嬰兒微笑著。相較之下，冷凍卵子者通常是獨自坐在候診室裡的女性，她們並沒有特別想看到嬰兒的影像——至少目前還不想。消費者之間這種微妙但重要的區別——一個現在想要孩子，一個想要保留以後生育的能力——是人氣飆升、主打冷凍卵子診所存在的理由。這些時尚的診所經常宣稱療程輕鬆便捷，是對生育未來的投資，相當於生育力方面的 401（k）†。但正如我們將看到的，卵子冷凍患者在這些像 spa 會館、精緻高雅的診所獲得的東西，有時伴隨著代價。

---

* 該公司現在既可以解凍卵子，也可以冷凍卵子；它已擴展到提供體外受精和其他標準生育治療服務。
† 譯按：美國的延後課稅退休金帳戶計劃。

「保證生子，否則退款」：凍卵費用

說到這裡，任何形式的生育治療都十分昂貴，至少超出大多數美國人的財力。因此在卵子冷凍時，費用可能是一個主要障礙。對許多女性來說，這是目前為止最大的障礙。我之前提過，在美國凍卵平均一次療程的費用約為 16000 美元。[3] 其中兩大主要費用項目：治療費用和荷爾蒙藥物費用。費用因診所和患者而異。診所可能會向患者收取約 7000～10000 美元的治療費用——包括監測、取卵（麻醉）和玻璃化冷凍——而患者自行從專業藥房購買並注射的生育藥物，將花費約 3000～6000 美元，甚至更多。* 卵子儲存費用每年約為 500～1000 美元。† 別忘了，這是一輪冷凍卵子療程的大概費用。許多生育診所和有關凍卵的文章極少提及以下事實：大多數女性都會做多輪療程——平均 2.1 輪療程[5]——而如果患者進行多輪療程，費用當然會增加。因此，美國典型凍卵者要自掏腰包的費用，總價上看 30000 美元。這還不包括使用冷凍卵子的費用——包括解凍卵子並使其受精，在實驗室中發育胚胎並檢測基因是否異常，然後再移植到女性子宮中。這些至少還需要 15000～20000 美元。

「歡迎來到生育賭場，」《紐約時報》在一篇有關生育診

---

* 凍卵者所需的藥物量取決於刺激卵巢的激進程度——也就是說，這是由她的醫生決定的。因此，如果患者需要額外的藥物，用於生育藥物的總金額會快速增加。許多凍卵者認為，診所沒有明白解釋生育藥物高昂且單獨的費用。
† 而且還在上漲[4]；自 2019 年以來，卵子、胚胎和精子儲存的價格大幅上漲，主要原因是通貨膨脹和供應鏈壓力。

所最新套餐趨勢的文章中說道。[6] 有愈來愈多女性想要冷凍卵子，但又對高昂的價格望而卻步，因此各種商業模式紛紛湧現，幫助她們負擔得起療程費用，提供融資選擇並協助她們協調承保範圍。稍後我將詳細討論保險範圍、雇主福利和自費選擇，如何幫助人們負擔得起卵子冷凍費用，但首先，讓我介紹一下生育融資的當代面貌。

生育融資公司

我初次得知生育融資公司是讀到《富比士》的一篇文章，標題是「認識 Prelude Fertility，一家價值兩億美元、想要停止生理時鐘的新創公司」。[7] Prelude 是私募股權支持的新創企業，利潤豐厚，由阿根廷創業家馬丁・瓦爾薩夫斯基（Martin Varsavsky）於 2016 年創辦。Prelude 推出後不久就開始積極收購美國各地的生育診所，目前已成為北美最大的生殖中心網路之一。瓦爾薩夫斯基「設想了一種新的生殖規範，它可以預測不孕症，而不是被動地對其做出反應。處於生育黃金期的年輕人，可以在二十多歲時冷凍精子或卵子，過自己的生活，追求事業，然後，當他們最終遇到合適的人時，解凍冷凍的配子。」《紐約客》（The New Yorker）的一篇文章描述道。[8] 瓦爾薩夫斯基在為公司籌集資金時，經常宣揚「性很棒，但不是為了生孩子」這句話，他將自己的願景稱為 Prelude Method。其目標是掌握生育患者旅程的每一步，從二十多歲卵子冷凍開始，到 30 歲或四十多歲生子結束。

最初的 Prelude Method 起價為每月 199 美元，包括四個步驟：卵子冷凍、胚胎生成、基因篩檢和胚胎移植。有兩種產品計劃供患者選擇，在預繳數千美元後，每月再支付數百美元，有點像汽車分期預購計劃。現在，該公司將潛在客戶引導至其網路中的生育診所，然後透過第三方公司為患者接受的服務提供融資選擇。2019 年，瓦爾薩夫斯基與醫療保健企業家堤傑・法恩斯沃斯（T. J. Farnsworth）聯手，後者正在德州和喬治亞州建立類似的生育執業鏈。Prelude 目前在美國和加拿大擁有八十多家診所，並透過法恩斯沃斯創辦的 Bundl 公司提供生育治療套餐，該公司整合人工生殖技術療程並向客戶收取套餐價格。Bundl 也向患者承諾保證生子，否則退款。[9]

讀完《富比士》的文章後，我感到胃部有點不適。我仍然無法接受卵子冷凍的高價。誰有三萬美元的閒錢能支付這種費用？至少我沒有。我不自覺地算起一個人多年下來卵子冷凍套餐的費用，並有點驚慌地想到不久的將來，卵子冷凍和儲存將成為年輕職業女性尋常的固定成本之一，像是房租或汽車保險。事實證明，這正是 Prelude 希望像我這樣的女性思考生育問題的方式——這是另一個讓我感到不安的地方。正是這種「控制女性生育能力的各個方面」，讓我對 Prelude 的商業模式和稱霸市場的野心感到困擾，還有它的隱性訊息：現在就投資你的生育能力，以後就不用為了不孕花更多錢。「我們現在的目標客戶是二十多歲和 30 歲出頭的女性，」當時擔任 Prelude 總裁的赫茲伯格（Susan Herzberg），在 2018 年這麼告訴《紐約時報》。[10] 從商業角度來看，這當然是高招：女性愈

早冷凍卵子,就要支付愈多冷凍費用,直到她需要用到卵子那一天。然而,像 Prelude 這樣的公司自動遺漏了一個事實:到目前為止,絕大多數凍卵的女性都還沒有回頭解凍。

助人是否為善?

不過,幫助人們以類似買車的方式為生育治療籌錢的確有道理,儘管這聽起來很噁心尤其是對於千禧一代和 Z 世代來說,需要幫助才能支付,他們之中許多人一輩子會遇到最大筆的健康支出。因此,湯姆金斯(Claire Tomkins)與他人共同創立了 Future Family,為體外受精或卵子冷凍提供 60 個月的貸款計劃,包括優惠的實驗室操作和藥物費用,並提供一名「生育教練」,為患者打預防針並指引他們進行療程。其他生育企業家則將業務擴展到金融產品領域,以解決成本障礙,並訴諸「先買下,後付款」的心態;他們的公司與生育診所合作吸引客戶,並提供類似 Future Family 的付款計劃,以幫助患者籌措治療費用。

生育診所現在也提供各種付款方案,以吸引患者並讓他們安心。一些診所為了有醫學病症的女性、跨性別男性和女性軍人提供冷凍卵子折扣。有些提供「和朋友一起冷凍」優惠:Southern California Reproductive Center 推出促銷活動,三人同行冷凍卵子,每人可享有 30％的折扣;芝加哥的診所 Ova 在其網站上打出廣告,「一起冷凍的朋友愈多,折扣就愈大!」[11] 還有一種愈來愈流行的「冷凍並分享」混合模式[12],只要女性將取出卵子的一半捐贈給卵子捐贈計劃,或除此之外無法自

然受孕的準父母，就可以免費或以折扣價冷凍卵子。還有患者返回使用凍卵時可用的套餐或「風險共擔」計劃[13]——可抵消體外受精療程失敗的高風險。*在全美擁有數十家診所的 Shady Grove Fertility，提供所謂的「滿意保證」計劃，符合條件的凍卵者只要支付定額費用，就可以不限次數地嘗試用冷凍卵子懷孕。[15] 在 Spring Fertility，也就是曼蒂冷凍卵子的地方，如果患者 35 歲之前在他們旗下的診所冷凍至少 20 個卵子，或者在 38 歲之前冷凍了 30 個卵子，而在回來使用這些卵子時未能懷孕，Spring Fertility 將退還其所繳交的冷凍和嘗試使用卵子的所有費用。[16]

生育診所及與他們合作的營利企業，為了逐利自然會賣力銷售卵子冷凍和體外受精。他們兜售的項目和套餐都很熱銷；許多患者最終賠了錢，而有些患者則省了錢。這就是資本主義背景下生育治療的現實。我的看法是：生育融資公司不是敵人，許多公司提供了良好的服務，幫助人們支付極其昂貴的手術費用。不過，努力讓冷凍卵子變得更便宜是一回事，但瞄準年輕女性，賣給她們可能不需要或可能不會成功的療程，則是另一回事。整體凍卵情勢中的這一方面，讓我益發感到不安。

來談談支付的實際面

生育融資場景……很熱鬧。但該來談談支付的實際面了。

---

* 在 2022 年的初步國家報告中，輔助生殖技術協會發現 43.1% 的 35 歲以下女性，在一次取卵療程後活產。[14] 42 歲以上女性的比例則為 3.2%。

除了利用分擔風險計劃或生育治療貸款外，許多女性也寄望其他管道來幫助她們負擔凍卵費用，特別是健康保險或雇主。當談到支付冷凍卵子費用時，我們需要討論三件事：國家保險法規、雇主提供的生育福利和自費。[†]

「健康保險是否涵蓋卵子冷凍？」這個問題的簡短答案是看情況。在美國，私人健康保險，包括雇主贊助的計劃（稱為團體計劃），在聯邦層級受到監管，而在州層級會受到更嚴格的監管，法律經常明定團體和個人計劃必須涵蓋哪些醫療保健服務。截至 2023 年 9 月，已有 21 個州[17]和華盛頓特區制定了法律，要求保險公司承保或提供某些形式的生育檢測、診斷或治療。[18] 但各州可以自行定義「生育保險」，而且各州的享權資格差異很大，包括一個人要與不孕奮鬥多久才有資格接受治療，涵蓋哪種治療，是否涵蓋同性伴侶和未婚人士等。

自 1980 年代以來，提供生育治療保險的州名單一直在穩步增長，不過福利差異很大。以下是特定幾州的例子（截至撰寫本文時準確）。[19] 麻州是法律最慷慨的州之一，明確要求提供與懷孕相關福利的保險公司，同時涵蓋不孕症的診斷和治療，包括體外受精和卵子冷凍等療程。德拉瓦州、新罕布夏州和紐澤西州提供全面的不孕症保險，包括昂貴的生育藥物。在紐約和科羅拉多州，某些患者有資格接受最多三輪體外受精，並涵蓋醫療上必要的生育力保存療程，例如在接受癌症治療之

[†] 有關生育保險涵蓋法律、生育治療補助和融資計劃以及在工作中獲得生育保險的一些綜合資源，請參閱本書後面註釋部分第九章的頂部。

前冷凍卵子或精子。加州不要求保險公司承擔生育治療費用；如果雇主選擇提供以作為員工健康福利計劃的一部分，也不包括體外受精。德州的情況恰恰相反，保險公司必須提供體外受精服務承保，如果雇主選擇提供此福利，患者必須有連續五年的不孕史或符合一長串標準，才有資格受保。此外，患者的卵子只能以她配偶的精子受精，而不是捐贈者的精子。夏威夷和阿肯色州也有僅限配偶精子的規定，同樣將同性伴侶和單身人士排除在外。最後，一些州對可以獲得生育福利的女性患者設定了年齡限制——例如，紐澤西州規定女性年齡必須在 46 歲以下才有資格；羅德島州則是必須在 25～42 歲之間——其他州則對婚姻狀況有限制。

坦白說，美國從未認為有任何一種生育治療值得廣泛補貼的醫療保險涵蓋。大多數要求私人保險公司必須承保某些生育治療的規定，都是針對不孕症，而且如前所述，在大多數情況下，個人必須得到醫生的不孕症診斷才有資格受保。* 問題是這不適用於同性伴侶，他們並非不孕，只是無法透過性行為懷孕（稍後會再詳談關於人工生殖技術資格問題，以及這些法律如何影響 LGBTQ+ 群體）。也不適用於想要主動冷凍卵子的健康女性。† 雖然，有些保險條文納入了因醫療狀況而需保留

---

* 不孕症是男性或女性生殖系統疾病[20]，影響全世界大約六分之一的成年人，醫生將其定義為：如果你年齡在 35 歲以下，有規律的未避孕性行為持續 12 個月或更長時間，仍無法懷孕；如果你年滿 35 歲以上，定義時間則為六個月或更長時間。[21]

† 我採訪過一些女性為了規避這項規定，請生育診所的醫生出具不孕症診斷——儘管她們當時並沒有積極嘗試懷孕——使凍卵療程符合承保資格。

生育力時，涵蓋部分補助[22]；但非醫療性的卵子冷凍或沒有不孕症診斷的主動生育力檢測，則不涵蓋。

雇主提供生育保險成為趨勢

雇主提供的生育保險則是另一回事。許多私人公司改變了他們的醫療保健涵蓋計劃，將人工生殖技術納入其中並放寬限制。[23] 早在 2014 年，蘋果和 Facebook 就率先公布其保險計劃將涵蓋員工非醫療性的冷凍卵子。到了 2017 年，卵子冷凍已成為矽谷熱門的新福利。[24] 起初主要是科技和金融公司；隨後，新媒體公司、新創公司和大學也開始提供這種福利。截至 2021 年，19％的美國大型雇主提供卵子冷凍保險[25]，而 2015 年這一比例僅為 6％。生育治療保險不再是可有可無的額外福利，而是成為許多雇主醫療保健計劃中的固定內容[26]：超過 42％的美國大型雇主和 27％的小型公司提供體外受精福利。‡

回到 Progyny，最大的上市女性科技公司之一，Progyny 與各公司合作管理員工的生育福利。雇主決定為其員工提供生育福利，然後由 Progyny 管理這些福利的各個方面，提供超過 950 名生育專家組成的網絡，監督治療，並由旗下的 Progyny Rx 涵蓋生育藥物。每個會員[27]都有一位「患者照護代言人」，幫助患者協調預約，將患者轉給隨選護理師以獲取生育

---

‡ 有關雇主提供的家庭建設保險的優質資源，請查看 FertilityIQ 的職場索引（Workplace Index）。FertilityIQ 每年都會發布該報告，分析行業趨勢並提供最新的雇主生育福利資訊。

藥物方面的幫助，甚至提供情感支持。（嗯，哇。）Progyny 的三百七十多家客戶包括亞馬遜、Google、Meta 和微軟。

貝卡在 Google 工作期間使用公司的 Progyny 福利，冷凍了 20 個卵子，她認為如果沒有這項福利，她可能不會冷凍卵子。她凍卵時已經 37 歲，單身，不知道自己是否想要孩子。「但如果孩子對我所愛的人非常重要，我不希望我的生育能力成為我無法和他在一起的原因。」手術後幾天，我們通電話時她這麼告訴我。讓貝卡鬆了口氣的是，取卵這一週工作上相對平靜。貝卡的男性老闆知道她去冷凍卵子，但她的同事——大多是男性——都不知道。「一部分的我不想讓別人不自在，」她說，並補充說她也不想讓別人注意到，她已經 37 歲又沒有伴侶的事實。「我在工作中認識的同齡人幾乎都已經結婚生子，」她說。「在我這個年紀還單身感覺有點失敗，好像我做錯了什麼一樣。我要在同事面前展現自信的形象，所以不想讓他們注意到這一點。」一年後，貝卡告訴我，冷凍卵子讓她意識到，生孩子並非她生活幸福的關鍵。現在她更有自信追求自己想要的東西——新工作、換個地方和伴侶。「不管你能不能生，生活中都還有更多值得的追求。」她滿意地嘆了口氣說。

那其他人如何負擔得起？

沒有保險福利或雇主保險的人，要如何負擔卵子冷凍費用？因為我也屬於這一類人，所以幾個月來我一直在思考該如何支付手術費用。諾伊斯醫生為我提供了冷凍治療的醫療折

扣，因為在診所看來，我只有一個卵巢是一種「病症」，但我很難讓我的健康保險同意。* 在我發表第一篇關於卵子冷凍的故事後，我媽媽寄給我一封電子郵件：很棒的文章！也許會有冷凍卵子的機構聯絡你，讓你免費凍卵！† 女性通常在 35 歲左右冷凍卵子[28]，此時她們正進入累積財富的黃金時期。對某些人來說，凍卵意味著耗盡積蓄、負債累累和（或）推遲買房等目標，才能支付凍卵費用。她們申請貸款、抵押房屋、從 401（k）帳戶借款、發起 GoFundMe‡ 活動或找兼職，以便負擔一個或多個療程的費用。愈來愈多女性為了更便宜的價格而出國。[29] 在西班牙和捷克共和國等國家，冷凍卵子的費用是美國的幾分之幾。我需要研究一切可能的方法來降低費用，因為我愈是檢視卵子冷凍的費用，就愈清楚地知道我在財務上根本負擔不起。

蕾咪申請了兩萬美元的個人貸款以支付凍卵費用，並刷卡支付藥物費用。她還賣掉了她的訂婚戒指——「多弄點現金給卵子，」她這麼告訴我——並在醫院加班。有時贍養費可以資助冷凍卵子[30]；我讀到過一些案例，有些女性極力爭取在離婚協議中納入由前夫支付凍卵的費用——並取得了勝利。有一些

---

* 我進入研究所後，加入了紐約大學資助的健康保險計劃，當我打電話詢問他們是否涵蓋以及如何獲得任何形式的凍卵保險時，我被告知，如果沒有不孕診斷就沒指望了。

† 在我發表了更多卵子冷凍的文章後，確實收到了一些診所和醫生的這類提議。雖然這些提議很誘人，但新聞道德說得很清楚，接受免費或打折的商品或服務以換取媒體報導——即使這些生育診所沒有明確提出要求——是不行的。

‡ 譯按：美國的群眾集資平台。

第九章　女性科技革命

非營利組織提供生育治療獎學金和助學金。通常，家人會提供幫助，就像曼蒂的家人那樣。幾年前，瓦萊麗*，一位在30歲出頭凍卵的芝加哥婦女，開始在部落格和每周podcast上記錄她的經歷。當她開始她的計劃時，回應者大多是將近40歲的人。現在她會收到二十多歲女性的來信，她們的祖父母希望資助這項手術，就像幫忙付房子的頭期款一樣。她還接到了家有青少女或女兒上大學的父母的電話，他們將冷凍卵子視為未來的禮物，並願意為此買單——投資回報未來將以孫子的形式出現。39歲的丹妮爾住在達拉斯（Dallas），做了兩輪體外受精才懷孕，她也有類似觀點，她告訴我：「我和丈夫不會為女兒的婚禮付錢，但我們會付錢讓她們在二十幾歲時，就可以冷凍卵子。」

　　托倫蒂諾（Jia Tolentino）在她的散文集《幻鏡》（*Trick Mirror*，暫譯）中寫道：「我們為自己認為珍貴的東西付了太多錢，但如果有人讓我們付了太多錢，我們也會開始相信這些東西是珍貴的。」[31] 她指的是婚禮產業和流行的健身運動如芭蕾雕塑，以及美容和健康，但當我讀到這句話時，我立即想到了女人的卵子。現代的年輕女性在發現自己的卵子是一種商品後，突然覺得自己的卵子很珍貴。她的卵子很脆弱，每時每刻都更接近過期。那麼，至少在情感層面上，冷凍卵子需要花費數千美元，使用時還要再花費數千美元，也就合理了。對許多女性來說，冷凍卵子是她們花過最昂貴又最輕易的錢。

---

* 另一個瓦萊麗，和之前提到的生殖醫生瓦萊麗不是同一人。

西雅圖的生殖內分泌學家蘿拉・沙因（Lora Shahine）博士對我這樣總結：「我認為卵子冷凍是個了不起的機會。它非常能給人力量，非常棒，但它被當作保險和保證出售的方式，真的很可怕。」她繼續說道，如果一名女性在亞馬遜或Google這樣的公司工作，「冷凍卵子根本不用多想。對她們來說，幾乎沒有資金壓力。這才是真正的勝利。它不應該改變某人的家庭目標。但它可以減輕很大的負擔，讓人們感到更自由一點。」

然而，能受益於卵子冷凍並受到生育診所頻頻招手的人群，是一個特定的小群體：主要是三十幾歲的中上階層白人專業人士。對於許多人，尤其是那些收入較低的人來說，高昂的成本使得卵子冷凍和體外受精就算不是不可能，也是不切實際的。因此我意識到，這不單只是因為卵子冷凍是複雜的新技術，也不僅是因為它真的很貴。當我開始了解更多關於獲得治療的不平等時，我意識到這更多是生育能力成了一種特權，而不是一種權利。

當胚胎銷毀遇上反墮胎

女性科技領域也許正在掀起某種革命，但在其他地方情況卻正好相反。2017年川普政府上任，福音派的麥克・彭斯（Mike Pence）擔任副總統，從第一天就開始廢除生育自由──和許多其他公民自由。儘管在拜登總統接任後情況有所改變，但生殖權利仍然脆弱，墮胎戰場尤其激烈。2021年

對墮胎來說是特別黑暗的時期，那年通過了百餘項新限制。美國人在 1973 年獲得了憲法賦予的墮胎權。2022 年，他們失去了這項權利，美國最高法院做出了 50 年來最重要的墮胎決定，在《多布斯訴傑克遜婦女健康組織案》（Dobbs v. Jackson Women's Health Organization）的裁決中推翻了《羅訴韋德案》，一併廢除了全美範圍內的墮胎權。現代有關墮胎的氛圍令人焦慮，這還是保守說法，更可怕的現實是，正在研擬的法律會威脅任何擁有子宮的人，最終影響的不只是女性如果不想懷孕就能中止的能力。

政客堅稱，女性對自己身體和未來的判斷不可信，因此我們的生殖系統必須由立法者控制──這些立法者絕大多數是年長的白人男性。法院的裁決讓各州有權決定墮胎資格，而且未要求各州的禁令納入任何類型的例外。雖然，一些州正在努力使墮胎資格更加健全，但其他州正在積極限縮墮胎的實施時間範圍。截至 2023 年 12 月，已有 21 個州禁止墮胎[32]，或將可進行墮胎手術的週數限制在比《羅訴韋德案》立下的標準更早。一些州禁止在懷孕六週後墮胎──許多女性在這個週數根本就還不知道自己懷孕了。

新的墮胎禁令還有一個較少人知道的影響：也就是讓丟棄胚胎的做法引發困惑和法律問題，然而丟棄胚胎是體外受精的正常程序。這項技術的本質如此，重點就是創造多個胚胎。優先使用最有可能發育成健康嬰兒的胚胎，多餘的胚胎通常會被冷凍，直到委託者決定使用或丟棄它們。只要體外受精技術繼續存在，剩餘未使用的胚胎被冰存的現實就將繼續存在。不

過,事實上,體外受精和相關的生育治療有可能無法繼續存在。

你的生殖權是國家的

最高法院目前的配置,已經開始影響美國未來幾十年的生殖權利狀況;它也對接受生育治療的婦女,還有其醫生的合法權利狀況提出質疑。威斯康辛大學麥迪遜分校(University of Wisconsin–Madison)退休法學和生物倫理學教授阿爾塔・查羅(Alta Charo),在 2023 年告訴《紐約客》:「美國關於墮胎的政治辯論,已經蔓延到與胚胎有關的一切領域。」[33] 墮胎禁令,可能意味著接受人工生殖技術的機會受到限制。[34] 令人擔憂的是,隨著一些州急於通過胎兒人格法案,他們可能會有意無意地禁止體外受精。有些州將體外受精明確排除在墮胎禁令外,但其他州通過的限制性「人格法」(personhood laws)[35] 使用了更模糊的語言——例如明定生命始於受精,即卵子成為胚胎時生命就開始,而不是植入胚胎或胎兒具有存活能力時——並使生育治療過程的幾個階段得受政府干預,為各州干預體外受精和限制患者獲得照護的機會,開闢了法律空間。如果這些禁令被解釋為賦予胚胎合法的權利和保護,那麼受精卵將擁有與兒童相同的權利。然而,即使兩者在法律上被認為是等同的,但它們在生物學上顯然並不等同,而賦予胚胎「人格」地位,將引發如何處理在體外產生的胚胎的種種問題。[36]

多年來,專家一直擔心墮胎禁令對體外受精的影響。許多

反墮胎活動人士，反對因基因篩檢結果或夫婦不想再生而破壞胚胎。法律專家預測，新的州墮胎禁令可能使州方更容易控制胚胎的基因檢測、儲存和處置。體外受精過程的某些程序可能變成非法[37]；在一些州，它可能被完全禁止。在法律規定生命從受精開始的州，根據法律，冷凍胚胎可以被定義為未出生的孩子，丟棄未使用或冷凍的胚胎，可能被定性為犯罪（儘管值得注意的是，即使在反墮胎運動中，這種對體外受精和人工生殖技術創造物的觀點，也是相當極端）。

卵子即生命？

如果禁止破壞胚胎的法律獲得通過，實際上的意義是什麼？生育診所可能會選擇限制每個療程產生的胚胎數量，以避免任何「多餘」，但這可能意味著更昂貴和侵入性的療程，直到成功懷孕。根據患者意願進行體外受精，並丟棄未使用的冷凍胚胎的醫生，可能會被起訴。在使用人工生殖技術有疑慮的州，生育患者可能會發現有必要在當地取出卵子和精子，再運送到其他法律環境較為穩定的州的診所、卵子或胚胎的未來不會處於不確定的狀態——這種規避方法會讓本就繁重的生育治療過程增加更多成本和負擔。*

因此，《多布斯案》的裁決不僅威脅到孕婦的健康，諷刺

---

* 最高法院的裁決下來後，全美各地的生育患者立即開始聯繫他們的診所，安排將卵子或胚胎移出由共和黨執政的州，以避免可能出現的法律併發症。

的是，還可能導致在父母期待下健康出生的嬰兒數量減少。下游效應尚不清楚。隨後的國家政策從如何處理流產，到如何提供某些節育措施，都可能受影響。† 限制性墮胎法對生育治療的影響，可能取決於立法的語言和解釋法律的檢察官有多強硬。時間會告訴我們《羅訴韋德案》被推翻對美國生殖產業會有何種影響——以及胚胎是否將成為反墮胎運動的下一個前線領域——但對醫師執業和法律的影響可能相當巨大。[39]

在生育技術不斷進步的同時，生殖權利卻在許多方面都在倒退。這是一個令人不安的並存：我們可能很快就會生活在這樣一個國家——墮胎在多數州都受到嚴格限制甚至非法，而同時體外受精和卵子冷凍是許多私人公司保障的福利；美國各地的墮胎服務提供者被迫關門，生育診所則舉辦「雞尾酒和冷凍」的凍卵派對以招攬新業務。當然，前提是獲得人工生殖技術的機會仍在，直到「存活」的法律定義和「生命並非始於受精」的生殖醫學觀點迎來衝突高峰。

這足以讓任何人的卵巢顫抖。我花了很多時間思考和詢問關於女性懷孕能力的問題，以至於有時候很容易忘記有些法律和政治勢力正在企圖——違背女性的意願強求她繼續懷孕；再者，在女性懷孕過程出問題時不能適切地幫助她。在當今世界，女性的生育能力、性能力和整體健康被政治化，而男性則

---

† 在一些州，這種情況已經發生。眾多令人震驚的例子之一：2022 年，愛達荷州的公立大學[38] 不僅停止提供墮胎轉介，還停止提供避孕轉介——甚至明確表示保險套只是為了預防性病，而不是為了避孕。校方還警告教職員，如果他們將學生轉介給墮胎服務或「鼓勵」墮胎，他們可能會面臨重罪指控。

第九章　女性科技革命

沒有,這樣鮮明的對比,促使我更仔細審視阻礙人們獲得生殖技術的系統性障礙和社會經濟差距。

拒之門外

儘管近幾十年來生殖技術取得長足進步,但對於許多人來說,想擁有孩子仍然面臨著巨大的障礙——無論本身是否不孕。自 1980 年第一個體外受精計劃在美國啟動以來,汙名化的法律和根深蒂固的社會和文化態度——包括居住州、保險計劃、收入水準、種族和民族以及性取向和性別認同——導致了巨大的社會差距,使人工生殖技術難以接近。結果是今天的系統性障礙,使得許多並非白人、順性別、異性戀和中上階層的人,難以尋求生育服務。

我們先從種族說起。從更普遍的意義上講,種族如何影響孕婦和生殖健康是一個更大的議題,但簡潔來說:黑人女性整體而言之所以妊娠結果較差,並在獲得基本生活條件,例如:可負擔的住房,健康的食品、交通、良好的產前照顧等,面臨更多障礙的原因,深埋於更廣泛的社會差距,而這肇因於多種錯綜複雜的外力——包括結構性種族主義和收入不平等。這種背景對於理解為什麼相較於白人女性,很少有黑人、原住民和有色人種女性尋求生育治療;以及從醫學和情感角度來看,美國的種族如何嚴重影響許多黑人女性的生育歷程。

美國 15 ～ 44 歲女性之中,大約有 12％難以懷孕[40];而

黑人女性不孕的可能性是白人女性的兩倍。*41 儘管不孕率較高,但黑人女性獲得醫療協助懷孕的可能性卻較低,而即使她們順利獲得醫療協助,在尋求治療之前的等待時間可能是兩倍。42 許多患有不孕症的女性,必須過關斬將才能獲得醫療協助,但黑人女性面臨的挑戰更多,例如缺乏黑人精子和卵子捐贈者,以及在白人占絕大多數的醫療領域中醫生的偏見。† 有幾個因素,包括收入、覆蓋率的差異和服務的可得性,會影響獲得不孕症治療的機會。如同幾十年來黑人、原住民和有色人種婦女,遭受歧視性生殖護理和傷害的歷史。

　　研究指出,醫生可能有意無意地對哪些人應該成為父母,或應該接受治療做出假設或抱持偏見。例如,有些黑人婦女表示,一些醫療提供者對於她們的生育問題不予理睬,強調節育而不是生育,並勸阻她們生孩子。44 或是醫生認為她們很容易懷孕;關於生育能力的誤解和刻板印象,常常將黑人女性描述為不需要醫療幫助即可懷孕。患有不孕症的黑人、原住民和有色人種女性中,羞恥感和孤立感尤其普遍:在一項針對一千多名不同種族女性的調查中,黑人女性表示不願意與朋友、家人、伴侶、醫生,甚至支持小組討論生育問題的可能性,是白人女性的兩倍多。45 這也是蜜雪兒・歐巴馬(Michelle Obama)在她的回憶錄《成為這樣的我》(Becoming)中,向

---

* 黑人女性罹患子宮肌瘤——子宮內的非癌性腫瘤,通常在女性育齡期發生——和肥胖的機率也較高,這兩種情況都會對生育能力產生負面影響。
† 捐贈者缺乏種族多樣性43,導致許多準父母沒有足夠的選擇建立能反映其背景的家庭。

第九章　女性科技革命　255

全世界講述她流產和進行體外受精的事情時，引起轟動的原因之一。

凍卵的種族歧視？

前文討論的卵子冷凍公司福利，引發了有關生育保健方面的種族和階級不平等的更深層問題。[46] 這項福利主要影響白領公司的員工，他們往往受過高等教育、收入較高，而且主要是白人——這意味著該政策有助於減輕那些已經處於優勢者的經濟負擔。從歷史上來看，生育治療大多是向社會經濟和教育背景較高的白人女性推銷，使用者也是這群女性居多，這也是黑人女性基本上被排除在凍卵討論外的原因之一。幾年前，輔助生殖技術協會分析了近三萬次取卵手術，發現接受手術的女性中只有4%是西班牙裔，而只有7%是黑人。[47] 就目前而言，只有那些有足夠意識尋求並負擔得起的人（相對少數），才能使用卵子冷凍。隨著生育自由在全美範圍內不斷受到削弱，收入較低的女性（通常是黑人、原住民和有色人種女性），最終最沒有能力嘗試透過保留生育能力買回部分生育自主權。

就獲得人工生殖技術而言，美國至少在一個方面做得很好——至少理論上是這樣，即使實踐中並不盡然。在美國，卵子冷凍和體外受精讓LGBTQ+父母家庭，像其他家庭一樣得以存在。這一點很重要，因為全球許多地方都限制LGBTQ+和未婚人士獲取人工生殖技術。在大多數國家，只有診斷為不孕症的已婚異性夫妻才能獲得生育治療；直到最近幾年，法國

和挪威等國家,社會性冷凍卵子才對女同性戀和單身女性合法化。* 在美國,幾乎任何負擔得起人工生殖技術的人都可以使用——這是美國比歐洲各國更進步的罕見例子。

對於 LGBTQ+ 群體中的許多人來說,尤其是女同性戀夫婦,在某些情況下,冷凍卵子可能是理所當然的。如果一個酷兒或雙性戀女性或非二元性別或 AFAB(出生時被指定為女性)人士,想要使用自己或伴侶的卵子(而不是捐贈卵子)創造胚胎,那麼已經冷凍的卵子能讓他們領先一步。冷凍卵子也是跨性別男性的選擇;在開始性別肯定醫療護理之前冷凍卵子,為有一天生下親生孩子提供了可能性。

但在美國,獲得保險給付的障礙使兩類人難以接受生育治療:LGBTQ+ 夫婦和自願選擇的單親父母。† 近年來,一些州修改了立法中的措辭,在不孕症的定義中納入 LGBTQ+ 和未婚人士。但大多數州保險法採用的不孕症定義還是與下述類似:6～12 個月無保護的異性性交。而且,有些州僅涵蓋使用夫婦自己的卵子和精子的體外受精,這些規定排除了同性伴侶和潛在的單親父母。如果說酷兒伴侶往往沒有資格獲得保險來生育親生孩子——且常因他們無法像異性戀夫婦發生性行為「證明」不孕不育而受到歧視——這事看似不公,那是因為事實確實如此。

---

* 同時在中國,冷凍卵子和體外受精基本上只適用於已婚女性(儘管該國人口數十年來首次下降)。在光譜的另一端,日本和韓國現在為希望凍卵以備將來懷孕的健康女性提供補貼。
† RESOLVE 編制了一份專門針對 LGBTQ+ 群體家庭建設的有用資源清單: resolve.org/learn/family-building-options/lgbtq-family-building-options/。

對於不斷擴大的尋求荷爾蒙療法的跨性別人群來說，缺乏生育力保存保險也是一個主要的不平等問題。雖然，尋求生殖服務，不是尋求性別轉變患者目前面臨最緊迫的問題——最緊迫的是國家限制對青少年的性別肯定照護——但這很重要。大體而言，跨性別青年的生育力保存問題，未得到充分研究和報告。[48] 專業協會發布了指南，強調初級保健醫生，在為跨性別患者提供變性諮詢時，需要制定標準化方案，在跨性別者開始荷爾蒙或手術治療前，討論生育能力受損的潛在風險以及生育力保留選擇。但此類討論成為照護標準顯然還需要一段時間。

就算跨性別青少年在接受荷爾蒙干預前，曾碰巧接受有關卵子或精子冷凍的諮詢，要決定是否進行這項療程也不是一件容易的事。與黑人、原住民和有色人種類似，跨性別者也面臨歧視和拒絕服務等障礙。即使他們克服了種種障礙並決定凍卵，問題仍然存在：如何支付？很少有人負擔得起為跨性別男性保存卵子生育力的巨額自付費用，或——雖然較便宜但仍然龐大的——為跨性別女性保存精子生育力的費用。當然，這些價格標籤還不包括當人們想要孩子時，使用冷凍卵子或精子的費用。如同癌症患者，跨性別患者通常有責任向保險公司證明保留生育能力，在醫學上是必要的。我們很難確定保險覆蓋範圍，將如何改變目前跨性別者保留生殖細胞的低比例，但正如約翰霍普金斯跨性別健康中心（Johns Hopkins Center for Transgender Health）醫療主任德文·奧布萊恩·庫恩（Devin O'Brien Coon）所說，「毫無疑問，如果有保險承保，跨性別患者將保留其生育能力。」[49]

更平等的凍卵世界

　　沒有一體適用的解決方案可以克服這些限制，讓黑人、原住民和有色人種以及 LGBTQ+ 族群，更容易使用人工生殖技術建立親生家庭。邁向進步方向的重要一步，是將生育治療納入所有健康保險範圍，就像影響其他主要身體系統，與之相關的其他健康狀況和疾病一樣，這將有助於解決低收入者的需求。另一步是擴大保險公司對不孕症的定義，以確保同性、單身和跨性別者不被排除在保險範圍外。女性科技，在改善生殖保健領域種族平等的能力帶來了一些希望；針對次族群提供文化敏感護理，進而量身制定的解決方案，正在出現。其中之一是數位平台 Health in Her HUE，它將黑人女性和有色人種女性，連結到文化敏感的醫療保健提供者、有實證的健康內容和社群支持。另一家公司 FOLX Health，是第一家由酷兒和跨性別創投支持的大型企業，為荷爾蒙替代療法和性健康提供虛擬護理和處方。儘管如此，在制定更好的政策協助消除經濟、文化和社會障礙前，許多需要生育服務者仍將無法從中受益，卵子冷凍仍遠遠不是一場機會均等的冒險。生殖機會的不平等，從誕生之初就一直困擾著生殖產業，但不能定義其未來——隨著生殖領域在我們眼前繼續快速發展，這一點需要牢記在心。

何去何從？

　　我以優異的成績完成研究生學業，並發表了幾篇署名報導。畢業那一週是一段快樂的時光。我和我的教授、新聞系同

學、父母、好朋友和班一起慶祝。但我已經筋疲力盡了。夾在完成論文和又一次實習之間，以及思索最後一個學期後要做什麼，讓我爆瘦七公斤，並且在幫導師完成她下一本書的研究時，出了大紕漏。我花了兩年時間忙忙碌碌，發表的文章和建立的專業關係都是證明。但我也欠下了巨額信用卡債務，以及怎麼也消不掉的黑眼圈。

畢業兩天後，我為德國和波蘭的新聞獎學金飛往柏林。然後我在捷克共和國教授高中創意寫作課程。班在休士頓找到了一份新工作，我則決定是時候離開紐約一段時間了，主要因為我不知道作為自由寫手，該如何繼續負擔在紐約的生活費。八月份，班和我揮汗如雨地用一堆箱子，收拾了我在布魯克林的公寓。他回到休士頓，我去了科羅拉多州，我父母在那裡買了一棟山間的房子，我決定去那裡喘口氣。當我到達時，父親看了我一眼說：「你看起來好像比我上次見到你的時候老了20歲。先去吃點東西，休息一下吧。」我感覺睡了一個星期。

幾個月後，我飛回紐約與班共度週末；那天是他的生日，他想在紐約慶祝。我們住在威廉斯堡（Williamsburg）的Airbnb民宿。班生日那天早上，他出去買食物。我們稱之為「狩獵和採集」：他喜歡在週末早上帶早餐回來，而我則喜歡慢慢開始新的一天，並期待他帶著美食走進家門。我們在下東區度過了一天：在McSorley's喝一杯，看一場電影，在聯合廣場散步。那天晚上，他想在外面待到很晚，但我很累，沒辦法陪他過他想要的夜晚。計程車把我送到公寓，再把他載回橋的另一邊。幾個小時後，當他爬上床時，我假裝睡著了。

在外出方面，班和我的性格一直差異很大，但最近這種分歧引發了問題。他總是喜歡在外面待到很晚，並且比我更喜歡參加派對。當我去休士頓找他時，我經常選擇待在家，或提前離開酒吧，獨自乘坐 Uber 回公寓。這成了一種模式，卻讓我很困擾。有時我們根本不喜歡像以前那樣待在一起，就好像幾次小爭吵後積累起來的怨氣，削弱了我們曾有的輕鬆快樂。在我們最好的時候，我們自然而然地陷入和你所愛的人同在的感覺。有一次，我們縮在大峽谷底部的睡袋裡，他感謝我能和他共度這一刻、活在當下，而不是我的思緒常停留的未來。我呢喃著回應，靠過去吻他，結果一隻長腿的蟲咬了我一口。我大叫一聲，他立刻把蟲子送出帳篷，我們在星空下依偎著睡去。

但最近，那種輕快自然的輕鬆感好像距離我們好幾光年。在紐約的第二天晚上，我們躺在床上，氣氛緊張。我們已經討論同居好幾個星期了。「我有一些疑慮，」我對著黑暗輕聲說道。我問他是否確定要我搬到休士頓。「95%、98%確定，是的，」他聲音低沉地說。片刻後：「你還在猶豫嗎？」

「對，」我輕聲回答，他用雙臂摟著我，我卻覺得眼前這個人好疏遠。

第十章

超速運轉的卵巢

蘿倫：柳菩林驚魂記

我從沒有想過自己會住到德州。我也從未想過會為了男朋友而搬到某個地方,但是,好吧,心就是要它想要的,所以,我在三月初開著我的紅色 Volkswagen 沿著 287 號公路向南行駛,大老遠地到了休士頓。搬家意味著結束遠距戀情,在蒙特羅斯(Montrose)一間形狀怪怪的公寓裡展開共同生活。那裡距離河口只有幾條街,我們稱它為「平房」。

休士頓,美國第四大城市;根據我搬家前幾週在《洛杉磯時報》(*Los Angeles Times*)上讀到的一篇文章,這裡是美國種族最多元化的地方。[1] 我認為這是一個好兆頭。我不是搬到德州,而是搬到充滿活力、多采多姿的休士頓。一個港口,一個大都會,一百萬個不同的故事。這座城市以交叉路口而聞名:道路的、社區的、政治的。這座城市仍在努力尋找自己,

但在許多方面又相當自在地做自己。

我和休士頓的蜜月持續了整整六週。附近的酒館供應冰鎮啤酒，還有像 Little Dipper（小北斗七星）和 El Big Bad（埃爾大壞蛋）這種名字的酒吧供應雞尾酒。這裡有美式小龍蝦、塔可餅餐車，還有多到數不完的烤肉。我們一起上騷莎舞課，沿著河流騎自行車。我們參觀了 NASA，在當地的溜冰場觀看了激烈的輪滑德比（roller derby）[*] 比賽。我們加入了公寓附近的 CrossFit 健身房，在傍晚的熱氣中一起運動。這座城市既時尚又有趣，班是一位熱情的導遊，四處帶我去他知道我會喜歡的地方：羅斯科教堂（Rothko Chapel）、牛仔競技表演、誦詩搖台開放麥克風之夜。我在班還沒起床時趁著晨光寫作。他把廚房的一個角落改成我的小書房，並特意為我的（許多）物品騰出空間。當下午變得悶熱時，我總是心癢難耐地想結束工作，並在班結束銷售工作回到家時，高興地合上筆記型電腦。

我們會做簡單的晚餐，在涼爽的夜風中散步，或者有時見見朋友，幾乎都是我搬進來之前班的朋友。我喜歡他的朋友，但除了我們都喜歡班之外，我和他們沒有什麼共同點。每當我因背井離鄉與他同居而升起不安時，我就將焦慮的精力投入工作和未來計劃。思考未來比擔心現在來得容易。

巧遇凍卵者

幾個月前有一次來找他，班給了我一個驚喜，帶我去一趟

---

[*] 譯按：兩隊對抗式競速滑輪比賽，選手之間可互相干擾，常有肢體碰撞。

美食之旅，我們仍與那天遇到的人們保持著聯繫。我就是這樣認識蘿倫的。我們在美食之旅中走了幾站後，在一個我從未去過的露天市場相識。我在一排排狹窄的攤位閒逛時，注意到一個攤位上，擺放著五彩繽紛的香料和順勢療法藥粉。好奇之下，我停了下來，然後注意到蘿倫，於是我們聊了起來。她問我都寫哪方面的報導，當我告訴她時，她睜大了眼睛。

「那我可有個故事要說給你聽，」她一邊說，一邊以一種「你絕對不會相信」的樣子搭了搭我的手臂。她開始向我講述她在 39 歲生日前兩天的凍卵經歷。當她說話時，我更仔細地觀察了攤位上，數十袋草藥中插著的鮮豔小標誌。原來這些不是食用香料，而是治療各種疾病的草藥，配著英語和西班牙語的手寫標籤，有不少字都拼寫錯誤，像是攝護腺和腎臟、氣喘和貧血、排毒和放鬆、癌症和循環。「我想多了解這些，」蘿倫笑著說，她指著三袋草藥，一袋 450 公克 40 美元，標籤上寫著卵巢／經痛、荷爾蒙和生育力。當我們走回巴士時，我問蘿倫是否可以更深入地採訪她，了解我們站在市場攤位前時她告訴我的事。她爽快地答應了。之後幾年，我們頻繁地交談和發簡訊，但在當時，我只是很感激能在一個我沒有要做研究或報導的地方，巧合地遇到一個凍卵者。

「就像牛一樣被排成一排」

蘿倫的許多朋友都有孩子或正在嘗試懷孕，但單身的蘿倫不確定自己將如何成為母親。年過 35 歲後，她發現自己的

思緒被生理時鐘占據，這是她從未有過的經驗。當她滿 38 歲時，她決定在年度檢查中與婦科醫生討論凍卵問題。與家人朋友交談後，她確定，她確實有一天會想要孩子。不是現在，而是在她還不算太老的時候。她的婦科醫生推薦了鎮上的一家生育診所，簡單瀏覽過他們的網站後，蘿倫預約了。

就卵子冷凍的故事而言，蘿倫追求這項手術的動力與我從其他女性那裡聽到的大多一致——但相似之處也僅止於此。關於她第一次去 Houston IVF[*] 看診的經驗，她印象最深刻的是他們的銷售宣傳做得非常出色。「他們真的很強勢，讓人很難拒絕，」蘿倫告訴我。她做了常規的血液檢查，結果出來後，她的醫生說：「你的身體真的很想懷孕。」當蘿倫聽到這句話時，感覺就像聽到她被認可為女性。「如果醫生一開始就告訴我，『你不能生孩子』，我會說，『好吧。』我會放下。可是她說『你的卵子非常健康有活力』的那一刻，我立刻就陷進去了。那時我心想，我會有親生孩子。」

之後的一切發生得很快。蘿倫在預約之前沒有抽出時間研究卵子冷凍，現在悔不當初。她不記得當時對手術有過猶豫或擔憂，但她認為那是因為自己當初不知道該問什麼問題。第一次約診的幾個月後，蘿倫開始接受荷爾蒙治療。她賣了股票，才能向藥房支付近 5000 美元的藥品費用。她在這間忙碌的城市生殖中心的體驗只有一個形容詞，糟透了。「感覺就像血汗工廠，」她說，回想起幾個早上去做血液檢查和監測的感覺。

---

[*] Houston IVF 於 2018 年更名為 CCRM Houston。

「他們把我們像牛一樣排成一排。」有一次,她記得護理師用針插示範如何自行注射,但蘿倫覺得沒什麼用。最初幾天,蘿倫不知道要換部位注射,所以在同一個地方重覆注射,結果那裡開始瘀傷發疼。她只好上 YouTube 尋找更清晰的說明。

接著,在開始服用藥物幾天後,她開始感覺不對勁——不是她讀到的開始服用生育藥物的那種正常現象。她最立即的症狀是臉上和背部長出疼痛的囊腫性痤瘡。她也開始失眠。在她的下一次監測約診中,護理師告訴她情況不太對勁,要她回家,並表示他們會與她聯繫。診所起初含糊其辭,最後才告訴蘿倫她服用了錯誤形式的亮丙瑞林(leuprolide),商品名為柳菩林(Lupron)。診所要蘿倫停止服用所有藥物,這等於中斷了她的卵子冷凍療程。

目前尚不清楚蘿倫服用的柳菩林出問題應歸咎於誰。她在生育診所和藥房之間來回奔波了數週,試圖弄清楚情況。此時,她已經支付了一萬多美元——白付了。儘管第一次失敗的嘗試讓蘿倫又氣又急,但她還是決定再試一次。藥房和診所仍然在互相推諉。「我告訴他們,『你們想吵多久都行,但我還是 38 歲,而我想取出我的卵子——如果我還有的話。』」她的決心更加堅定——「我是一個很好勝的人,這次我鐵了心要冷凍 38 歲的卵子。」她告訴我——但她仍然高度存疑。在第一次嘗試失敗三個月後的某個悶熱的日子,蘿倫前往診所取卵。第二次療程成功了,取出 14 個有活力的卵子。得知這個消息後,她鬆了一口氣後啜泣起來。

卵巢過度功能亢進

兩天後，蘿倫滿 39 歲。她與母親、姐姐和朋友，在休士頓市中心的高級餐廳享用早午餐慶祝生日。從那天一大早起，她就感覺腹脹，吃完早午餐回家後，她感覺更糟了。她記得那天晚上量了體重，發現自己重了幾公斤時她十分震驚。她的腹部從有點突起，到看起來像懷胎十月。她浮腫到穿不上鬆緊帶的睡褲。她驚慌失措，讓母親和姐姐開車送她去醫院。在擁擠的急診室等了幾個小時後，她被帶回檢查室，並被告知她的卵巢大到彼此相觸，腫到像柳橙那麼大。醫生告訴蘿倫，她需要立即從腹部排出液體，但那超出急診室醫生的能力範圍。她在凌晨四點左右離開醫院，並在早診時返回生育診所，以排出腹部多餘的液體。

蘿倫碰上的是卵巢過度功能亢進症（ovarian hyperstimulation syndrome, OHSS），這是冷凍卵子的主要健康風險。我稍後會更詳細地討論這一點，但簡而言之，OHSS 是對過量荷爾蒙的反應。當生育治療中使用的藥物，導致卵巢周圍的血管腫脹並滲液到體內時，就會發生這種痛苦的病症。儘管她的文件顯示她簽署了取卵的手術風險，包括 OHSS，但蘿倫不記得在醫院診斷出來前或與醫生討論時聽過這種病症。「生育診所遞給我一個文件夾。他們唯一會仔細向我說明的只有錢，」她告訴我。排除液體的手術奏效了，幾天之內，蘿倫的卵巢就恢復到正常大小，但她的體重和身體又花了六個月的時間才恢復正常。錯誤柳菩林引起的囊腫性痤瘡在她的臉上、胸部和背部，

第十章　超速運轉的卵巢

留下了暫時的黑色疤痕，這讓她那年夏天在泳池裡不敢脫掉襯衫。她向德克薩斯州醫學委員會（Texas Medical Board）和德克薩斯州藥房委員會（Texas Pharmacy Board）提出投訴，並開始準備對診所和藥房採取法律行動。

在這件禍事的幾個月後，蘿倫與她的婦產科醫生討論了柳菩林帶來的驚嚇和 OHSS 噩夢。「我不認為這些錯誤會造成永久性損害，但確實沒有辦法確定，」她的醫生說。蘿倫半開玩笑地回答：「我可以拿回我的卵子嗎？還有我想要一塊餅乾。」蘿倫的冷幽默是她的標誌之一，她幾乎所有事情都能拿來開玩笑——通常是用一種毫無波瀾、「我很友善，但別惹我」的語氣。她的第一次卵子冷凍嘗試失敗了；第二次則讓她住進了急診室，雖然她冷凍了十幾個卵子，但出了太多問題。設法自嘲能讓她覺得不那麼頹喪——直到今天，當她描述自己的凍卵經歷以及那帶來的感受時，她第一個想到的就是這個詞，頹喪。

生育藥物：真實本質

蘿倫的經歷，是我在報導和研究凍卵過程中聽到最令人不安的經歷之一。我們聽到的大多是冷凍卵子的成功故事；很少聽說卵子冷凍出現嚴重錯誤。我想知道還有多少女性有與蘿倫類似的經歷。我無法停止思考注射和藥物。搬到休士頓後不久的一個下午，我拿出了一直保存的有關手術風險的文件，這讓我一頭栽入生育治療所使用的荷爾蒙和藥物背後的本質科

學——以及一些離奇的歷史。

當我深入閱讀不孕症研究的歷史時,我注意到一個重複的模式:一個人或一群人(主要是白人男性),發現了關於月經週期或排卵先前未知的事實,然後有人開發了一種藥劑或藥物,治療女性生殖系統本來沒有或無法自行做到的事。克樂米芬(clomiphene)就是一個例子,其商品名為喜妊錠(Clomid)。最初的發現是,規律的月經週期可作為女性排卵的良好跡象。對於將不孕視為醫學問題的研究人員來說,這是一項重大突破,並引發了後續發展:1950年代,有機化學家弗蘭克‧帕洛波利(Frank Palopoli)和他的研究團隊開發出喜妊錠,而後成為全球最廣泛開立的生育藥物之一。[2] 對於無法自行發育和釋放卵子的女性,喜妊錠可以幫助她們排卵,然後繼續自然受孕或透過子宮內授精或體外受精受孕。它對患有多囊性卵巢症候群的女性特別有效。喜妊錠的作用是阻止雌激素的產生,並欺騙大腦——啊,合成荷爾蒙欺騙大腦的熟悉故事——產生更多的卵泡刺激激素和黃體激素(刺激排卵的荷爾蒙)以作為補償。喜妊錠解決了許多難以懷孕的女性所面臨的關鍵第一步:將卵子送入輸卵管。五十多年來,喜妊錠——世界衛生組織將之列入基本藥物清單——已幫助數百萬婦女懷孕。

另一個例子是果納芬(Gonal-f),這種生育藥物有個奇怪的故事「涉及教宗的祝福和幾加侖的修女尿液」(我第一次在《Quartz》文章的部分標題看到這個故事)。[3] 佩洛‧多尼尼(Piero Donini)是1940年代末一家義大利製藥公司(藥廠雪

蘭諾〔Serono〕的前身）的科學家，他率先提取和純化卵泡刺激激素和黃體激素，這兩者都可以在女性尿液中找到。在對孕婦的尿液進行實驗後，多尼尼發現，體內存在這種荷爾蒙濃度最高的實際上是停經的女性，她們會產生大量的卵泡刺激激素和黃體激素，試圖恢復停經後停止發育卵子的卵巢，只不過都是白費力氣。該文章寫道：「多尼尼將他的新物質稱為 Pergonal，源自意大利語 per gonadi，意思是「來自性腺」，並推測它可以用於治療不孕症。」[4] 十年後，研究利用人類荷爾蒙來刺激懷孕的科學家們，得知了多尼尼的成果。

長話短說：最終，義大利貴族、教宗庇護十二世（Pope Pius XII）的侄子朱利奧・帕切利（Giulio Pacelli）說服雪蘭諾公司董事會生產足夠的 Pergonal 進行臨床試驗。這需要收集數千加侖的更年期婦女尿液，帕切利王子在向董事會發表的談話中保證這不是問題，並解釋說他的教宗叔叔準備要求住在修道院的修女們，為了崇高的目的每天收集尿液。董事會急忙投入資金和資源。（梵蒂岡碰巧擁有雪蘭諾公司 25％ 的股份。）油罐車開始將數百名修女的尿液，從附近的養老院運至雪蘭諾公司位於羅馬的總部。[*] 然後在 1962 年，台拉維夫（Tel Aviv）一名接受 Pergonal 治療的婦女生下了一名女嬰，是這類治療帶來的第一個孩子。「兩年之內，Pergonal 又促成了 20 例懷孕。」[5]《Quartz》文章解釋道，「到了 1980 年代中期，需求

---

[*] 雖然任何停經婦女的尿液都可以，但修女們對雪蘭諾來說具備額外的優勢：因為孕婦的荷爾蒙會汙染整批尿液，所以設法確保其中沒有夾雜孕婦成了關鍵。在這方面，與修女合作成功的機率較大。

增長飛快,雪蘭諾每天需要三萬公升尿液才能生產足量的藥物。」

雪蘭諾公司開始在實驗室合成荷爾蒙,由此產生的果納芬療法於 1995 年首次獲得批准。如今用作生育藥物的 Pergonal 等效藥物（例如美諾孕）的活性成分,仍然是從停經婦女的尿液中所提取。此外,用於生育治療的卵泡刺激激素的現代生產方法來自——也許同樣奇怪——中國倉鼠的細胞[6],牠們的卵巢被注射了卵泡刺激激素的 DNA,這會誘騙它們產生人類的卵泡刺激激素。† 數以百萬的細胞在巨大的容器中培養,得以產生比從尿液中提取更多的卵泡刺激激素。

因此,不孕症治療最重要的進步之一——就是使卵巢超速運行的能力。當然,這不是一個正式術語,只是用來概念化透過服用藥物刺激卵巢產生大量卵子的行為,而這些藥物是在實驗室和（或）透過基因重組製造的。簡單回顧：在卵子冷凍過程中,女性的卵巢會受到荷爾蒙藥物的人工刺激,為她的身體做好接受治療的準備,並增加從卵巢中提取大量活力卵子的可能性。藥物混合物包括刺激卵巢的藥物、防止過早排卵的藥物,最後是破卵針——通常是人類絨毛膜促性腺激素,我們之前討論過的懷孕荷爾蒙——它會導致卵泡破裂,讓醫生能取得卵子。‡

---

† 這種齧齒動物的卵巢細胞常用於生物和醫學研究,並且是科學家首選的細胞類型,因為它們產生的蛋白質與人類產生的相似。
‡ 關於所有生育治療藥物的有用資源,請見 resolve.org/learn/what-are-my-options/medications/types-of-medications/。

無價的回報,值得賭命嗎?

科學家能發現合成荷爾蒙,以及醫生使用合成荷爾蒙操縱生殖系統,這確實是非常了不起的。超速運轉的卵巢帶來可以說是無價的回報——嬰兒——但這巨大的回報,伴隨著令人心驚的風險,而這些風險卻沒有得到應有的討論。蘿倫的故事清楚地說明了這一點,而她的罹難記,帶我走上了一條令人不安的新研究岔道。

✳

關於卵子冷凍的疑慮,大部分都源自這些自行注射的荷爾蒙。卵子冷凍相關的醫療風險分為兩類:短期已知風險和長期未知風險。過度刺激,是大多數凍卵者都會被警告的常見短期風險。其他短期已知的問題包括骨盆腔感染,以及膀胱和腸道損傷。生育藥物引起的荷爾蒙波動,會引發其他沒那麼嚴重但仍令人不適的副作用,與經前症候群的症狀類似,包括頭痛、失眠、情緒波動、乳房脹痛和腹脹。有些女性在注射荷爾蒙的那幾天飽受折磨——腹部感覺像磚塊一樣;情緒波動劇烈——而有些人則只有輕微的不適。在取卵過程中遇到問題的情況並不常見;骨盆腔感染、大量出血或嚴重麻醉併發症的可能性相當低。[7]

卵巢過度功能亢進症(OHSS)是最常見、也可能是最嚴重的併發症之一,當女性的卵巢受到超出身體承受能力的刺激時,就會發生這種情況。最後的破卵針就像火焰一樣,點燃浸

滿煤油的柴堆。OHSS 通常會在患者注射破卵針並進行取卵後一週內出現,蘿倫就是這樣。OHSS 可透過身體檢查、超音波和(或)測量荷爾蒙濃度的血液檢查進行診斷。症狀可能是輕度、中度(噁心、腹脹、腹瀉)到重度(極度腹痛、持續嘔吐、血栓、呼吸短促,以及幾天內體重快速增加超過 4.5 公斤),OHSS 急症會導致卵巢異常腫大,有時也會導致卵巢囊腫和扭轉。多達三分之一的女性,在體外受精或卵子冷凍期間經歷輕度 OHSS[8];不到 2% 的人會發展為重症。[9] 在二十多歲或 30 歲出頭冷凍卵子的女性,患 OHSS 的風險更大,因為較大的卵子供應量可能會導致過度刺激;女性擁有的卵子愈多,她在取卵前服用的藥物刺激更多卵泡數量的機會就愈大。基於同樣的理由,患有多囊性卵巢症候群的女性也更容易出現 OHSS。

　　判定凍卵者需要多少藥物才能安全刺激她的卵巢,並不是一門精確的科學。在自我注射的整個過程中,監測患者的荷爾蒙濃度,使醫生能夠做出必要的劑量調整。初步評估和血液檢查,有助醫生判定荷爾蒙基線濃度並確定治療方案,在考慮現有風險因素的同時,從一開始就評估 OHSS 風險。* 個人化治療方案通常是預防 OHSS 的最佳方法。如果醫生處理得當,就不會出現嚴重的 OHSS。但如果醫生開出過於激進的藥物治療方案,或者在面對輕度至中度 OHSS 時堅持繼續進行刺

---

* 除了年輕和高卵子數之外,其他 OHSS 危險因子包括低 BMI、高抗穆勒氏管荷爾蒙以及治療期間雌激素濃度非常高。

激,那麼情況就可能變得危險。*

生育藥物背後的故事

幾種生育藥物的開發背後都有著五花八門的故事,但其中一些主要藥物仍存在令人不安的未知因素。例如柳菩林,在生育治療期間常用的藥物,用於防止卵巢在刺激過程中過早排卵。†問題在於這並非食品藥物管理局批准的用途;它在卵子冷凍和體外受精療程中是仿單標示外使用的。[11] 柳菩林被批准用於治療攝護腺癌;也被批准用於縮小子宮肌瘤、治療子宮內膜異位症和阻止青春期提前。儘管它有這麼多好處,但這種藥物也有其陰暗面。大多數藥物都是如此,但柳菩林特別嚴重,女性使用柳菩林會導致骨密度下降、嚴重的關節和肌肉疼痛以及記憶喪失。[12] 在過去十年裡,食品藥物管理局收到了數千份柳菩林產品的不良事件報告‡,人們已請求國會進一步調查該藥物的副作用[14];甚至還有一個名為 Lupron Victims Hub(柳菩林受害者中心)的網站。

為什麼柳菩林和其他仿單標示外使用藥物被允許用於非預期用途?因為,雖然食品藥物管理局有權懲罰製藥公司銷售未

---

* 大多數生殖醫生確實會為患者做最好的打算,但也有一些醫生因為某些誘因,為患者提供更高強度的荷爾蒙治療,以便從患者身上獲取最多卵子,因而導致 OHSS 病例激增。

† 然而,柳菩林的標籤警語寫著齧齒類動物出現出生缺陷,並建議在考慮懷孕時不要使用該藥物。[10]

‡ 食品藥物管理局網站上的一份清單,指出了柳菩林的潛在嚴重風險,並表示該機構正在「評估採取監管行動的必要性」。[13]

經批准用途的藥物，但規範醫療執業不屬於其管轄範圍；食品藥物管理局不會監督仿單標示外藥物的使用地點和方式。與其他醫學領域的醫生一樣，生殖醫師只能開立食品藥物管理局批准的藥物——但這些處方的目的不會受到追蹤。因此，除非明顯違反道德準則和安全法規，否則醫生可以開出柳菩林等藥物用於仿單標示外用途，而不必擔心後果。我記得蕾咪的醫生對她說過：「這些藥物，很多都沒有獲得食品藥物管理局批准使用於我們的用法上。製藥公司不會花錢讓產品獲得生育功能的藥物批准。所以，你常會看到藥物上有黑框警語……但不用擔心。」

深入研究荷爾蒙注射後我的心得是：生育藥物既強大又有點恐怖，OHSS 就是明證，當注射過多的荷爾蒙時身體會有不良反應。在接受生育治療時，每個人的基礎荷爾蒙組成都是不同的。每個人的身體都是不同的，對藥物的反應差異很大。生殖內分泌科醫師在嘗試刺激卵巢產生卵子時，必須為凍卵者找到最佳方案。不能太多，但也不能太少。調升、調降，在不危及女性生命或卵巢的情況下，盡可能獲取最多的卵子。天哪，還真複雜，有一天我在潛心研究時給朋友發了這樣的訊息。想避免過度刺激卵巢及導致 OHSS 等病症，顯然是一項複雜的技能，需要巧妙解讀這項科學。我現在覺得，卵子冷凍的價格標籤似乎比較合理一些了。那麼風險呢？答案是比我之前知道的還要高很多。

「沒有已知風險」和其他半真半假的說法

我轉而探究凍卵的第二類醫療風險：長期未知。雖然，注射大量荷爾蒙以刺激同時釋放多個卵子的短期影響為已知的，但我發現幾乎沒有關於潛在長期危害的資訊，因為相關研究非常少。荷爾蒙療法通常會提高患者的雌激素濃度，而雌激素可能會促進卵巢癌和乳癌生長。現有檢視生育藥物與荷爾蒙敏感性癌症風險之間關係的研究結果不一。大致而言，他們得出的結論是──生育治療期間使用的藥物，似乎不會增加女性罹患癌症的風險。[15] 這是個好消息。但當我深入研究有限的資料時，我了解到這些研究結果的有效性，可能受到混淆變項的負面影響，例如受試者數量少，以及研究對象的具體特徵：被診斷為不孕的女性與尚未被診斷為不孕的女性──通常比較年輕。我還偶然發現了一些黑暗的故事，其中都深埋在 Reddit[*] 的討論串中；另還讀到一些研究，這些研究確實指出：生育治療期間使用高劑量的荷爾蒙，可能會增加女性罹癌風險。[16] 當我在網路上愈挖愈深時，發現了從我初次聽說卵子冷凍以來最令人擔憂的一些事。

捐卵的安全性

大約這個時候，我聽了調查報導 podcast《Reveal》其中一

---

[*] 編按：娛樂、社交及新聞網站。

集，內容關於卵子捐贈者。[17] 主角是名為潔西卡・溫的年輕女性，故事簡短但令人震驚，潔西卡到 25 歲時已捐贈了三次卵子，並在 31 歲時死於結腸癌。潔西卡是史丹佛大學的大學生，當時她看到一則廣告招募學生捐贈卵子。她打電話給身為醫生的母親詢問此事。她媽媽只有一個問題：安全嗎？潔西卡說[18]，對方說是安全的，並決定參加，用所得費用幫助支付她的大學學費。她捐贈的卵子促成了懷孕。據潔西卡的母親說，這使得生育診所認為潔西卡是「經過驗證的」捐贈者，因此診所以兩倍的價錢邀請潔西卡再次捐贈。透過潔西卡捐贈的卵子，三個以前無子女的家庭生下了五個健康的孩子。第三次捐贈的四年後，潔西卡得知自己罹患轉移性結腸癌。醫生還在她的卵巢中發現了腫瘤。她的家族中，沒有任何早年癌症或結腸癌的病史[19]，而且 29 歲罹癌實在太過年輕，特別是像潔西卡這樣注重健康的女性來說。直到今天，她的母親依舊懷疑，她的女兒作為卵子捐贈者接受的大量荷爾蒙治療，是否刺激了癌症的生長。

潔西卡的故事之所以讓我耿耿於懷——除了客觀上的悲劇之外——是因為我知道卵子捐贈與冷凍卵子有多麼相似。卵子捐贈是價值數百萬美元且監管不力的行業[20]，其歷史比卵子冷凍久遠得多。捐卵和冷凍自己卵子的流程，直到最後一步都是完全相同的：捐卵者捐出卵子後得到金錢補償，這些卵子會用於研究或幫助另一個人或夫婦生孩子；而凍卵者的卵子會冷凍起來，仍然是她自己的。但凍卵者也接受與卵子捐贈者相同的荷爾蒙治療。與卵子捐贈者一樣，如果第一次嘗試沒有獲得足

夠的活力卵子，凍卵者通常會做多次療程。*

你可能會認為在四十多年後，我們已經更了解使用人工生殖技術對女性的長期影響。但事實上，我們的知識仍然存在巨大空缺。部分問題是缺乏後續數據，特別是美國分裂的衛生系統中缺乏全國性醫療紀錄。雖然，美國有多種器官捐贈的器官登記處，但沒有卵子捐贈者登記處。由於卵子捐贈者的匿名性，也沒有其他資料庫可以從中整理數據。照理來說，不登記可以保護卵子捐贈者的隱私。但事後不監測卵子捐贈者的健康，意味著對卵子捐贈的潛在長期風險一無所知——反過來說，這也意味著對卵子冷凍的長期風險知之甚少。卵子銀行對女性多次捐贈卵子有相關規定，但由於政府沒有設立卵子捐贈者登記處，因此無法集中追蹤誰捐贈了卵子，以及捐贈的地點和時間。† 年輕女性可以輕易在不同的診所捐贈卵子，而且想捐多少次都行；一旦她走出診所大門，醫療紀錄上就失去了她的蹤跡。

另一個難題在於，部分患者接受相同的治療，即使他們本身並不相同。大多數關於取卵的研究，都集中在接受體外受精的女性身上——你可能還記得，其療程的前半部涉及卵巢刺激，和卵子捐贈及卵子冷凍一樣。因此，類似於凍卵成功率的有限數據，多少有賴於體外受精推斷出的數據（如第八章的討

---

* 我採訪過的許多凍卵者都做了 3～4 次療程。
† 我在尋找有關美國卵子捐贈者數量的硬數據時，所能找到最接近的統計數據[21]，是使用冷凍捐贈卵子的體外受精療程數量，從 2011 年的 7733 次，增加到 2020 年的 22563 次。

論），冷凍或捐贈卵子的女性的健康風險，也是透過體外受精研究推斷出來的——但這些族群是不一樣的。大多數女性接受體外受精是因為苦於不孕症，而不孕可能是其他健康問題的症狀。相較之下，卵子捐贈者之所以被選中，正是因為她們的健康問題為零（或至少很少且不嚴重），而且並非不孕。卵子捐贈者通常都較年輕，而大多數接受體外受精的女性年齡往往要大得多。卵子捐贈者通常也會接受更高劑量的荷爾蒙刺激卵子產生，而其中許多人會接受多次。因此，卵子捐贈者的卵巢過度功能亢進症發生率也不同於體外受精者。重點是，從體外受精使用者得出卵巢刺激對卵子捐贈者和凍卵者的風險，這種結論的有效性，就跟用幼兒園兒童數據得出有關嬰兒汽車安全座椅的結論一樣。

這不是「生育」研究的首要之務

我讀到好幾起卵子捐贈者在相對年輕時患上癌症的案例。這些卵子捐贈者都沒有明顯的癌症遺傳風險。當然，沒有捐卵子的年輕人也可能罹患癌症。[‡] 在大多數報告中，女性沒有獲得任何有關卵子捐贈長期風險的資訊——部分原因是根本沒有這類資訊。如果美國能對卵子捐贈者進行更多研究，這將給我們更多的依據，而不是光憑卵子捐贈者後來患上癌症、苦於不孕症或出現其他健康問題的軼事證據。缺乏這樣的長期追蹤

[‡] 此外，雖然婦科癌症等疾病沒有單一病因，但有許多風險因素可能導致其發生——例如使用生育藥物，尤其是在多次取卵過程中反覆使用。

數據,就無法收集資訊估計卵子捐贈者的癌症盛行率,也無法得出與一般人群相比風險增加的可能性。[22] 疾病管制與預防中心在給《Reveal》的聲明中表示,「更了解捐贈者生育治療的長期結果……是該領域的優先事項。」[23] 但真的是嗎?疾病管制與預防中心收集有關體外受精的數據。它或衛生與公共服務部也可以收集有關卵子捐贈者的數據,這將有助釐清荷爾蒙治療與捐贈或冷凍卵子的患者,罹患癌症和其他健康問題風險增加之間的潛在關聯。

悲觀的看法是,沒有任何誘因讓人們研究卵子捐贈者的健康風險,因為目前的系統似乎是三贏的:生育診所獲得業務,卵子捐贈者得到豐厚的補償,而不孕夫婦更有機會懷孕。一位管理東岸知名生育診所實驗室的胚胎師*告訴我:「在體外受精發展早期,每個人都在談論藥物讓女性面臨患某些癌症的風險,現在大家都絕口不提。人們還來不及問出這個問題,生殖內分泌學家就搶先說,『絕對沒有臨床證據指向這一點。』」這位胚胎師繼續說道,他指的是與生育藥物相關的潛在長期健康風險。「他們甚至不許有人再提起這個問題。」

最基本的問題是:由於缺乏有關卵子捐贈者的信息,導致對凍卵者潛在健康風險的關注不足。而且就缺乏這類資訊的實情而言,這兩個群體都未獲得充分告知。這又帶出了知情同意的問題。[24] 在美國,生育診所向卵子捐贈者提供的知情同意協議中,有關長期風險的資訊極少。他們提供的資訊是基於不孕

---

* 他們要求匿名,因為擔心老闆和同行的打擊報復。

症女性而不是卵子捐贈者的研究——而且不包括這是一個不同群體的關鍵事實。

沒有已知的風險

沒有已知的風險。這就是大多數生育診所描述生育藥物與健康問題（尤其是癌症）之間，可能存在的關聯的說法。[†] 問題出在「已知」這個詞：在沒有進行系統性研究之前，我們真的能說過度刺激卵巢不存在任何相關的長期不良影響嗎？《紐約時報》在 2020 年刊載了一篇文章，題為〈關於體外受精我們所不知道的事〉，文中引用紐約大學醫學院教授的一句話精闢地總結了這個問題：「我們不知道在女性生命中的這個時期，這種濃度的荷爾蒙刺激可能會對她的身體產生什麼影響。」[26] 所有服用生育藥物並接受卵巢刺激的女性，尤其是多次以上的女性，都應該被告知這種風險等於是一個巨大問號。但她們沒有被告知。相反地，患者被告知沒有證據證明其有害，而事實上，卵巢刺激的潛在長期健康風險的真實程度和嚴重程度，仍然存在相當大的不確定性——尤其是對卵子捐贈者和卵子冷凍者而言。

關於潔西卡的 podcast 節目，並不是我聽到第一個關於生育藥物和癌症之間潛在相關性的警示故事，但它是最令人震驚

[†] 有時生殖醫生甚至不會加上「已知」這個詞作為保險。podcast 節目《This Is Uncomfortable》在 2023 年的一集中，以一位 21 歲的卵子捐贈者為主角，她在談到診所的醫生和護理師向她保證手術安全時說，「我特別記得他們說，『沒有研究表明，卵子捐贈有任何副作用。』」[25] 取卵後不久，她就因 OHSS 住院了。

的——直到我遇到了雷絲莉。雷絲莉在科羅拉多州當護理師，她冷凍了 18 個卵子，當時她 35 歲，正經歷離婚。一天早上她開車上班時，從廣播聽到一名 Google 員工的採訪，這名員工冷凍了她的卵子，並使用公司的生育福利支付手術費用。雷絲莉覺得生物學可能正在扔下她，而卵子冷凍聽起來是個好主意。「這看起來無害，」她告訴我。雷絲莉向媽媽提到了這件事，並到生育診所進行諮詢，之後她想，有何不可呢？有點貴，但似乎值得。她用自己的積蓄、父母的贊助和一些保險金（涵蓋了部分藥物費用），冷凍了她的卵子。18 個月後，她發現自己罹患乳癌。

雷絲莉的切片檢查顯示她的癌症高度由荷爾蒙驅動。當她向放射科醫生和生殖醫師提出她服用的卵子冷凍藥物，與癌症診斷之間可能存在的關聯時，「他們連一點門縫都不肯開，分毫不讓。這確實是一件似乎根本沒有談論過的事情，儘管按邏輯來說似乎存在相關性。」在接受 30 輪放射治療和根治性乳房切除術——即切除整個乳房、腋下淋巴結和乳房下的胸壁肌肉——的同時，雷絲莉結識了其他幾位苦於癌症的女性，她們也接受過生育治療。她進一步得知身體在阻斷雌激素受體（estrogen receptors）和代謝有害毒素的能力不一，這可能使某些人更容易患病。

「我認為我們都是荷爾蒙的科學怪人，」她說，聽起來是她長期作為護理師所知道的事，但現在以更加親身的方式體會到而近乎敬畏：荷爾蒙對我們身體和健康的主要影響。「回想起來，我可能有乳腺管原位癌（ductal carcinoma in situ）」——癌細胞存在於她乳房的乳腺管中，為非侵襲性或前侵襲性乳癌——「它原本可能會休眠 40 年……結果我去火上澆油，給自己注射了一大堆荷爾蒙。」現已再婚的雷絲莉不打算使用她的冷凍卵子。「我感到幻滅，信任已經破裂。然後我想，如果癌症可能復發我還要生孩子嗎？我不想生了孩子之後，卻無法撫養他長大。」回顧她的卵子冷凍經歷，雷絲莉告訴我：「我花了一大筆錢保存這些卵子，但似乎不值得。」她最後悔的是沒有事先做更多研究。最後她告訴我，她真希望自己沒有去凍卵。

得知卵子冷凍的長期未知因素，而且生殖醫師和患者之間很少討論這些問題，讓我感到沮喪——甚至有點生氣。也很擔心：每次感到輕微的痙攣時，我原本就擔心我的卵巢出現另一個囊腫，讓我失去卵巢。現在我更害怕如果在接下來幾個月裡冷凍卵子，那我只是把這種恐懼換成另一個偏執的恐懼，希望自己不會得了什麼癌症。我提醒自己，那些確實指出存在關聯的期刊文章和研究，呈現的是生育藥物和癌症之間存在相關性，而不是因果關係。但是，缺乏長期安全數據實然令人擔心，再加上看到那麼多令人不安的個人故事，讓我肅然停頓——這比我目前為止在這趟旅程中遇到的任何事情，都還要嚴重。

愈了解愈擔憂

雖然我現在住在休士頓，但我之前就決定飛回紐約找諾伊

斯醫生凍卵。不過，我忘了告訴生育診所我搬家了，而距離我們上次聯繫已經過了很久。主動權在我這邊；如果我準備好凍卵，下一步就是找診所的護理師依據我的月經週期安排整個過程，包括在開始注射前停止服用避孕藥。

我在「平房」的書桌周圍，翻找我在診所的卵子冷凍培訓中所做的筆記。兩小時的培訓過程與曼蒂參加的類似，參加的還有其他幾位女性和夫婦。我是個勤奮的學生，寫筆記寫到手疼，還一邊圈出以後需要弄清楚的部分，而我抄下的東西大部分都圈起來了。護理師一邊放幻燈片，一邊飛快地講解。

我翻到筆記本上新的一頁，開始寫待辦事項清單。在凍卵療程前一個月聯絡患者協調員，以確認藥物方案和療程時間表。進行線上注射培訓。到藥局拿紅色銳器容器，然後把針頭帶到醫生診間。考慮一下卵子的處置：死亡後的保管——捐贈用於研究或丟棄或⋯⋯？我記得那天早上自己坐在昏暗的會議室裡時感到很慌亂，潦草地寫下很可能都是拉丁文的藥物名稱和用藥方案。在接下來的幾個月裡，隨著我對卵子冷凍科學的了解愈多，我的困惑減少了，但我的憂慮卻愈來愈多。一開始我對卵子冷凍培訓感到不安，是因為大部分內容都陌生不已。現在，回顧這些筆記時，我的不安是因為它感覺更加真實——因為我試圖決定是否冷凍我的卵子，但也因為班。

第四部

取卵

第十一章

疤痕組織

讓卵子與精子結合

　　至此,我已經了解了卵子冷凍的陰暗面。愈深入,我對一些令人不安的發現產生的疑問就愈多。同時,我對玻璃化冷凍的過程、卵子冷凍的成功率,和支付手術費用更加清楚,至少我了解了支付管道,即使我不知道自己如何負擔得起。我也知道,雖然有蘿倫和雷絲莉這樣的恐怖故事,但大多數卵子冷凍案例都很順利。現在我準備轉而研究生育力保存的另一個面向:關於卵子與胚胎冷凍之間的健康辯論。任何考慮冷凍生殖細胞者都應該考慮兩者之間的得失。

　　凍卵需要冷凍保存卵子以供將來受精。胚胎冷凍是冷凍保存以精子受精後的卵子。要創造胚胎,胚胎師得用伴侶或捐贈者的精子,使女性取出的一個或多個卵子受精,然後在培養皿中觀察胚胎的發育過程幾天（還記得損耗率嗎?）。然後,

胚胎師使用我們之前討論過的玻璃化技術冷凍胚胎。成熟、染色體正常的卵子，有助於形成良好的胚胎（當然，精子的品質也很重要），這就是為什麼女性冷凍卵子時愈年輕，就愈有可能冷凍健康的卵子。臨床醫生可以在冷凍卵子時，判斷卵子是否成熟，但他們無法知道卵子的基因是否正常——即是否具活力——直到他們解凍卵子並使其受精，然後檢測生成的胚胎。

目前尚無法在冷凍時判斷卵子品質是否良好。這是卵子冷凍的最大弱點，因為卵子解凍比胚胎解凍更麻煩。卵子是單一細胞，而發育中的胚胎包含一百多個細胞，其中每一個細胞都較不易受損。冷凍卵子不如冷凍胚胎強健；超過95％的胚胎通常能在解凍過程中存活下來，而卵子的存活率為80～90％。* 因此，冷凍胚胎相對於卵子有一個主要優點，那就是可以對成功發育的胚胎做切片檢查，並檢測染色體是否存在且數量正確（46條），進而為個人或夫婦提供更多資訊——即每一胚胎導致成功懷孕和健康嬰孩的可能性。胚胎也可以做特定基因篩檢，如果已知提供卵子和精子的一方或雙方具有某種基因突變，或本身是遺傳性疾病的攜帶者，這一點尤其有用。（有關基因檢測的更多資訊，請參見第15章。）簡而言之：冷凍胚胎的好處是你會比較清楚你冷凍了什麼。

冷凍胚胎的一個缺點是它的費用比凍卵高出數千美元；除此之外，植入前基因檢測還要再花費4000～6000美元左右，部分取決於檢測的胚胎數量。另一個缺點是可能產生多餘的胚

---

* 這些百分比可能因實驗室而異，這就是為什麼選擇擁有信譽良好的實驗室和訓練有素的胚胎師的生育診所，非常重要的原因之一。第14章將詳細介紹這一點。

胎,而委託的夫婦在達到理想的家庭規模後,可能永遠不需要這些胚胎。這可能會帶來一個務實面的困境——持續儲存的費用,每年數百美元——以及道德和更個人層面的困境:許多生完孩子後有多餘冷凍胚胎的夫婦會糾結要丟棄、捐贈,或付費將它們冷凍起來,即使他們永遠不打算使用。* 儘管如此,冷凍胚胎比冷凍卵子更強健,並且可以進行基因檢測,這一事實使得胚胎冷凍成為愈來愈受歡迎的選擇:2015～2020年間,冷凍胚胎手術增加了近60%。[1]

萬一我們分手

班仍然支持我關於卵子冷凍的任何決定。當涉及到我的工作以及我個人的努力時,他的鼓勵和堅定一直是我們關係中可靠的常態。但我仍然感到驚訝,有一天晚上,他走進我在廚房裡的準書房,身影擋住了門口,眼睛裡閃爍著光芒,半開玩笑地說:「所以,你是說你想要我的精子?想做成受精卵嗎?」他無意中聽到我在研究過程中進行的一些電話交談,例如與曼蒂的一次長時間通話中,我追問她與丈夫一起冷凍胚胎的決定,她是在決定凍卵後才知道有這個選擇。我大笑出聲——精子要出任務會讓男人覺得雄糾糾氣昂昂是怎麼回事?——一邊舒展身體,從低頭伏案、埋首工作模式的姿勢,改為前去擁抱他。他用雙臂環抱住我,而我放鬆地埋入令人安心的熟悉懷

---

* 另一方面,單有冷凍卵子或精子無法導致懷孕,這使得關於儲存配子處置的選擇不那麼令人煩心。第14章會進一步討論卵子和胚胎處置。

抱,窩在他胸前微笑。

儘管班當時是半開玩笑,但我在打算冷凍卵子的前提下,更認真地考慮了這個提議。將我的卵子與班的精子結合,將是一項重大的生物學和法律承諾。我知道有些女性的做法是一半一半:將取出的部分卵子受精以形成胚胎,但其餘的不動,這樣的作法同時冷凍卵子及胚胎。† 如果我冷凍卵子,理論上我可以將其中一半與班的精子混合,形成胚胎——我們未來的孩子——而另一半則不受精,以防萬一。剩下我不想大聲說出來的話是:萬一我們分手的話。如果班和我冷凍胚胎後分手,我們的胚胎將屬於我們兩個。但我的卵子仍然只是我的。

是時候再列另一份清單了:

僅冷凍卵子的優點:
保留決定與誰的精子受精的唯一控制權和選擇權;
圍繞所有權的問題較少;
前期費用更低;
簡而言之:保留生育自主權。

冷凍胚胎的優點:
能做植入前基因檢測;
關於冷凍胚胎是否能帶來健康嬰兒,可得到更多、更好的資訊;

---

† 一個主要好處:將取出的一半卵子受精並可望獲得一些高品質胚胎,我可以大概知道剩餘未受精卵的品質如何。

第十一章　疤痕組織

降低冷凍和解凍過程中的風險；

簡而言之：更多資料可供使用。

當談到婚姻和孩子時，班和我並不覺得需要著急，不過自從我們開始交往以來，關於共同未來的對話就一直是真實且切實的。隨著我們的關係變得更加認真，我希望事情能夠有目的性地進展，我也向班傳達了這一點。幾週前在科羅拉多州，我們和雙方父母度過了一個長週末；班的父母從佛羅里達州飛來，班的父親對班給我買了訂婚戒指打趣了幾句。身處關係之中並權衡該冷凍卵子還是胚胎，突顯了一些重大問題：我們的關係有多認真？我們真正在一起生孩子的可能性有多大？卵子冷凍的思想實驗本來就很難概念化，現在變得更加棘手。全部裝在一個籃子裡，還是全下注在一個人身上，還是介於兩者之間？理智上我很清楚：冷凍卵子提供了更多選擇；冷凍胚胎提供了更好的機會。但當你和伴侶一起冷凍胚胎時，心事也需要一定程度的確定性。

在接下來的幾週，當班和我開著玩笑，然後更認真地討論融合我們的性細胞創造胚胎時，我不斷想起我們為了把整車我的東西搬到「平房」，從科羅拉多州開車到德州的那一天。那天我第一次恐慌症發作，因為當天天氣惡劣，讓行車過程變得驚險無比。當天在開了幾個小時後，突然刮起狂風，我們注意到前面有幾輛貨櫃車變得歪歪斜斜的，而我們正高速行駛的那段高速公路只有雙車道。我們前方的貨櫃車是空貨櫃，它搖晃著，開始向側面傾斜。我哭了出來，無法呼吸。「我想你需要

靠邊停車了，」我說，焦慮浮上我的喉嚨。

「沒事的，深呼吸，」他說，依舊專注於道路上。當他開到左側車道試圖超過那輛狂亂的卡車時，我不明白為什麼他沒有減速停下來，也不明白為什麼我有如此強烈的反應。

當我意識到我們正在加速而不是減速時，我把手臂架在車窗上，彷彿這樣就能抵禦我認為即將發生的碰撞。「我真的需要你靠邊停車，」我再次說道。我不記得班回答了什麼，但他沒有靠邊停車。也許當時放慢速度並不安全，但我恨極了他反而加速。我向右看──我們和搖晃的貨櫃車並行，近到如果我的車窗搖下，我很肯定我伸出手就能碰到它──然後猛地向前傾斜，因為班踩了剎車，他超不過去。現在我們兩個都很害怕，但我開始回想起以前經歷過的千鈞一髮瞬間，努力控制自己的呼吸。這不是我第一次感到非常恐慌，卻是我第一次真正的恐慌發作，我的胸腔深處浮現一種特殊的恐懼，強烈到我得將手壓在胸骨上平息它。

風終於停息了，儘管我們差點發生事故，後來又目睹其他空的貨櫃車差點翻下高速公路，但我們沒事。可是，這是我第一次直覺地知道，我們之間可能不會有結果。這個念頭一出現，我就用意志力把它趕走，拒絕讓它落定。我沒有告訴任何人。我沒有在日記中寫這件事。我告訴自己，這是在驚險過後無名的恐懼，是不安之下的過度反應。我試著說服自己，我的恐慌發作與我決定搬去和班同住無關。幾個小時後，我們把車停進達拉斯的一家汽車旅館停車場，天正下著雨，這種想法已經消失，或是我已經設法把它藏起來了，或者兩者兼而有之。

我們會休息一下，等早上醒來繼續上路時，我的骨頭不會再像黎明離開丹佛（Denver）以來那樣疼痛。我將這些願望寫成事實，因為我需要它們成真。

我們投入太多了

　　但現在，那天的那些想法和記憶再次浮現。在思索要不要與班一起冷凍胚胎的過程中，我不斷重溫那個令人痛苦的一天，那是因為，除了愉快的受精卵討論之外，我們一直在爭吵。經常。自從搬到休士頓以來，我哭著睡著的次數多得數不清。我們的分歧已經開始不只是他熱愛派對和我愛投射情緒。對於兩個相愛的人來說，我們的分歧似乎超出了正常範圍。我們甚至對於彼此爭論的事情到底是大事還是小事看法都不一。開車。毒品。烹飪。一夫一妻制。上帝。我變得嘮叨又控制慾強，而班也開始與他有時稱之為我的「情緒雲霄飛車」保持距離。「你太小題大作了。」他經常這麼批評我，而這句話直刺我內心。我們關係中最困難的部分，不是正確的那種困難，這種不契合比汽車輪胎出問題和方向盤不再正確校準，更加嚴重。我們之間缺少了些基本的東西——我不知道是什麼，但我知道它是必不可少的——這使得我很難看開那些瑣碎的事情、去妥協、去繼續相信我們能走下去。但這些想法一冒出來，我就會責備自己搖擺不定，將工作和個人生活混為一談。畢竟，當班邀請我時，是我選擇搬到德州與他同居。所以我現在在這裡，堅定立場，揮開冒出來的危險訊號。我——我們——投入

太多,來不及回頭了。

所以這是一個很大的難題。胚胎冷凍對處於忠誠關係中的女性,或那些知道自己想要將誰的精子與卵子混合的女性來說,是有意義的。事實是,我痛苦地意識到,我內心深處並不確定自己想和班一起冷凍胚胎。儘管我很想相信他就是我想要的那個人,並且會在未來一起生孩子,但我不再確定。

無處可依

八月初的一個晚上,休士頓。外面 37.7 度。我在沃爾瑪買塑膠儲物箱。我很確定我要搬出去,班和我的關係也結束了。

分手是緩慢滋生,然後在一瞬間結束。我一直努力相信,我們只是不太適應共同生活。但我們的分歧已經變得不可調和,甚至到了大多數日子都不開心的地步。只有一點我們完全意見一致:我們厭倦了爭吵,厭倦得如此努力地維繫感情。

幾天前的晚上,我們騎自行車去「毯子賓果」(Blanket Bingo),這是市中心每月一次的夏季活動。草地上人們三五成群,我們攤躺著,偶爾說幾句話。天氣潮濕黏膩,活動結束後,班問我要不要在騎自行車回家之前,到附近他喜歡的酒吧喝一杯。我不想,真的,但我感覺這幾天我們一直如履薄冰,我擔心如果拒絕會引發另一場爭吵。我們坐到靠近酒吧的一張高腳桌旁。班點了一杯雞尾酒;我要了冰水。他的手機響了,我看著他看向亮起的手機。「我接一下,」他說,是工作電

話。他與一位同事就再生燃料進行了熱烈交談,而我坐在那裡等待。

我看著班邊說邊笑,說幾句就喝一口飲料。我端詳著這個我愛上的人。這個男人喜歡老式的風格和綠灣包裝工隊（Green Bay Packers）,喜歡打鼓,喜歡和有趣的陌生人聊天。他童年大部分時間都住在同一棟房子裡,他的中西部風格讓他迷人又可愛。如果看到路邊有招牌寫著「週五炸魚之夜」,他會興奮地說,哦,天啊。高中時期身為足球員和明星跑衛（running back）的經歷,使他身強體壯。他十年沒去看牙醫了。他對衝突避如蛇蠍。我看著這個男人,他知道我的祕密,他會在搭長途飛機時替我揉腳,他會給我發簡訊,像是來吧,成為我「平房」的女王,我會瘋狂地愛你,以及我希望我們住在一起的生活,像你的早餐一樣豐富多彩。他買大把鮮花給我,並說:「因為我愛你。因為你每天都應該擁有這樣的鮮花。」我的冰水流汗了,在木桌上留下一圈暗漬。班還在打電話,他站起身踱步,手裡拿著酒。我盯著那圈水漬,不滿和被忽視的感覺每分每秒增長。我在這裡做什麼?我心想。我從桌邊站起來,抓起椅背上的包包轉身離開。

我往鎖腳踏車的地方走,走到一半時,我感覺班的手搭到我的肩膀上。我轉身面對他。「你要去哪裡?」他問。他還在打電話,電話壓在耳上,沒靠著嘴邊。「回公寓。」我說。他挪動電話,告訴同事等一下再打過來。然後他看著我,淺色的眼睛裡布滿了風暴。我問他為什麼要接電話,他說了些什麼,意思是無聊。

「和我在一起很無聊嗎？」我問。

「沒勁了，」他冷冷地說，我本來就噁心的胃猛地一抽，他的話像是一計重拳。

「這到底是什麼意思？」我說。

我們似乎不是在談剛才在酒吧發生的事情。他說了什麼，好像是我的工作——或者他說的是我們兩個的工作？我對這段記憶模糊了——讓事情變得有趣。然後：「那就迷住我啊，」他說。「如果你想要我和你說話，就迷住我。」我愣住了，然後感覺自己的臉因憤怒而漲紅。這是在爭吵時脫口而出的那些難聽話之一。班很少這樣對我說話，所以格外令我印象深刻。比起打包的儲物盒和紙箱，比起公寓裡沉悶空氣般令人不舒服的沉默，這句話更像最終宣判。一陣眩暈感襲來，模糊了我們所在街角上方閃爍的酒吧燈光。一段回憶來得猛烈而迅速：我們見面的第一個晚上，不同的城市，不同的街角，不同的酒吧。兩年前，恍如隔世。

在沃爾瑪裡，我在家庭儲物的走道上將眼淚眨回去，並考慮購買便宜的儲物箱還是更堅固的儲物箱。半年前，當我搬去和班同住時，我告訴自己永遠不會搬出去。這是我第一次與伴侶同居。我以為定居一處，並在我們共用的牆上掛上藝術品，會讓我感覺自己被安全地固定在我的世界裡。我現在只知道，我害怕離開，但從靈魂的意義上來說，我更害怕留下來。我把幾個較堅固的儲物箱搬上我的購物車。我感到筋疲力盡，光想到要再次打包就已經累了。有太多生活要裝進塑膠箱裡。

我們這樣做對嗎？

我回到「平房」，果蠅在廚房水槽周圍飛舞。陽光透過窗戶照射進來，落在未組裝的鞋架、餐墊和一堆郵件上。我把儲物箱從車上搬進門後，踢掉涼鞋，在掛在前門旁的鏡子裡瞥見了自己。我強迫自己正視自己的身影，耳邊響起這樣的認知：忠誠並不總是意味著留下。有時候，忠誠就是離開。離開你認為會永遠陪伴在身邊的人。離開一個你努力想要安家的地方。即使你不確定該如何放手、接下來會發生什麼事、或你是否會沒事，也要離開。

幾天後，我坐在休士頓國際機場 A 航站的角落裡，準備登上飛往西雅圖的航班。之後，我會從西雅圖租車開往加拿大班夫（Banff）。這次為期十天的旅行，是為了慶祝我的生日——班和我原本要一起旅行。我們計劃要露營，然後投宿國家公園、冰原大道、著名的藍色露易絲湖（Lake Louise）畔的青年旅館。出於某種頑固的驕傲，在班和我分手後，我並沒有立即取消這次旅行。但即使我承認不確定自己是否想在沒有他的情況下前往這次旅行，他也會堅持我獨自去。

我從天一亮就開始收拾行李。我從班夫回到休士頓的那天，就會是我搬出去的日子。當班和我討論時這聽起來很合理——反正都會很痛苦，但至少這在安排上最可行——但現在我即將登機，我發現自己邁不出那一步。我在登機門附近打電話給班。他正從達拉斯開車回來。過去幾天他一直在那裡工作，所以至少他沒有在場看著我收拾行李。「你聽起來不太

好，」他說。他是對的。我感到筋疲力盡。空虛。麻木。我不想獨自在世界上最美麗的地方之一，度過接下來的十天。我想蜷縮在 A16 號登機門的角落裡，對著此刻電話裡仍感覺像是我伴侶的人哭泣。我希望聽到他的聲音能讓我足夠平靜到走上飛機。

「我們這麼做是對的——對嗎？」我虛弱地說，「我需要聽到你說。」

班發出了一種我從未聽過他發出的聲音，一種悲傷的半呻吟半嘆息的聲音。「娜塔莉，聽到你這麼問我很難過。但是，是的。我想我們內心深處都知道我們需要這個空間。分開一下。」

我閉上眼睛，牢牢抓住這句話，儘管我知道這不是、也不會只是分開一下。我知道他也知道這一點。只把 OK 繃撕開一半是沒有意義的，但這樣會比較不痛一些。在我們掛斷電話前，他分享了一些發自內心的感受，以前他說這些話時總是能讓我感覺好一些，但這次卻讓我感覺更糟了。

我坐上飛機。在我關掉手機前他傳了簡訊：剛通電話時我感到一種久違的陌生疼痛。會沒事的。這次旅行應該正好適合你。去那裡。全然投入其中。我用一隻手臂抱著另一隻手臂，擁抱自己，深深吸了一口氣。我感到無可挽回的孤獨。當飛機離地時，我把鼻子貼在小窗戶上，往下看，盡量不去想我身旁的空位。

我需要孤獨感

到了西雅圖，我忘記在開車進入加拿大之前買地圖。我的手機服務一過了邊境就中斷了，再也沒有 Google 地圖可看，只能借助路標和一位樂於助人的加油站服務員的指示，摸索著前往班夫。我在加拿大橫貫公路上開了幾個小時的車，周圍是美得難以置信的山景。我試著讓自己沉浸在令人驚嘆的風景中，看著陡峭岩面山脈和深綠色樹木構成的美景，但過去幾週的悲傷和對未來的恐懼，就像一條沉重的毯子，令人窒息。

班夫是加拿大西部的滑雪小鎮，周圍環繞著茂密的高山樹林，有許多小徑。林線之上有冰川湖和陡峭的山脈。28 歲生日的那天早上，我在青年旅館的上下舖床位上醒來。我在旅館的小餐廳裡吃著煎餅，連上他們的無線網絡，刷著手機回覆了幾條生日訊息。然後買了一盒午餐，前往附近的一個湖，聽說那裡的遊客較少，而且水藍色的湖水比露易絲湖更清亮。這是我記憶中第一次獨自慶祝生日。我需要這種孤獨。需要空間、天空、徒步旅行療傷，需要大口大口吸進山間的空氣，讓我相信自己會再次好起來。我坐在水邊，看著獨木舟輕輕劃過湖面。早晨的陽光暖暖地烘著我的臉。一些朋友和親戚將生日卡寄到休士頓，我在離開前將它們收進了行李。我把手伸進包包裡，一一打開這些卡片。

班在我生日那天沒有打電話給我或發簡訊，儘管我知道他很少在別人生日那天發訊息，也很想不把這當成是針對我的，但失敗了。

隔天，我決定健行到六冰河平原茶館（Plain of Six Glaciers Teahouse）。我從露易絲湖的入口開始攀登，最後穿出森林來到冰川冰磧的沉積平原。在我走近這座歷史悠久的小木屋時，雨不斷地下著。我和其他人擠在一起取暖，喝了一碗要價不菲的熱湯。回程途中，我在一片環繞著壯觀冰川山峰的草地上坐了一會。我之前就決定等我離開休士頓後，回到科羅拉多州，把我的儲物箱塞到爸媽家，然後搬到丹佛或博爾德。我試著往好處想。其中之　是，重新開始可能是場冒險，有機會在可能屬於我的新城市裡站穩腳跟。令人心寒、痛到胃部緊縮的現實是，我無處可依。我有幾個去處可以選擇，但沒有任何一處屬於我。

　　雨終於停了，草地閃閃發亮。太陽開始從雲層後面探出頭來，我起身準備離開，感到一種熟悉的、充實與遺憾的奇特拉扯。我頓了一下，然後做了一件我好幾年沒做過的事：將手掌放在地上，然後踢起雙腿。又做了幾次倒立後，感覺好多了，我拉緊外套擋住風，繼續向前走。

曼蒂：有韌性的卵巢

　　在我私人生活分崩離析的幾週前，我就已計劃到舊金山進行一次報導之旅。灣區是未來生育的孵化器；我想採訪位居中心的一些醫生和企業家。拜訪曼蒂，看看 FertilityIQ 的黛博拉和傑克。九月中旬，在離開休士頓幾週後，我飛往舊金山。我到達我的 Airbnb，放下行李，立刻躺到鋪著地毯的臥室地板

上。我以為我的心已經夠平靜，可以回歸報導工作了，但焦慮就像一堆石頭壓在我的胸口，分手後的沉重悲傷仍然揮之不去。我開始哭泣，抽泣間大口喘氣，然後轉身透過滑動紗門望向幾條街外的那片海洋，希望看到海水能讓我平靜一些。幾分鐘後，遠處一輛冰淇淋車和它那歡快又煩人的歌聲，把我帶了回來。我強迫自己站起來擬定計劃。我決定走路去做美甲，因為研究所的一位女教授曾經評論過我亂七八糟的短指甲，並告誡我千萬不要帶著斑駁的指甲油去採訪。我把頭髮紮成丸子，抓起一條圍巾，走進細雨中。

幾天後的晚上，我前往曼蒂位於奧克蘭的家中拜訪她，與她和昆西共進晚餐。我很想向她詢問更多關於胚胎冷凍的經歷，尤其是對她來說這些都已經結束了。自從到了舊金山，我主要都是跟醫生會面，雖然很有幫助，但並不是那麼，嗯，有趣。與像曼蒂這樣做過卵子或胚胎冷凍的女性交談，才最能透露內情。

在我敲門之後，她帶著溫暖的微笑迎接我。我們坐在廚房的桌子旁，聊了一會。上一次與曼蒂交談是在我搬出「平房」之前。她問我在休士頓過得怎麼樣。我原本不打算談論我的個人生活，畢竟，我是來問曼蒂更多問題的，是以記者的身分來的。但幾個月來，她一直與我分享她生活中的私密細節。她在電話裡哭過，笑過，也生氣過。她有時會問我冷凍卵子的決定。她知道我在談戀愛，也正在考慮冷凍胚胎。我不想搪塞或迴避她的問題。所以我解釋了分手和搬出去的事。

「喔，天啊，」曼蒂說，「我很遺憾。」

我感覺喉嚨發緊，好像幾個星期以來一直試圖壓抑的感覺正掙扎著出來。「他總是非常支持我冷凍我的卵子，」我聽到自己說。聽到曼蒂談起她和昆西的關係，讓我想起了這一點。他們在中國的教學計劃結束後，曼蒂搬回洛杉磯，昆西則搬回了波士頓。當時他們 20 歲出頭。他們願意為彼此搬家嗎？他們分手了，然後又復合了，然後又分手了。這個循環一直持續到他們意識到自己不斷回到彼此身邊，都是有原因的。昆西搬到了灣區，兩個人重頭開始，展開一段彼此承諾的關係，最後結婚。

我猜到曼蒂的下一個問題，果然，她問了。「那麼，你現在要做嗎？冷凍你的卵子？還是說你還在糾結？」

我猶豫著。「這個嘛，」我說，「我很慶幸我還算年輕，這方面的壓力沒那麼大。但就某些方面來說，我覺得自己又回到了原點。」其實是我已經不知道，該如何從個人角度思考凍卵。

現在這一切已經與班無關，我的思緒又回到了我唯一的卵巢上。我覺得好像更難決定要或不要，因為我的卵巢還好──至少目前如此。但我不確定自己是否有生育能力。無論醫生對我的預測如何，在我真的懷孕或試圖懷孕之前，其實都無法確定。而懷孕這件事現在似乎更遙不可及了。「我不希望我的卵巢出事，」我說。「但一部分的我又希望發生一些什麼事，能讓我更容易做出決定。」曼蒂點點頭。她懂，比大多數人都更能感同身受。

就像個科學實驗品

曼蒂被迫決定冷凍卵子，是因為生殖手術導致她失去部分卵巢。她決定要做了，但她的下一步動作，也就是在生育診所的諮詢，並不是特別令人安心。一位生殖內分泌學家告訴她，他同意她應該冷凍卵子，但她不太可能取得大量卵子。他告訴她，不要抱太大希望。她的一個卵巢幾乎不活躍，這代表它很可能不會產生任何卵子；另一個看起來還可以，但也不是很好。醫生預測曼蒂最多能冷凍十個卵子。於是她飛快趕回家，打開筆記型電腦，在 Google 上輸入十個冷凍卵子生孩子的機會。然後她想起醫生建議她冷凍胚胎，畢竟她和昆西已經結婚。她又輸入十個卵子成為胚胎的機會。她找到的答案各不相同，在點擊了幾十個連結，打開了幾十個索引標籤後，曼蒂已經頭暈腦脹。胚胎冷凍的細節和成功率都是大量需要消化的資訊。她列了一張問題清單，準備下次去生育診所就診時詢問，而這份清單一天比一天長。

對曼蒂來說，卵子冷凍培訓是整個過程中最困難的部分。尤其是注射合成荷爾蒙混合物，讓她覺得自己好像在做科學實驗。而她是科學實驗品。那天她是獨自去的，昆西有工作。一名年輕的護理師負責培訓，向曼蒂和幾對夫婦展示如何準備和注射疫苗。房間裡很悶。這幾對夫妻大多都牽著手。空氣中瀰漫著愁雲慘霧，曼蒂環顧四周，發現大多數人看起來都很不好。他們看起來年紀也比較大，她感到既同情又尷尬，想像他們會在場是因為懷孕有困難，所以來做體外受精。曼蒂覺得自

己格格不入。她甚至不確定自己想要孩子。她來這裡做什麼，學習如何給自己注射生育藥物？她真的想要做這一切，而不是現在直接試圖懷孕嗎？昆西痛恨針頭，但在曼蒂取卵前的幾天裡，他還是設法為曼蒂注射了所有的針劑。他對這一切的複雜程度感到震驚。曼蒂觀看了數小時的 YouTube 影片，確保自己了解如何拆開送到家門口、價值數千美元的藥品，檢查存貨，準備針劑，仔細計算每次注射需要多少液體。

「那是我人生中最漫長的一個月，」曼蒂告訴我。每次注射她都會哭，始終不習慣這種疼痛。[*] 在最初的幾次注射後，她告訴醫生，這感覺就像是酷刑。「這正常嗎？」她問。「是的，我聽說會刺痛，」他回答。她再次上網，並在線上論壇找到安慰，其他女性也分享了對她們來說注射有多痛。曼蒂的母親原本對曼蒂為預備生子而採取行動感到興奮，但在曼蒂幾天的注射過程中也開始擔心。

「我們不知道會是這樣，」她告訴女兒。

「哪樣？」曼蒂問。

「非常⋯⋯不自然，」她母親回答。

在低落的時刻，曼蒂在希望自己意外懷孕和希望乾脆發現自己不孕之間，搖擺不定。她不想再擔心自己正做出錯誤的決定——或者將做出錯誤的決定，或者已經做出錯誤的決定。意外懷孕或不孕症診斷，代表老天已經幫她做了決定：她會接受現實，塵埃落定。「弄清楚我的生育能力」不會再是她的人生

---

[*] 事先冰敷注射區域會好受一些；用來消除眼部浮腫的那種冰球滾珠很好用。

待辦事項。

最後,在經歷不斷進出診所和注射疫苗的日子後,是時候取出她的卵子了。曼蒂的取卵手術從卵巢中取出了 20 個卵子,然後與昆西的精子一起受精。他們成功冷凍了八個胚胎——數量很多。醫生告訴他們,從冷凍胚胎生出健康孩子的機會非常高。

認清事實

曼蒂承認,年紀輕輕就被迫考慮自己的生育能力,意味著她始終知道自己可能不會有親生孩子。她大多數日後想生孩子的朋友,都沒怎麼想過生育力的事。至少曼蒂覺得自己有了一些心理準備。發現囊腫改變了她的人生,現在她感覺因禍得福。儘管曼蒂是因醫療原因而凍卵,但她從未真正對自己的決定感到堅定。也許我們應該現在就嘗試懷孕?這樣的聲音在她腦海裡不斷低語。但她和昆西還沒準備好成為父母。直到拿到最終結果的那一天,那聲音才安靜下來。

現在療程已經結束,曼蒂把思緒集中在這一切帶來的結果上:她和昆西的八個胚胎冰存得好好的,而且這給了她心靈上的平靜。「這真的很難,而且真的很貴。」當朋友們問起時,她這麼告訴他們。「而且它比你想像的更需要投入。但我真的很高興自己這麼做了。」回歸正常生活一開始感覺很奇怪。有一段時間,曼蒂似乎滿心滿眼只有生育力。只是凍卵而已,卻意外變成花費幾個月的時間思考做母親及與伴侶生兒育女。由

於不習慣對未來多想，當提到生孩子的話題時，她常常會感到畏縮。多年來的積極避孕，意味著她幾乎默認地推遲了所有可能為人母的想法。但在她經歷卵子冷凍的許多步驟時，這一切都改變了。她開始想像擁有兒女會是什麼樣子，她和昆西可能有多少個孩子，他會是什麼樣的爸爸。長期以來，懷孕一直是可能發生的最糟糕的事。卵子冷凍改變了這一切。擁有冷凍胚胎讓母職看起來更容易應對；現在，她覺得自己對何時要當媽媽這件事有了更多選擇。

萬一沒能當上母親呢？至少她知道自己已經盡力。

失去生育能力的悔恨

我們的卵巢傳奇故事以微小但引人注目的方式交疊。就好像在我停下來的地方，曼蒂的開始了；而在我歇息之處，她的回來了。我們都做過兩次卵巢囊腫手術，中間相隔八年：我是在 12 歲和 20 歲，曼蒂是在 20 歲和 28 歲。我們的卵巢數量都少於大多數女性正常情況下擁有的兩個健康卵巢，而且在我們相遇之前，我們從不認識有像自己這樣卵巢狀況的人。每當我們感到下腹部痙攣或劇痛時，都會變得神經質，以為卵巢再次危險地扭轉。

我在曼蒂的經歷中看到自己：她脆弱的卵巢和痛苦的手術史；她對威脅她生育能力的囊腫感到的困惑內疚；當她說：「我早該知道，我怎麼能讓這種事發生？」時，她聲音裡的痛。我很能同理她長期以來對卵巢功能不抱什麼期望。它們還

能用嗎？能讓她懷孕嗎？多年來，她一直不抱任何希望。曼蒂是那種對很多事情都會三思而後行的人，常常對未來感到焦慮，很快就陷入「萬一」和「那怎麼辦」的濃霧中。這一點我深有體會。我的醫生為我的一個卵巢描繪了一幅更美好的景象，但無論任何醫生怎麼說，我總是會懷疑——而且我始終知道，只有等我真的懷孕，這種懷疑才會停止。對曼蒂來說，冷凍卵子讓她的這種懷疑降為低沉的嗡鳴。我很羨慕她這一點。

當我們坐在她廚房的昏暗燈光下時，我意識到自己一直下意識地希望曼蒂的經歷，能作為我做決定的參考。這個事實已經在我心裡醞釀了一段時間，在那一刻，它有如自白般湧出：有部分的我，想讓曼蒂和過去幾個月裡我花了幾個小時交談的其他女性，為我做出冷凍卵子的選擇。我做了我的作業，但她們已經真的做過這件事。我發現了一些答案——有些有啟發性，有些則令人不安——但她們已經做出決定、已經經歷過，還有什麼真相、什麼答案比這更有力呢？我可以讓我的凍卵體驗像她們的一樣，不是嗎？

當我準備離開時，曼蒂就像是隨口重複了她的醫生在她凍卵約診時說過的話：「你知道的，卵巢真的很有韌性。」

心碎、注射荷爾蒙和計劃改變

在加州的最後一晚，我躲在奧克蘭一個朋友公寓的地下室裡。我半開的行李箱，夾在兩大架的火人節服裝之間。在本週的會議和採訪中，我收起自己的悲傷，強裝成一個有條理的記

者，而不是一個不知如何重新開始的人。

我冷凍卵子的決定不再堅定。我想用魔鬼氈把自己緊緊黏在事實上。我是一名記者；事實是鋪平道路的金磚，通往理解和正確決策。我快 30 歲了，剛剛分手。卵子冷凍前所未有的合理，至少表面上如此。但我仍然對生育藥物，以及我是「囊腫形成者」，我的身體對天然荷爾蒙有反應過度的歷史這一事實，心有疑慮。作為記者，我得出的結論是，卵子冷凍是一項引人注目的技術，雖然目前被誇大了，但它具有強大的潛力——但我不確定自己能否承受這些風險。至於我內心女性的那一部分：我對冷凍卵子與胚胎的研究，加上最近拜訪曼蒂並聽說她冷凍胚胎的事，讓我近乎確信，冷凍胚胎比只冷凍卵子更加明智。但現在班——和他的精子——都沒了。

我躺回床上，感到疲倦。我閉上眼睛，想像自己經歷這一切，深夜向腹部注射藥物，直到皮膚看起來像鏢靶一樣。我愈來愈難以想像自己做荷爾蒙注射，除非醫生告訴我我不孕，不注射就無法懷孕。更難承認的是，至少現在，我很難想像在沒有班的情況下，經歷任何重大的生活事件。

隨著時間過去，我意識到我一直在利用與班的關係來分散自己的注意力，而不是真正做出選擇。在某種程度上，對於這兩件事我一直在迴避，將許多疑慮和難題都掃到一旁。我擔心我太希望和班發展順利，以至於失去了判斷自己是否真的快樂的能力。現在，有時我似乎開始用同樣的玫瑰色眼鏡來看待凍卵。好像我愈希望它適合我，我就愈無法判斷這是否是明智的選擇。但是否冷凍卵子是我在遇到班之前就做出的決定，現在

第十一章 疤痕組織

我再次單身，我必須重新堅守這個決定。過去是——現在仍然是——只有我和我的卵巢。這個想法曾經帶給我安慰，現在只讓我感到深深的孤獨。

如何做出最明智的選擇？

我想要有一條直線，通往我認為正確的決定：冷凍我的卵子。我想相信卵子冷凍。他們保證如果我做了就可能得到安心，而我渴望這樣的安心。我一直在考慮這對我來說是多麼明智，因為我是始終確信想要有親生孩子的女人，只有一個卵巢的女人，我知道自己以後想要孩子，但不是現在。除了心痛之外，我還很生氣我和班關係的結束，打亂了我的凍卵計劃。我擔心諾伊斯博士一直都是對的：問題是我知道的太多了。這使得我幾乎不可能停止猶豫、停止研究、停止追逐更多資料。我更害怕的是我對任何事情都不再有把握：住在哪裡，如何寫作和做我的工作，如何繼續前進。

「根據我當時掌握的信息，冷凍卵子似乎是最佳選擇。」[2] 莎拉・伊麗莎白・理查茲（Sarah Elizabeth Richards）在她的回憶錄《母職，擇期安排》（*Motherhood, Rescheduled*，暫譯）中寫道，她在 15 年前花費五萬美元[3]進行了幾輪卵子冷凍。撇開錢不談——我從來沒有在任何東西上花過這麼多錢——她的話對我來說極有道理。但是，由於無法將我所知道（或無法知道）的凍卵藥物風險和不穩定的成功率，與我的失落和心碎的感覺區分開來，我現在卡在一個不上不下的位置：我害怕去

做，又害怕不做。

　　我不知道該從哪裡開始面對所有這些個人恐懼。也許，我可以繼續將我的記者精力導引至追求更平衡的答案和觀點。我認定，諾伊斯醫生錯了：我並沒有知道太多。至少現在還沒有。我得出的結論是，為了對冷凍卵子重新下定決心，我需要讓自己放心，知道自己可以承受荷爾蒙注射帶來的風險——對我的卵巢以及長期健康的風險。我想更了解曼蒂和我採訪過其他許多凍卵者口中滔滔不絕的那種強大內心平靜。

　　那天晚上入睡時，曼蒂的話還在我腦海中迴盪：卵巢很有韌性。

第十二章

生育力產業複合體

可愛的露易絲

週一早上八點剛過，在德州聖安東尼奧（San Antonio）會議中心，即將舉辦美國生殖醫學會年會。每年美國生殖醫學會——負責監督美國大多數生殖醫學和技術的管理機構——都會為業內的醫生和研究人員舉辦一次大型會議。我想親眼目睹生育技術圈的運作，並了解最前線醫師的名字。因此，我聯繫了美國生殖醫學會新聞辦公室，並取得為期四天活動的媒體通行證。然後我收拾好行李飛往德州。

我站在會議中心，驚嘆於它的巨大。每年都有數千名生育專家參加美國生殖醫學會，其中近三分之一來自美國以外的地區。偌大的大廳裡，迴盪著女人高跟鞋的喀喀聲和低沉的男性嗓音。我穿著黑色裙子和讓我起水泡的鞋子，拖著腳四處走動，查探場地的格局，然後才前往其中一個宴會廳參加會議開

幕式。這將是漫長的一天,但我很高興;離開休士頓和班幾個月後再回到德州,讓連綿不斷的隱痛和尖銳的刺痛同時出現。我希望會議的熱鬧氣氛能讓它們稍微平息。

「每個女性都有權決定何時、如何以及與誰生孩子,」時任美國生殖醫學會主席的理查德・波森(Richard Paulson)博士,在開幕主題演講中說道。他看起來很像湯姆・謝立克(Tom Selleck)*。「包括獲得計劃生育的服務,以及獲得促進生育力的服務。」

採訪露易絲

那天晚上我參加了一場演講,題目為「露易絲・布朗:我作為世界上第一個試管嬰兒的人生」。我知道,露易絲是體外受精和人工生殖技術的代表人物。她是在培養皿中受孕的——不是試管,但「世界上第一個試管嬰兒」的叫法已經定型——隨著她的出生,在女性體外製造胚胎的想法成為了現實。1978年7月25日,露易絲・喬伊・布朗在英格蘭奧爾德姆總醫院(Oldham General Hospital)呱呱墜地,重 2600 公克。當我得知那年是體外受精 40 週年,而且世界上第一個體外受精嬰兒露易絲,將在美國生殖醫學會年會上發表演講時,我積極詢問是否可以在德州採訪露易絲。她的團隊答應了。

那天晚上我坐在觀眾席,一臺巨大的長焦相機從我左後方不斷發出快門聲。滿座的醫生都舉起手機為露易絲拍照,而她

---

* 譯按:美國男演員。

端坐在舞台上波森醫師身旁的位置。她戴著方形細框眼鏡。灰金色捲髮在舞台的強光下閃閃發光。「如果沒有可愛的露易絲，我們就不會在這裡，」波森博士說。他們談話時，他對著她笑容可掬。所有觀眾似乎都喜氣洋洋。我讀過很多關於露易絲的文章，知道她的出生在生殖醫學及其他領域有多麼重要。她的誕生是令人難以置信的突破：生命可以在體外創造。但直到那天晚上，我才意識到她對全球生殖醫師來說，是怎麼樣的一個傳奇和名人。

在人工生殖技術早期，透過體外受精製造的胚胎會立即轉移到子宮。世界上第一個用新鮮卵子製成的嬰兒露易絲，就是這樣誕生的。當時，體外受精的成功率很低。移植的胚胎通常無法成功植入子宮壁。體外受精最初的目的是幫助特定人群——難以懷孕的年輕已婚女性。露易絲的母親布朗（Lesley Brown），因輸卵管阻塞而無法自然受孕。體外受精正是為了解決像她這樣的醫療問題。

露易絲向觀眾朗讀她的回憶錄。數十名醫生排隊與她合影。我讀過有人說她的誕生比人類登陸月球更有紀念意義。我覺得這話有點太誇張了，直到我想起自 1978 年露易絲出生以來，世界各地已有數以百萬計的嬰兒，透過人工生殖技術出生——如果沒有人工生殖技術，這些孩子就不會存在。露易絲出生後，醫生們又花了六年的時間才完善冷凍和解凍技術。[1]1984 年，第一個來自冷凍胚胎的嬰兒在澳洲誕生；那枚胚胎被冷凍了兩個月，與現在胚胎冰存的時間相比，時間相當短。2022 年，俄勒岡州波特蘭市（Portland）的一對夫婦使用了冷

凍 30 年的捐贈胚胎，生下一對健康的雙胞胎——這可能是有史以來，成功活產的冷凍胚胎中冷凍時間最長的一例。[2]

真的是革命性的。

第二天，我提早到會議中心與露易絲會面。我坐在側廊的地板上，為錄音機裝上新電池。多年來，露易絲接受了數百次採訪，我知道我能問她的問題大概以前都有人問過了。儘管如此，我還是很高興能夠一對一地見到人工生殖技術的代表人物。半小時後，我們坐在會議中心安靜區域一間通風良好的房間。露易絲穿著一件白色荷葉邊上衣，上面有淡彩色的蜂鳥圖案，灰金色的頭髮披散著。我們開始交談，我忘記了自己寫下的所有要問她的問題。在某個時刻，我談到了青春期，並問她什麼時候第一次意識到自己的身體，和自己是一個年輕女性。她的反應讓我非常高興。「這個問題以前倒是沒人問過我！」露易絲笑出聲來，然後開始講述月經遇上炸魚薯條的故事。「那是一個星期五。我甚至不記得當時自己幾歲，但週五晚上我們總是吃炸魚薯條，」她說。但她難受到吃不下去。「天哪，來了。」她回憶起當她意識到那是月經時，她這樣想。月經來潮的感覺如何？我問。「這麼說吧，它讓我不再喝茶了。」

我們邊開玩笑邊聊天時，我不禁想著露易絲是多麼，嗯，正常。在我讀過有關她和她極具影響力的出生後，我有點期待生殖醫學的第一個奇蹟，能夠表現得像她在全球的生殖醫師和不孕症患者心中的名人形象。但她看起來就是普通的中年婦女。也許這就是重點。體外受精等人工生殖技術，象徵著一條非傳統的道路——在某些時候——通往傳統的結局。露易絲現

年四十多歲,與丈夫和孩子住在英國。多年來,她做過幾份工作,從托兒所護理師到郵政人員再到貨運承攬人。她喜歡唱卡拉 OK——大部分是瑪當娜的歌,有時也喜歡唱〈心已全蝕〉（Total Eclipse of the Heart）。18 歲時她穿了臍環,21 歲時她穿了舌環。我們聊到一半時她開始談起她的紋身,並一一向我展示：腳踝上的紫色蝴蝶；為了紀念已過世的同父異母妹妹而刺的布偶；一朵玫瑰和一顆寫著「媽」和「爸」的心；《樂一通》（Looney Tunes）卡通裡的崔弟（Tweety）；她已經忘記了意義的中文字。她也是兩個男孩的母親。她和丈夫是自然受孕,她從未需要體外受精。

「其實我很無聊,」露易絲狡黠地笑說。「好吧,除了我是如何受孕和出生的。」她說她已經習慣被記者追訪,如果她不認識來電者,幾乎不接聽手機。她這輩子都要小心在公共場合的言論。「十幾歲的時候,我常常想,『為什麼是我？』」她說並解釋,以前她一邊以身為世界第一個體外受精嬰兒而感到自豪,一邊又渴望證明自己和一般人無異。「現在我倒是非常自豪。」

金錢、行銷和醫藥：一場完美風暴

會議的第三天,我手裡拿著地圖,勇闖會議中心天花板極高的巨大展覽廳。我有些目瞪口呆地走來走去。在大廳的一端,一個巨大的精子正準備與小型氣象氣球大小的卵子受精,在一個推銷卵子銀行服務的攤位上方旋轉。一個由更多精子和

卵子組成的巨大移動體——這次戴上怪異的人臉——掛在天花板上咧嘴而笑。當我找到洗手間時，我注意到水槽上方的鏡子上貼著注射和設備的海報。

巨大的橫幅和華麗的標示，宣告著展覽會館中的不同展位。起初，我分不清哪些是製藥公司的名稱或是療程，或是其他什麼。「好的開始遺傳學」，「塞爾馬蒂克斯」，「費爾法克斯卵子銀行」，「生育藥物計算器」，「藥物評估與研究中心」。就連 Panasonic 也有攤位。有的攤位提供新鮮爆米花，就像幾年前我在曼哈頓第一次參加的凍卵活動一樣。另一個攤位分送精子造型的舒壓球，還有不少人擠在街機遊戲台周圍，試圖贏得塞在——還會是什麼？——金色卵子裡的 T 恤。我在迷宮裡漫步，一邊啃著爆米花，一邊驚嘆於展場裡各種花俏的配子。我停在一個叫做「模擬館」的地方，醫生可以在那裡觀察模擬胚胎移植等各種虛擬實境手術。在 Prelude 的展位上，我拿起了薄荷色的紙板方塊，上面用巨大的深色字母寫著「讓我們談論性」，然後再用較小的字體寫著「如果它無法讓你懷孕的話，你可以選擇的替代方案」。海報上宣傳著一場題目為「生育力保留患者：如何重新設計你的診所以迎合他們」的會議。主講者不是擁有醫學博士學位的醫生，而是擁有 MBA 學位者。

如今，全美各地約有 500 家生育診所——雇用了超過 1500 名生殖內分泌專家，每年接診數十萬名患者——全都在搶生意。私募股權公司正大舉注資營利性生殖產業，這一趨勢與 1990 年代以來醫學領域的情況一致。美國的人工生殖技術

第十二章　生育力產業複合體

產業有兩點最受投資者青睞：規模和成長。生育診所利潤豐厚，毛利很高。[*]許多人加倍努力推廣卵子冷凍，而專精於凍卵的新創企業更獲得數億美元的風險投資和私募股權投資。研究重點為生殖技術的社會學家德威爾（Lucy van de Wiel），在她的《冷凍生育力》（*Freezing Fertility*，暫譯）一書中談到了生育的金融化，她寫道：「這些投資具體化了卵子冷凍作為一種生長技術的前景，這種技術可能愈來愈針對更廣泛的年輕、有生育能力的女性群體，她們未來可能想要也可能不想生孩子──這一群體的人口比例，遠大於目前尋求體外受精的女性。」[3]

人工生殖帝國

當我站在展覽大廳裡時，我意識到自己正目睹一場完美風暴：匯集了滴答作響的生物時鐘、投資者資金和用可靠基本事實構成似是而非的基礎。我想到了 Kindbody 和 Prelude，這兩家公司希望成為全球品牌，為所有與生育相關的事情提供一站式解決方案。紐約大學朗格尼生殖中心，是我第一次進行卵子冷凍預約的地方，現在已成為 Prelude Network 診所。2022 年，Kindbody 收購了 Vios Fertility Institute，這是在中西部地區擁有多家診所的大型生育網絡，使 Kindbody 本就龐大的規模又再擴大一倍。Kindbody 還擁有自己的基因檢測部門

---

[*] 巨額利潤的部分原因是，許多患者自掏腰包支付治療費用。因此，診所通常能直接收到現金，而不是向健康保險公司報銷，後者往往會透過談判砍價。

Kindlabs，以及自己的代孕機構和卵子與胚胎捐贈計劃。透過將這些主要的、通常外包的人工生殖技術服務引入公司內部——一項令人印象深刻的壯舉——Kindbody 正一步步實現為生育患者提供端到端護理的目標。細看之下簡直就像一個帝國。

而我之前的生殖醫師諾伊斯博士，卵子冷凍早期和最著名的先驅之一，也是紐約大學卵子冷凍計劃的共同創辦人，現在則在 Kindbody 任職。該行業最資深、經驗最豐富的生殖內分泌學家之一，如今竟在一家卵子冷凍新創公司工作——Kindbody 的紀錄甚少，關於懷孕成功率的數據更少。[†]《紐約客》一篇關於新生育企業家的文章解釋說，諾伊斯博士「讚揚私募股權和風險投資支持的公司，在媒體和雇主市場上傳播有關卵子冷凍和其他生育護理的訊息。」[5] 而公司贊助的卵子冷凍仍在增加。但當獲利模式是「數量驅動」時，她說，「就像把車開得愈來愈快一樣。好吧，先是 10，20 沒問題，30 也沒問題，40 也行——但是何時會變得不安全呢？」[6]

同時，在數百萬美元資本的支持下，這個市場持續飆升，在卵子冷凍和年輕消費者之間，形成了無限的回饋循環。投入的資金愈多，用來推銷女性接受手術的行銷費用就愈多。然而，大眾並沒有意識到這些金融陰謀——主要是因為相關人

[†] 當我在 2022 年 4 月向 Kindbody 詢問此事時，該公司的一位發言人轉述：「在 Kindbody 冷凍的卵子，已有十次卵母細胞解凍療程。[4] 截至目前，只有一名患者接受轉移，而且她懷孕了。」（當我在 2023 年 10 月詢問最新數據時，該公司的回應是，十次卵母細胞解凍療程是他們可以提供的最新數據。）這不見得是 Kindbody 或任何較新的診所不擅長冷凍卵子；只是他們還沒有凍卵者的懷孕率來作為成功的衡量標準。

第十二章　生育力產業複合體　317

員沒有一個人想談論這件事。在我前往加州進行報導期間，曾與遺傳學與社會中心執行主任瑪西・達爾諾夫斯基（Marcy Darnovsky）見面，我在她位於柏克萊的辦公室向她詢問了這個問題。「因為我們很反感把嬰兒和商業混為一談，經常上演的商業動態卻被我們忽視了，」她說。「我們讓年輕女性面臨不必要的風險。

這些公司的營銷說服以及文化和社會壓力，使女性擔心自己不孕。」因此，冷凍卵子產業的發展有部分是受恐懼推動。而另一個問題很顯然是錯誤訊息。美國、英國和澳洲的研究表明[7]，生育診所網站的語言往往是說服性的[8]，而不是提供更多資訊；總是強調卵子冷凍的好處，同時盡可能淡化風險和費用。有些診所在描述手術成功率時甚至會捏造數字。[9]

她們在為什麼買單？

我們身處於資本主義社會，金錢是許多決定背後的驅動力。女性既是患者也是顧客，這一事實令人思之不安，即使這是資本主義的現實。她們買帳了，許多人相信她們是在投資一項能保證未來生子的手術。而兜售的都是精明的銷售人員。這一點我有親身經歷：在我與醫生認真討論卵子冷凍之前，我從一家渴望做我生意的公司那裡感受過。在我參加的時髦卵子冷凍雞尾酒會上，你很容易就會喝下沖泡果汁——而行銷活動的重點是像我這樣仍處於「黃金時期」的女性，保持生育能力的重要性。而且現場氣氛依然輕鬆。現在人們談論的冷凍卵子不

再像是醫學進步,更像是一種新科技產品。它甚至被宣傳為一種自我照護的形式。*10

　　想一想可能永遠不需要凍卵的女性數量,生育診所和卵子冷凍公司從凍卵者身上獲得了巨額利潤,同時——取決於你怎麼看那些少得可憐的數據——也使她們面臨未來可能有的風險。紐約大學生物倫理學家卡普蘭認為,市場力量正以令人不安的方式扭曲我們對生育的看法。「消費者不明白情況,而供應商有各種理由把它賣給你並賺取大把鈔票,」他告訴我。「這不是一個好的市場——消費者處於不利地位,而且常常病急亂投醫。而目前政府似乎沒有任何意願監管這一切。」他說得沒錯,我們很快就會揭露這一點。在這裡更重要且令人不安的一點是,美國對於如何監管人工生殖技術缺乏共識,這意味著我們默認同意讓市場動力決定此類技術的使用方式,以及誰可以使用它們。但子宮並不是 Uber。讓市場來決定——而不是經過充分研究的公共政策考量——並不是從根本上改變我們物種繁殖習慣的最佳方式。在更個人的層面上,如果女性沒有得到徹底的諮詢,就很難對自己的身體做出決定——關於她們凍卵的實際需求或實際的成功率,這兩者都很難針對個人量化——尤其是在醫患關係太容易受到利潤動機影響時。生殖醫師的獎金很大一部分直接與患者轉化率等指標相關——他們能夠將多少次諮詢轉化為治療。「(生育公司)想要客戶,所

---

*　一個諷刺的例子:去年情人節,我收到一封來自一家著名全美連鎖生育診所的電子郵件,其中包含冷凍卵子療程八折的折扣代碼。主旨寫著:「送您一份來自愛的特別禮物。」

以他們會做廣告。但這不見得適合像不孕症這樣的敏感醫療領域，」卡普蘭說。「他們讓我緊張。」

無法保證品質、沒有上限的支出

　　一個利潤豐厚的市場已經形成，提供卵子冷凍服務，儘管不能保證未來會成功。需求量很大，診所之間的競爭也很激烈。行銷促使女性前往新診所，這些診所提供更具包容性和感覺良好的患者體驗，冷凍卵子的費用往往較低，但在解凍卵子方面缺乏可靠的紀錄。在我看來，這對於考慮保留生育能力的女性來說，應該是一個危險信號，但要同等在乎費用和品質確實很難；較低的價格往往勝過卓著的聲譽。我採訪過的幾位生殖內分泌學家擔心，這些快速擴張、以冷凍卵子為重點的診所——面臨著愈來愈大的創收壓力——也沒有足夠的、具有必要經驗的醫生良好執行精細手術。而且有某幾家診所，已經實施影響實驗室品質和患者照護的成本削減措施。*

　　專家的擔憂似乎很有道理。2023 年 10 月《彭博社》（*Bloomberg*）刊載了一篇有關 Kindbody 的重大報導，根據幾十位現任和前任員工及患者的說法「該公司在符合 Instagram 的美感背後，隱藏著獎金驅動的商業模式，在人手不足的診所，以及不一致的安全作業程序下，影響了部分運作並導致錯誤。」[11] 文章中描述 Kindbody 為了使生育治療更平易近人，

---

* 我想起了十年前美國生殖醫學會不願意取消凍卵實驗標籤的原因之一——冷凍卵子非常具有挑戰性。

並以比競爭對手更低的價格提供服務,結果導致實驗室難以達到安全處理卵子和胚胎所需的水準。文章寫道:「Kindbody 面臨的挑戰突顯了該行業面臨的風險,該行業一方面專注於昂貴、高度精確的生物療程,同時追求由投資者資助並期望報酬的增長路徑。」[12] 文章中提及的幾個事件中,最令人痛心的是 Kindbody 位於聖莫尼卡(Santa Monica)的診所淹水,影響了實驗室運作。[†] 自 2022 年以來,Kindbody 至少已有四名高級實驗室主管辭職,更多錯誤開始浮現,Kindbody 的部分診所正在虧損。

如今,冷凍卵子的想法不再顯得徒勞無功或危險,但事實上,人們對這項手術的熱情仍然為時過早。行銷超前於現實,在某些情況下甚至明顯具有欺騙性的,例如將卵子冷凍稱為保險——我想對此說最後一句話,希望能停止這種司空見慣的比喻。2020 年《生育與不孕》的一項研究明確指出:「數據指出,為了近乎保證活產(97%的可能性),女性需要冷凍大約 40 個卵母細胞。」[13] 這需要大約 3～4 個療程,不僅非常昂貴,而且需要大量的生育藥物。論文中繼續寫道:「如果 35 歲以下的女性,做一輪療程並取出平均數量的成熟卵母細胞,她將有 75～80% 的機會活產。儘管這個機率相對有利,但它們並不能提供『保險』一詞所帶來的那種保證。」[14]

事實是,卵子冷凍仍然是技術先進的手術,充滿風險。然

[†] Kindbody 告訴《彭博社》,如果發生事件,它會報告、調查並採取修正措施,包括文章中詳細介紹的每個例子。

而，儘管遲遲沒有出現有關風險和成功率更多的數據，而且對於一些光鮮亮麗、較新的生育診所激進的銷售文化和營運的擔憂，似乎也是有根據的。但醫學界——尤其是參加這次會議的數千名生殖醫師——表現得一如既往的自信。

✦

晚上八點左右我離開了會議中心，結束漫長的一天。我沿著人造鵝卵石街道走向美洲之塔（Tower of the Americas），德州夏末的聲音籠罩著我：蟋蟀的鳴叫聲、大型噴泉、附近停車場大車的發動聲、仍在戶外玩耍的孩子。我抬頭看著塔上的燈光，想起聽說觀景台因 Progyny 舉辦的私人雞尾酒會而關閉。我記得那天早上，一家數位行銷公司的男士在一個會議時段後告訴我：「如果你知道這些醫生在這種會議上玩得有多凶，你大概永遠不會希望他們對你的卵巢動手。」他是半開玩笑，但也暗藏事實——金錢、醫藥、行銷、母性等在這裡匯集發力。這讓我很擔心。

曲折的情節，糾結的網

美國生殖醫學會會議一個月後的一個晚上，我收到了住在華盛頓特區的表妹布莉琪發來的電子郵件，主旨寫著：「壞消息」。乳癌，剛診斷出來。我們家族沒有這方面的病史。她才 29 歲。

她發現了一個腫塊，做了切片檢查，然後診斷出患有侵襲性乳癌[15]，第三期。她將接受化療和手術，一切按照醫生的指示去做。她也可能冷凍卵子或胚胎——她和新婚丈夫克里斯想要孩子。這就是她寫信給我詢問有關凍卵和緊急生育力保存的部分原因。她的電子郵件最後寫道：「請在日曆上設提醒，每月進行一次自我檢查。」

　　然後，出現令人心痛的轉折：布莉琪懷孕了。她去做切片檢查時，到處都有醒目的標示寫著若懷孕請告知醫生。她和克里斯最近才開始嘗試做人，而那個月她的月經還沒來——她預計再幾天就會來——所以她告訴進行切片檢查的醫生，她有可能懷孕。醫生隔天打電話告知布莉琪她得了癌症，然後說：「你現在真的不適合懷孕。」布莉琪在家裡驗孕了三次——全部都立即呈陽性——然後又去婦產科做了一次檢測，徹底證實了這一點。那天晚上，在她主持了讀書俱樂部之後——震驚讓她進入了一種混亂的自動駕駛模式——她和克里斯在 Google 上搜尋「懷孕 + 癌症治療」後哭了。這次懷孕是計劃之中的，也是他們非常想要的。

　　我關上電腦螢幕。手肘抵著桌子，頭埋在手掌中。我當時在紐約州北部，為期十週的常駐寫作計劃已經進行大約一半。大多數時候，我早上寫作，下午篩選研究和報告，晚上盡量不去想班。我的物品在科羅拉多，我的一部分心仍在休士頓，每天我都努力想專注在工作上。這次常駐是一個難得的機會。我因為要回到西部與父母同住直到想清楚下一步該怎麼做，而感到揮之不去的焦慮，但我不想因為這種焦慮浪費了這次機會。

第十二章　生育力產業複合體

但和布莉琪面臨的事情相比,這一切顯得微不足道:在同一天得知自己患有乳癌和懷孕。在診斷出來的 48 小時後,布莉琪想到的不是她的身體,而是她未來的寶寶。她一直確信自己會有孩子。癌症意味著化療,而化療會威脅生育能力。我們原本以為這一切都是理所當然的,直到有一天,一個腫塊,一次切片檢查,突然之間,這個年近 30 歲的新婚女子,擁有一份熱愛的工作,一隻名叫南希德魯的貓,如願以償的懷孕了,但癌症正在胸部滋長。

好險還能凍卵

在得到布莉琪的同意後,我打電話給我的母親,告訴她布莉琪的診斷結果。我們討論了乳房檢查,以及輻射如何損害卵巢,讓子宮留下疤痕。我對人工生殖技術和現有的醫學能力,產生了新的個人感激,我深切希望這將保留我表妹的生育能力、她生育親生孩子的能力,和她一直想要的家庭。

布莉琪的腫瘤科醫師建議她盡快開始化療,三陰性乳癌(triple- negative breast cancer)生長迅速。布莉琪和克里斯會見了一位外科醫生,外科醫生解釋,懷孕早期乳癌的治療選擇有限。如果布莉琪的健康是第一優先,那麼她開始化療時就不能懷有身孕。然後他們參觀了一家信譽良好的生育中心,並得知布莉琪在結束妊娠至少六週後,才能開始取卵程序,因為她體內的懷孕荷爾蒙,需要一段時間才能恢復正常。她和克里斯心痛的決定終止妊娠,在開始化療前一週,她做了 D&C。[*]

布莉琪終究還是沒能在開始化療之前,從她的卵巢中取出卵子。她的腫瘤大得很快,等不了將治療推遲幾週。可怕的諷刺是,如果她沒有懷孕,她也許能進行取卵。但必須立即化療,意味著她無法安全地繼續懷孕;而終止妊娠,又意味著她在開始治療前來不及保存生育力。

在布莉琪開始化療一個月後,基因檢測結果出來了:她是BRCA1陽性,這使她更容易患上某些類型的癌症。我們一家人後來得知布莉琪的父親——我母親的兄弟——也有這種基因突變。他從未患過癌症,他的兄弟姐妹也沒有癌症,但他催促他們接受檢查。父母攜帶BRCA1突變的孩子有50%的機會遺傳該變異,而BRCA基因突變會大幅增加女性罹患乳癌和卵巢癌的機率,以及男性罹患攝護腺癌和男性乳癌的機率。我們的家人都很擔心:如果我母親BRCA1檢測呈陽性,這代表我和兄弟姐妹都有50%的機會也遺傳了這種突變,就像布莉琪一樣。

重新考慮凍卵

在那漫長幾週的等待和擔憂中,我對冷凍卵子的看法又有了180度的轉變。毫無疑問,如果我是BRCA1陽性,那我會盡快冷凍卵子。當我母親得知她沒有突變時,我大大鬆了一口氣。但布莉琪的癌症在我們的家族中——尤其對於女性——引

---

* 子宮擴張刮除術,是一種從子宮內部除去組織的手術,是終止妊娠的方法之一。

起的震撼仍在，就我而言，我的生育能力出現了另一個潛在威脅，迫使我重新考慮凍卵。生活還在繼續，但我有了新的認知：與生育相關的決定並不存在於真空中。事實證明，探究我的生育能力並做出決定的這段旅程，與我的愛情生活、事業、身心健康密不可分——雖然，我努力想區隔開生活中的這些領域，但往往以失敗告終。

　　我記得雷絲莉，就是冷凍卵子後不久被診斷出罹患乳癌的那位護理師，告訴過我：她多希望自己事先有花更多時間詳細了解手術過程。「我沒有任何疑問，」她告訴我，「所以我就直接做了。」但是，除非有像布莉琪這樣的緊急醫療需求，否則凍卵並不是一個容易或簡單的決定。至少我現在對這一點很肯定。我還了解到，大多數潛在的凍卵者既沒有時間也沒有意願，花費數月或數年的時間研究其中的細微差別和潛在問題。

　　不過，無論好壞，這就是我決定要做的事，到目前為止，我對這整個過程已經研究得夠久，看到的遠不只是其光鮮亮麗的外表。我之所以陷入分析癱瘓，主要原因是我意識到凍卵的決定被裹纏在一個糾結的網中：母性、行銷、醫學、金錢，甚至是死亡。我不知道未來會發生什麼事。癌症。不孕。更多對愛情的失望。職業生涯偶有水花，又歸於寂靜。從來沒有感到財務安全。但我知道我想對這些有話語權。我想控制我能控制的。

第十三章

遠大卵程

蕾咪：不眠夜和 17 顆卵子

　　取卵日那天早上 5 點 30 分，蕾咪把車開進家裡的車道。那天是星期一，距離她注射破卵針已經過了將近 36 小時。她剛在醫院值完夜班，幾乎一整天沒睡。她需要在一小時內到達生殖中心。她把用來裝夜班晚餐的保鮮盒丟進洗碗機，餵了她的貓蘇菲，並渴望地看了一眼已經好幾天沒能使用的派樂騰飛輪車。她不記得上次飛輪車失寵這麼久是什麼時候了。

　　蕾咪在浴室脫下手術服，沖了個澡，洗了洗她的襯衫。她記得摘掉臍環，卻忘了洗頭髮。她穿上易於穿脫的衣物：緊身褲、寬鬆的丹寧排扣襯衫、不在醫院時穿的棕色靴子。她把長長的金髮從臉上撥開，打著哈欠。廚房外的桌子上放著幾盒剩餘的藥物，周圍環繞著水晶。她幫蘇菲換貓砂時瞥了一眼桌子，心裡鬆了口氣，不用再打針了。

她掏出手機叫了 Uber。診所的注意事項寫得很清楚：取卵後不可以自己開車回家，必須有負責任的司機來接她。診所想事先知道這個人是誰。這是迄今為止唯一的小麻煩。由於家人都不在附近，而且她大多數朋友都在醫院工作，所以沒有人可以陪她去醫院，也沒有人可以等到手術結束後開車送她回家。這是卵子冷凍過程中，唯一無法單獨完成的部分。如果有必要的話，蕾咪可以自己完成所有注射，但她很高興莉亞幫她打了破卵針。所有的約診她都是一個人去的。她獨自做這件事，為未來的自己冷凍卵子。但辛苦了這麼久，到最後要求負責任的司機潑了她一點冷水。

她的手機響了。她吸了一口氣，司機還要再 18 分鐘才能到。「這樣不行，」她嘟囔道，然後再次查看手機。「快點啊，老兄。」焦慮的刺痛在她的胃裡翻騰。所以她才不喜歡依賴他人。她又看了看手錶，然後取消了 Uber，抓起錢包和車鑰匙，飛快出門。

這是一個涼爽的早晨，街道上很安靜。上了車，她插上手機，將寫有駕駛和停車說明的紙放在腿上。天空是深藍色的，太陽剛升起。她闖了好幾個黃燈。在紅燈時用力煞車，她皺起了眉頭：她的胸部感覺很脹，煞車衝擊時很痛。這些天以來，她感覺自己就像在雌激素中游泳。前一天值班時，她左側腹出現排卵痛（mittelschmerz）。想到今天會有一根長針刺入她的陰道，她的臉忍不住皺了一下。一陣疲倦襲來。現在，疲勞給她的感覺不一樣了；她意識到自己多年來一直用咖啡掩蓋它。知道自己可以在沒有咖啡的情況下，在醫院撐過 24 小時的輪

班,是這場辛苦的附帶好處。蕾咪一手握著方向盤,一手抓著手機和皺巴巴的說明書。她仔細遵循了診所提供的指示:前一天晚上午夜之後禁食;在預定手術時間前一小時到達診所;將車停在指定的車庫中。

到了大樓後,各扇門上的標誌讓蕾咪一時有些茫然。她嘆了口氣,想起要記住所有和她的卵子冷凍過程有關的診間、實驗室和公司的名字,從來都不是一件容易的事。[*] 她終於找到 Ovation Fertility Nashville 診所的門,向櫃台人員打招呼,然後跟著護理師走進一間小房間,房間的牆壁是淺褐色,百葉窗緊閉。她脫下棕色高筒靴,換上青色的病號服。她熟練地把它繫好,想著今天作為病人的感覺是多麼奇怪。她的雙腿和赤裸的腳垂在檢查台的末端。她打了個冷顫,然後穿上診所建議在手術過程中要穿的藍色厚襪子。她坐著等待。現在她人已經在這裡,早上的壓力已經過去,她只想讓一切盡快結束。

一名護理師進來測量她的生命徵象。「你沒有在 Google 上搜索『取卵』,看網路上那些瘋狂的評論吧?」

「我沒有,」蕾咪說。

「真乖!」護理師回答。「好多人來之前被網路上讀到的垃圾嚇得半死。」她說了一遍術後的基本情況,並解釋蕾咪在幾天內仍然有卵巢扭轉的風險,直到所有腫脹都消失。護理師解釋蕾咪在麻醉藥效消失後的第二天,可能會有什麼感覺時,蕾咪點了點頭,好像她不是對麻醉及其可能副作用瞭若指掌的

---

[*] 蕾咪最初做卵子冷凍預約是在另一診所和地點,與她做取卵的診所不是同一個。

第十三章　遠大卵程

專家。

護理師離開了。蕾咪拿起手機查看訊息，並向她的父母發送了一條簡短的簡訊。幾分鐘後，路易斯醫生敲了兩聲後打開門。灰色的手術服、同樣的眼鏡和金色直髮。蕾咪放下手機，在檢查台上坐直了身體。「你好！」她輕快地說，聲音裡充滿了寬慰。她信任路易斯醫生，有她在場總是感覺更好。

「好，」路易斯博士說。「要開始了 —— 你準備好了嗎？」

「準備好了。」蕾咪回答。「但調換角色的感覺真是太奇怪了。」

全程陪伴

我之所以能一字不漏地描述這一切，並不是因為蕾咪記得清清楚楚——她不記得，她很緊張，而且麻醉讓她在手術結束後對這一切記憶模糊——而是因為我全程陪著她，除了取卵手術，手術時我坐在等候室裡。蕾咪的取卵手術結束後——為時30分鐘——護理師帶我回到蕾咪的病房。我打開門，蕾咪躺在輪床上看著我，她剛醒來。我走過去跟她說話。「謝謝你，娜塔莉，」她略帶昏沉地說道，探向我的手握了握。她哭了，淚水順著太陽穴流下來。「你能在這裡對我真的意義重大。」

「謝謝你讓我來，」我低頭看向我們握住的手說。這是一個強而有力的時刻，是一種慢動作的時刻，當它發生時你會意識到自己可能永遠不會忘記。我看著蕾咪，但不知道我的哪一

部分在看：記者、潛在的凍卵者、女人。「我太高興了。」蕾咪昏沉地呢喃著。「鬆懈。我感到如釋重負。」她的聲音沙啞而低沉，充滿了感情。「我真的很想知道我有多少個卵子。你認為有多少？很多。我希望有很多。」她閉上眼睛，陷回枕頭裡，把毯子拉到下巴。

幾分鐘後，胚胎師進來自我介紹。她告訴蕾咪總共取出了 17 顆卵子時，蕾咪倒吸一口氣。「太好了。」她告訴蕾咪晚一點可以打電話過來（語音信箱），詢問她取出的卵子中有多少處於適合冷凍狀態。胚胎師離開後，一名護理師探頭進來。「準備好嘗試排尿了嗎？」之後她又給了蕾咪幾張紙。出院說明、處方、更多電話號碼。然後她就可以回家了。

蕾咪之前請另一個麻醉住院醫師瑞秋，在取卵手術後開車送她回家。她知道瑞秋前一晚值班，可能沒辦法趕來。但正在為她第二個孩子哺乳的瑞秋發簡訊說：我正在趕來！抱歉可能閃到你。我正在擠奶而且不害臊⋯⋯泊車員可能會側目。蕾咪討厭打擾同事，尤其是剛上完漫長夜班的同事。她很想不顧規則，自己開車回家。反正她的車已經停在診所的停車場了。但瑞秋堅持要過來。兩個年輕的醫生，同樣地睡眠不足；一個在哺乳，一個剛取完卵。在車上，蕾咪興奮地聊著，向瑞秋講述了早上的事，以及她得到了很多卵子。她們在一個加油站停下來讓蕾咪買運動飲料，儘管她真正想要的是煙燻迷迭香拿鐵。還有，長長的午覺。她深吸了一口氣，讓肩膀深陷入乘客椅。除了後勤壓力和取卵當天早上交通計劃的臨時變更外，她的卵子冷凍過程再順利不過了。

第十三章　遠大卵程

鬆懈：寫在臉上、全然的鬆懈。在取卵前幾天，蕾咪只感到緊張的期待，但她從手術中醒來後，一種歡快感籠罩著她。在她今天感受到的許多情緒中，在接下來的幾天和幾個月裡，她最難忘的就是這種如釋重負的感覺。

當天下午，她撥打語音信箱揭曉卵子的命運。17個都成熟並冷凍了。

心靈的平靜與控制的幻覺

蕾咪在過去七個月裡保持單身，並學會愛上獨處的時間，享受回到她波西米亞風格的家，那裡只有她和蘇菲。沒有誤會，不用躡手躡腳，沒有爭吵。她為之前的長期伴侶做了許多讓步，現在她不願意再為了關係而放棄做自己。她認為這會讓她更難遇到合適的人——要找到合適的人本來就已經夠難了。儘管如此，她還是很興奮能再次開始約會，更興奮的是凍卵讓她擺脫了在過度專注於尋找伴侶時，經常會感受到的壓力。

之前我們已經看到，統計數據和當前數據得出的結論是，用冷凍卵子生孩子並非萬無一失。儘管如此，許多女性仍將冷凍卵子視為對未來的保險。曼蒂、蕾咪和蘿倫都是這麼想的。但冷凍卵子不是保單。那麼，如果凍卵者並未獲得這樣的保證，他們得到的到底是什麼呢？

作為凍卵者來說，蕾咪掌握的知識比其他人多上許多。但就連她也不太清楚，她的卵子離開身體展開脆弱的旅程時會經歷些什麼。沒有人對她詳細解釋過，從卵子解凍到可存活的胚

胎,再到健康嬰兒,多個步驟一層層的損耗率。但她並不擔心。蕾咪也許不清楚卵子冷凍背後的科學複雜性,但她很清楚卵子冷凍會為她帶來什麼。「我只是不想定下來,」她不只一次對我說,她指的是約會。「現在我不再覺得自己非定下來不可。」我意識到,這就是卵子冷凍的真正意義。不是冷凍了卵子,未來就能生出健康孩子的那種保證。不是真正的保險,而是安心。

達成階段性任務

我想著蕾咪的篤定。我從沒聽過她對冰存的 17 個卵子變成寶寶這件事,吐露過一絲疑慮,一次也沒有。* 同樣強烈的是那種如釋重負的感覺——她在取卵後立即就感受到了——因為終於能擺脫她當成計劃般,汲汲營營的未來羅曼史。我想知道蕾咪的經歷(尤其是她做完冷凍後的強烈情緒),是否與其他出於非醫療原因凍卵女性的經歷一致。我問傑克和黛博拉,FertilityIQ 是否有此類數據。他們說沒有,但他們答應做一項調查以幫助我進一步了解。

調查的 70 名受訪者中有近一半表示,冷凍卵子的決定促使她們改變了時間表並推遲了生育。換句話說,她們為自己提供了更多、更好的未來選擇。當被問及如果這些卵子沒能變成

---

* 我應該補充一下,蕾咪能如此篤定跟她是一個攜帶水晶的醫生脫不了關係,她相信星座、相信荷爾蒙波動與滿月有關(她告訴我,她的月經週期總是與滿月同步)。「對冷凍卵子這種事,我絕對是一半嬉皮一半科學家,」我們第一次見面時她對我說。「從宇宙觀點來看,相信這種魔法會更有趣。」

孩子，她們是否仍會因為凍卵而感到高興時，近四分之三的受訪者表示肯定。後來，我發現了更多關於心理益處的數據——在我和少得可憐的成功率數據苦苦掙扎後，這感覺就像是一個小小的勝利。在一項針對 224 名凍卵者的調查中，60％的人表示，冷凍卵子後，約會時的時間壓力減輕了，許多人表示，她們感到「更加放鬆、專注、不那麼急切，並且有更多時間尋找合適的伴侶。」[1] 高達 96％的人表示她們會向其他人推薦冷凍卵子。2020 年發表的一項研究，針對 2008～2018 年間接受凍卵的女性進行了調查，結果發現，91％的凍卵者表示不後悔，即使她們沒用到冷凍卵子就懷孕了。[2*]

《美國社會學評論》（*American Sociological Review*）的一項研究，為這些統計數據提供了脈絡。論文作者是社會學家布朗（Eliza Brown）和派翠克（Mary Patrick），她們發現，凍卵可以幫助女性應對生理和時間需求帶來的焦慮，部分原因是它可以幫助她們區分，尋找合適伴侶的想法與生孩子的想法。[4] 透過暫時分開浪漫與生理時鐘，研究中的凍卵者「希望將長期的生育目標打上括號，改變她們伴侶關係軌跡的經歷，並向潛在的伴侶發出信號，她們並不『急著』尋找長期伴侶和生子。」[5] 這項研究以及類似的人類學研究顯示，單身女性將卵子冷凍視為更上一層樓的技術，讓她們能夠想像未來成為母親，同時讓她們有時間尋找並愛上將來一起生子的對象。瓦萊

---

* 這項研究中的受訪者有 20％在調查時已成功生育或懷孕[3]；一半是自然受孕，四分之一是使用冷凍卵子。

麗,在個人正面經歷後開設了凍卵部落格的那位芝加哥女士,這樣對我說:「感覺就像我又回到了 30 歲,」她談到這個決定時說。「就好像我又多了七年時間去尋找對的人。」

所以,也許我們應該問一個不同的問題,專注於冷凍而不是解凍:女性對她們做了冷凍感到高興嗎?用一個字回答,是。冷凍卵子讓許多女性感覺在生育力方面受到賦能,無論她們是否會去使用卵子。這很重要。卵子冷凍可以改變女性約會的方式——注重品質而不是速度——而且,也許最有力的是,可以防止日後後悔。光是有一個備用選項——即使是一個不穩定的選項——就會改變女性對生理和時間需求的看法,並透過提供此時此地的獨立感以及對未來的安心感,深刻改變她的個人生活。

你需要的不是一個真實的寶寶

事實證明,冷凍卵子的最大好處不是寶寶——而是心靈的平靜。你要花相當大的一筆錢在你不希望用到的備份上,更別說用了也不一定會成功,但緩解生理時鐘的壓力這一點很難定價。因此,對許多女性來說,卵子冷凍帶來的是一種希望,值得那一段時間的身心俱疲、高昂費用和不確定的成功機會。

取卵幾個月後,蕾咪給我發簡訊:我那些珍貴的冷凍卵子寶寶,幫我找回了一些理智,結束了這段關係(我當初多麼一心一意希望就是「這一個」),而沒有了必須定下來的壓力,她的訊息寫著。和他在一起會生出最美的嬰兒。但他也會讓我

發瘋。在我內心深處，這些卵子是安定下來的最佳保單。文字後面跟著一串表情符號：♥️🤞📦🐭💪

在科羅拉多州，我搬進了博爾德的一間小公寓，落腳在落磯山脈腳下。我試著安定下來，在光線、空間和白雪皚皚的山峰中，找到自己的立足點。一天下午，我坐在客廳的地板上，手裡拿著一本屬於蕾咪的厚重綠色文件夾。接受任何類型的生育治療都需要一定的毅力——以及對文書工作和打電話的絕大耐心。蕾咪和我討論過這個問題，我在納許維爾時，她多次提到她一直保留著一個文件夾，其中包含她冷凍卵子過程中的每一份文件。取卵完成後，蕾咪把文件夾寄給我。我現在才打開它，把裡面的東西都攤開在地毯上。資料夾的索引標籤上寫著「卵子」。資料夾本身幾乎寫滿了蕾咪工整的大寫字跡。有電話號碼和撥打電話號碼的提醒。信用卡收據。寫著價格的便利貼、塗掉的數學算式、許多美元符號。大量的簽名。列印出來的 Google 地圖方向指示。取卵日注意事項，折疊著並有摺痕，好像已經被讀過很多遍了。「生殖材料的保管和運輸——客戶姓名縮寫，」紙上的其中一行寫道。保險文件上的問號。Freedom Pharmacy 藥局的便條紙，上面寫著廣告標語「我們非常透明」。有關針頭、冰袋、隔夜運送的列印文件。蕾咪寫給自己看的註記：抗穆勒氏管荷爾蒙 # = 銀行裡有幾個卵。不孕症不適用於自付額上限，如果……注意體能活動，因為卵巢又大又腫脹。她的卵泡影像，共八張黑白超音波列印照片。到處都寫著「自付」和「免賠額」。

重點在採取行動

坐在蕾咪的筆跡前，注意到她對細節的非凡關注，看到這幾十份文件，讓我回想起我們的第一次見面。我們在納許維爾喝迷迭香拿鐵時多麼興奮地交談，她的熱情和活力照亮了小咖啡館。幾乎每次我在蕾咪身邊時，都會注意到她的活力、她的自信──現在她的卵子冷凍紙本紀錄也給我同樣感覺。綠色文件夾說，全都在這裡了。它說，我可以控制自己的生育能力。裡面有該打的電話號碼、該付的帳單、會寄來並需要冷藏的藥品、精確的注射說明。弄清楚價格，掌握時間和地點，仔細閱讀每段文字，因為她畢竟是一名醫生，一個聰明、追求事業、獨立的女性，習慣把事情掌握在自己手中，為她未來的家人犧牲時間、金錢和情感能量。這是就事論事的媽媽模式，對於像蕾咪這樣的女性來說，有一套流程、一個明確的計劃和個人化的作法去依循。無論這是蕾咪作為醫生的素養，還是她作為女性的素養──或者兩者兼而有之，都不如採取行動對她的意義來得重要。一開始，唯一未知的是卵子冷凍成果如何，也就是說，會冷凍多少卵子。她有了 17 個。任何未來的未知數──她的卵子是否能在解凍後仍具活力，是否能與她將結婚的男人的精子成功受精，她是否會使用它們，或者從此相忘──都是以後的事了。以後。

知名女性主義作家奧倫斯坦（Peggy Orenstein）在她的著作《別叫我公主》（*Don't Call Me Princess*，暫譯）中寫道，體外受精的存在「創造了一種新的驅動力，在生物學和心理上都

具有深遠的意義：你可以稱之為科技醫學的必要性，需要窮盡每一種『選擇』，『盡你所能』地去擁有孩子——無論自己、婚姻或錢包要付出什麼代價——不然就會覺得自己做得還不夠。現在有可能在數年裡仍受制於不滅的希望。」[6]她繼續說：「你不試一試怎麼知道呢？如果你不試，難道不會一直想著要是試了會怎麼樣嗎？懸著一顆心多麼令人痛苦。」冷凍卵子宣稱能讓人不再懸著一顆心，但它也提前了女性展開多年追逐技術生育夢想的起跑線。有些凍卵者，例如蕾咪，已經為未來的孩子選好名字。其他人，例如曼蒂，則喜歡凍卵讓他們暫時擺脫對未來孩子和生兒育女的煩惱。所有凍卵者都被這樣的想法說服：生育力不是停滯的，而是一種具有自身敘事的活躍狀態。凍卵者動機中隱含的暗示和暢想未來，可能是該技術故事中最重要的層面。「我只是想知道自己已經盡力了，」曼蒂告訴我。這種感受解釋了為什麼許多人認為這個過程是一種解放，但我們也可以輕易看出，一個年輕凍卵者的「盡你所能」心態，後來會更加深奧倫斯坦所描述的那種動力，執著於體外受精並窮盡一切方法，要冷凍卵子以及整體人工生殖技術兌現承諾。

「這是我們能幫助人們推遲生育的最好辦法，但它遠非完美。」西雅圖生殖內分泌學家蘭姆博士，在我們討論冷凍卵子被誤解為保險時說道。「我對患者最大的希望是她們不必用到凍卵。」

哇哦。雖然我已經了解不少，但聽到一位生殖醫師這樣說，還是讓我大吃一驚。她大膽地宣稱了一個令我感到沮喪、

有時甚至難以承受的諷刺：相信凍卵技術可以保留我生育親生孩子的能力，但不要依賴它到改變原本的生活選擇，或避免認真考慮其他選擇，例如收養或根本不生孩子。這頂多是自我欺騙嗎？卵子冷凍樂觀主義者會說不是——至少現在不是。即使缺乏保證，但對大多數女性來說，光是有可能掌控生物時程表，就已經值得了。只要她們不忽視成功率和目前可得數據有限的現實。

正視控制的幻覺

　　控制的幻覺改變了我們的觀點。我們喜歡認為自己擁有比實際更多的掌控權。我和班分手後常常想到這一點。隨著時間過去和接受治療，我漸漸明白，我花費這麼多的時間和精力尋找凍卵的答案，部分原因是我不想面對關係中就在眼前的難題。我想占據駕駛座，掌控整個敘事——迴避我們的問題幫我做到了這一點，直到避無可避。

　　但我厭倦了試圖控制一切、了解一切、勾掉所有的方框。我為所有試圖做同樣事情的女性，感到疲倦不堪。焦慮充斥在我們生活的每個角落，我們筋疲力盡，因為想讓一切萬無一失，但能信任的又太少，我們不允許自己擁有「現在」，因為太執著於「未來」。在我的卵子冷凍之旅和生活中，感覺自己好像在廣闊的田野上眼花繚亂地繞著小圓圈，打轉了很長一段時間，試圖找到自己的方位。我想鬆開手，讓視野回歸清晰。我不想再假裝一切——我的卵巢、我的心、我的生育能力——

都會好起來。

也許冷凍卵子是一種重新獲得控制權的方法。但我不確定我是否想要。

親職經濟學

小時候，我有時會把鼻子貼在前門玻璃上等待父母下班回家。他們從車道上走回來的樣子總是一樣：父親穿著深色西裝，手裡拿著公事包；母親穿著迷彩服，戴著巡邏帽。我的父母雖然個性大相逕庭，但是合作無間——他們的邂逅超級浪漫——結婚七年才生下孩子。在我童年的大部分時間裡，我的企業家父親管理著自己的生意，而我的軍人母親管理著一個營，然後是一個旅。父親照顧我們在遊樂場弄到的傷口和瘀青，並教我們如何騎自行車。母親在週末的體育比賽中為我們加油吶喊，並在睡前大聲朗讀給我們聽。父母的團隊合作構成我們生活的節奏，我和兄弟姊妹從小就認為世界是這樣運作的，這是由兩位熱愛自己工作的全職工作父母所帶領的緊密家庭。

對我父母那一代的人來說，在他們二十多歲時，工作是身分認同一個主要且穩定的部分。如果你找到一份好工作，就會守著它到退休。進入黃金生育年齡後，你非常有信心地知道自己會在哪裡，以及十年後你可能會賺到什麼——只要你準時出現，讓你的老闆高興，並繼續往上爬。也許你不打算在生完孩子後繼續工作，這是可能的，因為你的伴侶擁有這種工作和

安全感。如今,只有極少數傑出的年輕人才能擁有這些。在過去,這種穩定性使得長期決策變得無比容易。然而,儘管千禧世代的收入比其他世代在同齡時還要多,但他們所擁有的財富卻少得多,這主要是因為生活成本的增長速度超過工資的增長速度。*在大多數情況下,現在的年輕女性不僅僅是反覆無常、害怕承諾的夢想家,以職業抱負或與男性完全平等的名義,想將生育推遲到最後一秒。她們——以及她們所愛的男人、女人、伴侶——正以與父母截然不同的方式展開成年生活。

我一直計劃有朝一日要成為母親。但尤其是最近,我一直在思考生兒育女之前,應該達到的財務穩定和職業成功程度。我非常幸運能在學校和飛機上度過我的二十幾歲,一邊工作、一邊學習和旅行。我就讀於一所私立文理學院。我獲得研究生學位,而且沒有揹上學生貸款。我希望我未來的孩子也能擁有這些,所以我很容易說服自己,等到至少小有積蓄再生孩子才是負責任。但等待也意味著背負時間表的壓力,擔憂卵子過期以及在追求事業的同時,不斷提醒我正在犧牲我的育兒前景。

我並不孤單。皮尤研究中心最近的一項調查顯示,尚未為人父母的美國成年人中,有愈來愈多人——44%——表示自己不太可能生孩子。[8] 幾年前,《紐約時報》問道:為什麼美國年輕人的孩子數量少於理想數量?[9] 他們調查了 1858 名、年

---

* 正如 2021 年《商業內幕》(*Business Insider*)的一篇文章敏銳指出的,「40 歲之前的兩次經濟衰退和學貸並無助益。」[7]

齡在 20～45 歲間的男女。大多數受訪者表示，由於擔心沒有足夠的金錢或時間，他們推遲或停止生孩子。*財務不安全感正在改變當今世代的選擇，使金錢成為影響生育決策的主要因素。另一個是氣候變遷。2023 年針對印度、墨西哥、新加坡、美國和英國約 1000 名父母進行的一項調查顯示，超過一半——53％——的父母表示，氣候變遷影響了他們生育更多孩子的決定。[11]Modern Fertility 於 2022 年對近 3000 名美國女性——主要是 Z 世代和千禧世代——進行的一項調查發現，其中 58％的女性由於擔心氣候變遷而調整了生育計劃。[12] 受訪者表示，她們格外憂心「（她們的）孩子將繼承的世界」。

　　名作家薩斯曼（Anna Louie Sussman）在《紐約時報》題為〈嬰兒的終結〉（The End of Babies）的評論文章中寫道：「世界各地，經濟、社會和環境條件就像一種分散的、幾乎難以察覺的避孕方式。」[13] 她闡述了這些條件如何不利於組建家庭——「我們的工作時間更長，工資更低，留給我們更少的時間和金錢去認識、相處和墜入愛河」[14]——並指出許多準父母一想到要提供給孩子什麼樣的生活，就會普遍感到焦慮。一個世代的經濟機會，幾乎影響生活的所有基本要素：工作、性、愛、家庭。簡而言之，現代父母面臨的經濟狀況十分殘酷。[15] 千禧世代和 Z 世代是有史以來受教育程度最高的一代[16]，這種差別原本應該讓我們變得更富有或安全，但事實並非如此。

---

* 他們的理由是：「托育費用太貴」（64％）；「因為財務不穩定而等待」（43％）；「沒有帶薪家庭假」（38％）。[10]

在我看來，成年就是要獲得安全感。事業、關係、住房、醫療保健。我的一些朋友有 401（k）計劃和付清的房貸；其他人則背負著卡債和沉重的學貸。現在女性的財務擔憂清單，還得多列入一條生育力。雖然，能夠擔心生育問題其實是一種奢侈，但許多女性在諸多煩惱之外，確實還擔心著這一點。

當女性有了更多人生追求

隨著年輕女性在二、三十歲時，奮力追求自己的抱負和正起飛的職業生涯，許多人犧牲了自己的生育能力——無論她們是否意識到。對於那些意識到所謂「母職懲罰」，也就是她們在生孩子後將失去職業和經濟優勢的人來說，凍卵看起來是一種賦能的解決方案。提供生育福利的公司數量不斷增加，這是過去幾年冷凍卵子行業，最大的發展之一。但由公司買單的生育力保存，並非眾人期望中下一個促成平等的重要因素，而且在某些方面來說，它反而分散了職業女性真正需要的解決方案的注意力，例如：政府資助的優質兒童托育，或是中等長度的帶薪育嬰假。理想情況下，雇主應提供生育福利，同時解決導致女性員工延後生育的因素。凍卵被宣傳為女性工具箱中的另一個工具，但其實應該為有孩子的女性提供更多支持，如果女性不想生孩子，則應該減少她們生孩子的壓力。

各個薪資階層的人，因為各種原因選擇延後或放棄生育子女——職業、旅行、關係、金錢、氣候變化，或者根本沒有任何原因。我們對於形塑並激勵女性生活的因素假設是如

此根深蒂固，以至於有些人根本想不透怎麼可能有女人不想要孩子。根據美國疾病管制與預防中心 2023 年的報告，15～44 歲的美國女性中近一半沒有親生孩子。[17] 部分原因是等待生孩子，會增加不生孩子的可能性。延遲生育——在 35 歲或以上才生第一個孩子——與美國幾十年來出生人數一直下降的趨勢有關。[18] 但也是因為許多女性乾脆選擇不生孩子。這應該不用說——但令人沮喪的是，事實並非如此，所以我要再說一遍——對於女性而言，為人父母並不是她們獲得意義和身分的唯一或主要角色。當談到選擇不生孩子時，格洛麗亞・斯泰納姆（Gloria Steinem）總結得很好：「當我還年輕時，我以為自己必須生孩子。我以為每個人都必須有孩子。但曾經有人說過，並不是所有有聲帶的人都是歌劇演員。並不是每個有子宮的人都必須成為母親。當避孕藥問世後，我們就能夠把生育——交給自己。」[19]

那個小卵巢⋯⋯會不會？

這幾年來，我一直想把支持和反對我凍卵的原因一條條列清楚。光列出優缺點清單已不夠，但我也只有這些了。我想用卵子冷凍的好處——心靈的平靜、減輕生理時鐘壓力——去平衡未知的成功率、潛在的健康風險和難以下嚥的價格標籤。雖然，生育藥物的高價和潛在危險是重大阻礙，但那並非全部。每個人的決策點都不同。對我來說，最糾結的一點，也是在決定是否凍卵時足以扭轉局面的決定性因素——我的卵巢。

我還是很擔心,如果選擇繼續走上凍卵之路,會發生或不發生一些事情,讓我之後始終活在悔恨中。如果我做了凍卵,並且出現最壞的情況——我失去了剩餘的卵巢;我只得到幾個卵子,遠遠不足以對生下孩子的機會充滿信心,然後餘生都活在注射可能引起健康問題的低度焦慮中;也或者我冷凍了一大堆卵子,可是等我三十多歲再回頭使用時,卻沒能成功——這可能是我的報應。我會責怪我的身體,但也會責怪我的大腦,因為在花了許多年了解非常真實的優點和好處後,我選擇了冷凍卵子,不顧有關風險和潛在缺點同樣非常真實的事實。

但不冷凍我的卵子也可能讓我留下深刻的遺憾,這是我在這段旅程後期才明白的事。我在採訪生殖內分泌學家和生育專家時,有時會提到我只有一個卵巢的事實,以及研究卵子冷凍的個人原因。然後我會詢問他們的意見,當然我總是會提出免責聲明,我知道他們不是我的醫生,因此無法為我提供具體的醫療建議。有一次,我向德克薩斯州奧斯汀(Austin)的生殖內分泌學家、熱門 podcast《作為女人》(As a Woman)的主持人娜塔莉・克勞福德(Natalie Crawford)博士,講述了我的生殖手術歷史,以及有一天想要親生孩子的願望。她說,如果我冷凍卵子,需要非常小心卵巢扭轉的風險,但「只有一個卵巢的人,出現卵巢過度功能亢進症的可能性極小,」聽到這說法我很驚訝,但又大大鬆了一口氣。「你沒有後備餘地,」她指的是我唯一的卵巢,並告訴我可能需要「透過冷凍一些卵子或胚胎來緩衝這種風險。」

克勞福德醫生和其他我採訪過、談論我個人情況的生育專

家,都沒有強力推薦我冷凍卵子,就算我決定凍卵他們也不會獲得任何好處。考慮到我的病史,他們只是指出我有一個極具說服力的理由該凍卵。

沒人可以給你最佳建議

在這些相互矛盾的想法中,我再度與曼蒂、蕾咪和蘿倫取得聯繫。我想知道她們現在的生活如何,以及她們對凍卵的想法是否改變了。

這時曼蒂已經接近35歲,正在換工作。我們在電話中交談時,她告訴我,她仍然很感恩自己當時冷凍了卵子,而不是在她和丈夫還沒有準備好時,屈服於生兒育女的壓力。爭取到時間的感覺依舊緩和著她的焦慮。「我做了我該做的一切,也按照醫生吩咐的去做——但結果讓我更覺得不知所措。」曼蒂告訴我。「如果你有大量資源而且一切順利,那麼冷凍卵子似乎是理所當然的事。但如果你的資源有限,過程又不太順利,那就可能會變成情緒化且令人困惑的旅程。」她和昆西正在考慮不久後增加家庭成員。「一想到懷孕,我就會再次想起冷凍卵子時的感受,」她告訴我。「我又回到過度 Google 搜尋和過度分析的狀態。如果我需要很長時間才能懷孕怎麼辦?在使用我們的冷凍胚胎前,我應該嘗試多長時間?這要花多少錢?」

我在蕾咪35歲生日前幾週透過視訊與她交談,那時她剛下班回家。她穿著藍色手術服,長長的金髮攏在一側。她最

近搬到了北卡羅來納州的公寓小套房,並正在完成杜克大學(Duke University)婦產科專科醫師培訓。我問蕾咪,從她最初決定冷凍卵子到現在,整個過程中最具挑戰性的部分是什麼。「第一是不能攝取咖啡因,第二是錢,」她回答。「最困難的部分是財務壓力,要想辦法付清這些錢。」蕾咪仍然需要支付儲存卵子的年費,此外還有每月 640 美元的手術貸款。她告訴我,她從來不覺得凍卵對她來說在經濟上真的可行,儘管她勉強做到了。即使如此,她說,「冷凍卵子是我做過最明智的決定之一。」她媽媽向那些有與蕾咪同齡女兒的朋友們,吹噓這件事:「她們應該像蕾咪那樣冷凍卵子!」當約會時談到孩子的話題時,蕾咪告訴對方,她冷凍了卵子,所以不急著生兒育女。

至於蘿倫,嗯,她的生活看起來的確實大不相同了。在我離開休士頓前一個潮濕的下午,我去蘿倫家拜訪她。她 12 歲的鬥牛犬本特利在門口迎接我,然後跟著我們走進客廳,接著我們坐下聊天。冷凍卵子後,蘿倫選擇不再採取節育措施。不吃避孕藥後她感覺頭腦更加冷靜,脾氣也更加平穩,所以她確信不再服用會更好。她從 14 歲起就開始服用避孕藥,直到現在,每個月都會像時鐘一樣準時流血——準確地說,是每個月的第四個星期二上午九點。她不知道自己正常的月經週期有多長,也從未追蹤過經期症狀。如果她知道的話,可能就不會發生之後的事了。

就在蘿倫第二次嘗試凍卵時,她和很久以前共度初夜的那個男人共進晚餐,事實上,他還幫她打了破卵針。「我那時

說,『你能幫我在屁股上打一針嗎?很高興再次見到你。』」蘿倫苦笑著說起這個故事。那天晚上他們重燃舊情並開始約會。幾個月後,蘿倫意外懷孕了。她對自己意外自然受孕感到非常震驚,足足驗孕了五次才接受這個現實。現在她已經懷孕八個月了,是一個健康的男嬰。在我前來聽這個故事前,她就告訴我她懷孕了,但親眼看到她——斜倚在搖椅上,身形龐大但散發光采,赤腳擱在腳凳上——我幾乎不敢相信凍卵會以如此意想不到的方式改變她的生活。「如果他的個性就跟在我肚子裡一樣——他已經鬧了九個月——那這個孩子一定超級頑皮,」蘿倫說。「我不小心中獎了,自從我發現自己懷孕的那一刻起,我這輩子從來沒有這麼開心過。」

我希望別人幫我做出決定

在班和我分手一年後,我已經在是否凍卵的決策上反覆掙扎百來次。我想相信,如果我冷凍卵子會像曼蒂、蕾咪一樣,一切順利;以及那些做完後面帶微笑、取得大量卵子的女人一樣。或者,即使我在凍卵時經歷了嚴重的併發症,就像蘿倫一樣;也許卵子冷凍會成為催化劑,通往我意料之外的母職之路,就像蘿倫。我只有一個卵巢的這個因素顯得很重要。曼蒂有兩個部分卵巢,她很幸運能如此順利地克服重重困難。沒有人,甚至她的醫生,會想到她能取得 20 個卵子並冷凍八個染色體正常的胚胎。我全心全意地相信我的小卵巢,我相信它可以承擔雙倍職責,盡可能排出最多卵子。但我必須面對現實:

如果我決定凍卵，我無法確定自己是否會像曼蒂一樣幸運。

事實是——我終於開始允許自己面對——我一直不想做出這個決定。我希望別人為我做出這個決定。我想由我的身體決定：兩個卵巢都沒了；現在已經太遲了（不過我當然不希望我的卵巢出任何事）。我想由我的心決定：他就是那個人，該生孩子了。最重要的是，我希望由我的頭腦決定，因為經過這麼長時間的報導研究，並用我能找到的所有尖銳物體，來戳刺這個問題後，我應該能夠從邏輯上確定正確的選擇。

「我是那種努力避免後悔的人，總是以能最佳化結果的方式掌控生活，」曼蒂曾經告訴我。「這就是為什麼我決定冷凍胚胎：一種防止最壞情況發生的方法。」這引起我的深刻共鳴。我在曼蒂的合理化中看到了自己，她對未知的恐懼引發了行動。與這段旅程中的任何其他時刻相比，當我現在想像冷凍卵子時，我更能想像未來的我這樣做的原因：幾年後，拚了命想生第二個或第三個孩子時，對沒能在還有機會時冷凍我年輕的卵子，而感到前所未有的後悔。我覺得自己卡在冷凍卵子的承諾和風險、我們知識中尚存的空白，以及防止未來後悔的壓力之間。然而，我即將被提醒，就算現在採取具體行動，也無法保證未來的確定性。

第五部

凍卵

第十四章

無活性

儲罐故障與隱患

2018 年 3 月 3 日午餐時間過後不久，俄亥俄州克里夫蘭（Cleveland）的大學醫院生育中心（University Hospitals Fertility Center）實驗室內，低溫儲罐內的溫度開始升高。這個充滿液態氮的罐子裡，裝有近千人的四千多個冷凍卵子和胚胎。那天是星期六，診所的實驗室工作人員 40 分鐘前就已經下班回家了。下午 5 點 6 分，儲罐的警報響起。任何在正常聽力範圍內的人都能聽到這個聲音，並立即發現溫度已升至攝氏 −156 度，比正常溫度高出 40 度，但星期六晚上實驗室沒有工作人員，所以沒有人聽到。又過了好幾個小時，才有人發現儲罐故障，這時裡面所有的卵子和胚胎已經全部損壞。

隔天，4000 公里外舊金山太平洋生育中心（Pacific Fertility Center）實驗室內的低溫儲罐也發生故障，導致約 3500 個卵

子和胚胎損壞，近 400 個個人和家庭受到影響。就這樣，在一個週末，一場前所未有的災難兩次襲擊了生育診所。儘管發生的時間詭異地湊巧，但這兩起事件之間並無關聯。

事件發生四天後，負責監管生育診所的克里夫蘭大學醫院醫學中心（University Hospitals Cleveland Medical Center）向患者發出信件，通知他們的卵子和胚胎所在儲罐發生了「意外的溫度波動」，對於俄亥俄州的患者來說，這時噩夢才真正開始。在這一案例中，「波動」是溫和的說法。不在控制之中的升溫，可能會對冷凍的生殖細胞造成災難性的後果。在太平洋生育中心的案例中，四號儲罐內的液態氮液位降得太低，破壞了裡面數千個卵子和胚胎。四號儲罐容納了太平洋生育冷凍保存組織總量的 15%。當時，沒有警鈴或電話警報通知診所的實驗室工作人員發生故障，胚胎師在下班前的例行檢查中才發現問題。七天後，這家加州診所開始向患者通報儲罐故障。

在克里夫蘭低溫儲罐故障事件兩個月後，院方在母親節為配子和胚胎被破壞的家庭舉行了追悼會。五月中旬，我飛往俄亥俄州報導這次追悼會。我花了將近一個月的時間，調查大學醫院生育中心的儲罐故障事件，並採訪了幾位發現自己面臨無法估量損失的女性及夫婦。當我四處打電話詢問這場災難的背景時，得到的反應令人憂心。西雅圖 Pacific Northwest Fertility 的胚胎師兼實驗室主任辛蒂・卡巴尼（Cindee Khabani）表示：「30 年來我從沒聽說發生過這種事。」其他經驗豐富的實驗室主任也這麼說，並表達了他們的震驚和恐懼。一連數日，全美各地的生殖醫師不斷接到憂心忡忡的病人的電話：我

的卵子還好嗎？我們的胚胎是安全的，對吧？

這是每家生育診所的惡夢。如此嚴重的低溫儲罐故障是一種新的不確定性，就連我都沒想過。大多數美國生育診所都有備用系統以應付技術故障，並確保冷凍樣本保持低溫狀態。我採訪過的胚胎師轉述了他們實驗室的各種流程——而且在儲罐故障的消息傳出時，他們迅速再三檢查：多個備用低溫儲罐、工作人員每天（最低限度）檢查冷凍櫃、監控儲罐及其內部溫度等的專用警報系統。克里夫蘭和舊金山診所的故障，都涉及儲罐內的溫度和液態氮液位，我很快就會談到細節。這兩家都是知名且信譽良好的診所，他們的低溫儲罐和實驗室安全措施被認為萬無一失。但他們的系統失敗了，造成美國有史以來最重大的此類損失。

生育渴望

凱特·普蘭茲初次得知自己患有卵巢癌並幾乎失去生育能力，是她 31 歲的時候。當她必須切除左卵巢時，她心想，感謝上帝，我還有子宮。在凱特確診之前，她和丈夫傑瑞米一直在嘗試懷孕。感謝上帝我仍然可以懷孕。凱特第二次幾乎失去生育能力是在兩年後，當時她得知癌症已經擴散到她的子宮。那天在醫生診間，婆婆臉上驚恐的表情說明了一切：情況很糟糕，凱特有麻煩了。三個月後，醫生切除了她的子宮。感謝上帝，我們仍然擁有胚胎，她在子宮切除術後如此想著——在凱特接受手術前，她和傑瑞米已經冷凍了五個胚胎。凱特徹底失

去了懷孕機會，但令她感到安慰的是，他們還可以請代孕生下她和傑瑞米冷凍的胚胎帶來的寶寶。隔年，這對夫婦得知他們的胚胎連同其他數千個胚胎都已毀損。這個消息也意味著凱特的生育能力永遠消失了。

在克里夫蘭的追悼會前一天，我前往凱特與傑瑞米和他們兩隻小貓住的單層薄荷巧克力色房子，拜訪她。我們盤腿坐在育嬰房的地板上。這個房間從來沒有被使用過，現在可能永遠不會用到了，但待在裡面能讓凱特感到安慰。她把它當成一個避難所，一個她坐下來想孩子的地方。「我不知道看到自己的親骨肉走來走去會是什麼感覺，也不知道那會多麼令人滿足。」她一邊說，一邊伸手去拿一頂她為自己沒有生下的孩子編織的帽子。她的頭低垂著，一縷縷橙紅色的頭髮襯托著她蒼白的臉。然後，她的聲音變得更輕柔：「我不想向自己承認我有多想要孩子。」

育嬰房的尿布櫃是凱特小時候用過的。凱特由單親的母親撫養長大，從她記事起她就一直想要孩子。在成長過程中，她會在同父異母的妹妹們都在玩洋娃娃時，假裝為她們做飯。凱特撫摸著一隻爬到她腿上的小貓，告訴我無法生育孩子讓她感覺自己作為女性的一部分被剝奪了。她仍在努力應對這一切——她的癌症、被毀損的胚胎、失去生育能力——大多數早晨醒來時，她都會感到熾熱的憤怒夾雜深深的悲傷，讓她還未起身就已筋疲力盡。保護我們的卵子和胚胎是他們的職責，她心想。他們是專家。這就是他們拿錢該做的事。

為生育力舉辦追悼會

追悼會在城外米德爾堡高地（Middleburg Heights）的墓地舉行。陰沉的天空使得這個春日異常寒冷，即使對克里夫蘭來說也是如此。院方打造了一個刻字的花崗岩長凳作為永久的紀念。紀念那未出生的／我在子宮裡孕育你之前，我已知道你，長凳的一部分文字。謹此紀念 2018 年失去的卵子和胚胎。天空下起了毛毛細雨，我用手肘內側夾著傘尾，一邊在追悼會上採訪患者記下筆記。他們的年齡從 22 歲到 40 歲出頭不等。有些人在接受會導致不孕的治療前，冷凍了卵子和胚胎。有些人則是做了體外受精並生下孩子後才這樣做。他們冰存的胚胎是他們孩子未來的兄弟姐妹，一直被妥善保管，直到他們想要再次增加家庭成員。聽到他們的故事，我想起了 Boston IVF 的生殖心理學家愛麗絲・多馬爾（Alice Domar）博士，在我前往俄亥俄州的前幾天兩人談話時說過的話：「由於看似人為失誤而失去胚胎，感覺真的很不公平。對癌症患者來說，這是危機之上的災難。」

追悼會進行到一半時，天開了，碩大的雨滴落在人群中。「我們失去的東西不會被忘記，」傑瑞米・普蘭茲對擠在雨傘下不同世代的夫婦和家庭說道。對普蘭茲夫婦來說，這一天是徹底告別他們擁有親生孩子的最後機會。傑瑞米聲音沙啞地繼續說道：「這裡永遠為你保留一個位置。」一位丈夫摟住哭泣的妻子；一位祖父握緊孫女的手，而她披著父親的西裝外套靜靜地站著。在場的每個人都拿到了一支玻璃紀念蠟燭，他們手

持蠟燭，火焰在雨中閃爍。

那天晚上，我蜷縮在飯店房間裡，沒有吃晚餐。我的截稿日期已到，必須將有關追悼會的故事提交給紐約的編輯。這真是令人心痛的一天。我寫到深夜，鍵盤的敲擊聲與雨滴敲打窗戶的聲音混合在一起。悲傷——如同寬恕、如同愛——可能是緩慢而艱難的過程，我寫道。紀念死者是人類的特徵，但儀式有時必須採取不尋常的形式。設備故障、警報失靈，瞬間，數以千計的配子和胚胎被毀。我曾經站在胚胎實驗室裡，就像惡夢發生的克里夫蘭和舊金山的實驗室一樣。直到現在，我才停下來思考那些實驗室裡的液態氮罐裡到底裝著什麼：脆弱的希望、熱切的渴望、上千次關於保護生育能力令人擔憂的對話——那些為什麼、如何、萬一。儘管進行了數週的報導，我仍難以體會這些家庭的失去有多沉重。

生殖疏忽

俄亥俄州和加州的事件顯示，儲存過程的脆弱性是生育力保存的另一個隱患。這兩場災難讓我掉進了一個新的兔子洞。回到科羅拉多州的家中後，我花了幾週時間與更多專家——胚胎師、實驗室主任、生殖內分泌學家、律師——討論發生的事情，向他們追問，企圖了解生殖產業內更廣泛的監管性質。

大多得益於當地新聞媒體記者的事實調查和州衛生部門的調查，答案開始浮出水面。克里夫蘭的災難，是人為失誤和設備故障共同造成的。大學醫院生育中心在災難發生前幾週，就

已經知道儲存卵子和胚胎的低溫罐出了問題。該診所一直在與儲罐廠商合作解決這個問題。問題出在儲罐的自動填充閥，它控制著內部的液態氮液位。*因為自動填充功能故障，實驗室工作人員幾週來一直是透過軟管將儲罐連接到液態氮儲存容器，進行手動填充。但在事件發生前幾天，他們無法用軟管為儲罐注入液態氮──因為診所的備用液態氮容器已經用完了。實驗室技術人員想到的替代辦法是，用手動填充將液態氮直接從上方倒入，而不是倒進儲液罐，而且一般是經由軟管泵送液態氮進儲液罐。事實上，從上方手動注入是不正確的填充技術，在這一例中，很可能正是因此導致內部溫度升至臨界水準。

此外，儲罐上的遠端警報系統，原本應該在儲罐溫度升高時向實驗室工作人員發出警報，但遠端警報被人為關閉。如果正確開啟，很可能有人能及時抵達，在裡面的卵子和胚胎受損前解決問題。但因為遠端警報關閉，沒有人被驚動。第二天一早，當第一位員工到達胚胎實驗室時，儲罐的本機警報仍然響個不停。此時，儲罐內的溫度已升至攝氏 −32 度，內部儲存的一切早已損毀。俄亥俄州衛生部在調查中發現，該診所除了在保存儲罐溫度和液態氮液位紀錄方面有不當之處外，該診所只有一個指定的聯繫點處理儲罐相關問題，也是一個不當之處。衛生部門確定，大學醫院生育中心發生的事情基本上是可

---

* 低溫儲罐中的氮氣會持續緩慢蒸發，需要每天補充。實驗室主任辛蒂・卡巴尼告訴我：「在卵子和胚胎儲存業中，為儲罐配備自動填充裝置是每一機構的標準作業，會在系統檢測到液位過低時重新填充液態氮。」

第十四章　無活性

以預防的。*

　　至於加州診所那起令人震驚的事件，解釋來得比較慢，而且主要出自隨後的法律訴訟。2021 年，加州陪審團判定儲罐故障事件需賠償近 1500 萬美元，由五人——三名失去卵子的婦女和一對失去胚胎的已婚夫婦——平分，並將主要責任歸咎於儲罐製造商。陪審團認定，儲罐有設備缺陷——也就是應在儲罐液態氮液位下降時發出警報的控制器——這是導致儲罐內液態氮液位下降過低的原因。陪審團認為，儲罐製造公司應負 90% 的責任，太平洋生育中心應負 10% 的責任；3 月 4 日，即事件發生前大約兩週，診所的實驗室主任關閉了儲罐的警報控制器，因為它開始失靈，發出假警報。

　　太平洋生育中心在這場為期三週的審判中並未被列為被告，該中心贏得動議，將其索賠提交私下仲裁。† 該診所的母公司 Prelude Fertility 也未被列為被告——就是我們之前討論過的 Prelude。Prelude 於 2017 年 9 月將太平洋生育納入其全美診所網路。五個月後，事件發生。Prelude 擁有太平洋生育這件事，在大量新聞報導中幾乎無人提及，但我立即想到這家大型女性科技公司最近的收購，是否影響了診所的流程和設備品質，甚至導致儲罐故障事件。一些同樣熟悉 Prelude 的生殖內分泌學家，也有相同推測。「如果你即將被收購，你不會投資新的儲罐和實驗室設備，」其中一人告訴我。她的話讓我回想

---

* 最終，數百名受影響的患者與大學醫院生育中心達成和解。這些訴訟包括保密協議，並且沒有透露和解金額，但賠償金額可能高達數百萬美元。
† 數百名原告對儲罐製造商、太平洋生育中心和 Prelude 提出索賠。

到生殖產業零售購買模式的快速擴張，與由私募股權資金撐腰的雄厚財力刺激這種增長，兩者之間的聯繫。令人擔憂的是在生育和人工生殖技術領域，如同其他醫療領域，私募股權資金可能會導致公司想盡辦法偷工減料和削減成本，只求利潤，而忽視照護品質和適當的臨床人員配置。

Prelude 擁有太平洋生育的實驗室、儲存設施和儲罐。事件發生時，Prelude 擁有四號儲罐。由 Prelude 的員工負責對儲罐進行日常監控和維護。目前尚不清楚為什麼太平洋生育中心沒有功能正常的自動填充機制，在液態氮液位過低時進行補充，也沒有能夠檢測儲罐溫度危險升高的輔助監控、警報和反應系統。備份系統和監控規定，是美國大多數生育診所的標準作業。雖然，大多數診所通常會將數百甚至數千名患者的冷凍卵子和胚胎儲存在一起，但有些診所會將個人的生殖組織分散在多個儲存罐中，確實避免將所有雞蛋（亦指卵子）放在同一個籃子裡。‡

會出人命的人為疏失

我致電 Boston IVF 的醫療總監麥可・艾帕（Michael Alper）博士，以了解更多背景資訊。他告訴我，現實情況是「任何涉及人類和機器的活動，都有可能出錯或有失誤率。」

---

‡ 一篇關於 2021 年太平洋生育陪審團審判的文章指出：「2018 年 3 月的事故發生後¹，太平洋生育中心更改了幾項規定。該實驗室現在為每個儲罐配備了備用監視器和警報系統。該實驗室還將個別患者的卵子和胚胎儲存在不同容器中，以確保單一容器故障不會使個別患者的生殖組織全軍覆沒。」

機器失靈，設備損壞。生殖產業的不當行為很少是故意的。雖然有些錯誤無法避免，但許多錯誤都是可以預防的，尤其是那些因人為失誤和粗心大意造成的錯誤。我很困擾地發現，雖然群體事件很少見，但生育診所的災難性錯誤發生的頻率，比大眾意識到的要高得多。除了遺失、丟棄或損壞的冷凍配子外，還有一些駭人聽聞的體外受精混淆案例，診所不小心弄錯了樣本，導致女性生下別人的孩子。* 這些失誤有些成了聳動的頭條，但大多數沒有。報告要求稀疏且不願揭露錯誤，使我們很難得知生殖疏忽發生的頻率。

2022 年發表的一項研究，認定過去 15 年來，美國至少發生九起重大儲罐故障，影響一千八百多名患者。[3] 根據 Fertility IQ 的數據，近 30％的生育患者在診所遭遇臨床或文書錯誤。[4] 2008 年對美國生育診所進行的一項調查——雖然不是最近的，但卻是同類研究中最全面的——發現：超過五分之一的診所出現誤診、貼錯標籤或不當處理生殖材料。†[5] 可能導致冷凍卵子受損、毀壞、遺失或無法發育，導致無活性的原因包括停電；機械或設備故障，包括液態氮流失或其他儲罐故障；材料摔落，包括小瓶、吸管和其他用於冷凍和儲存樣本的容器；標

---

* 最近一個例子：《紐約時報》的一篇報導，題為〈「我們懷了他們的孩子，他們懷了我們的孩子：夫婦因胚胎「混淆」而起訴」〉，一對夫婦撫養了一個不屬於他們的孩子幾個月，並在 DNA 檢測後經歷了痛苦的監護權交換。[2]

† 當我得知埃森哲（Accenture）在 2019 年的一項研究，在四個體外受精實驗室收集了兩週的數據時，我才知道這些統計數據在實務中意味著什麼。15 個小時的錄影中呈現了受傷（一名胚胎師甚至因嚴重液態氮燒傷而被送往醫院）；沾著幾個胚胎的手杖（你應該還記得，是長型塑膠片）掉到地板上；警報一再被忽視；液態氮溢出和處理不當。錄影中還呈現大約每 25 個樣本（胚胎／卵子／精子）中，就有一個不在庫存顯示的儲存位置。

籤錯誤；因人而異的配子冷凍耐受性；庫存紀錄遺失；自然災害和人為災害；惡意破壞；以及運輸或運送事故。

數百萬人依靠生殖技術生育孩子，而因這類事故、錯誤和疏忽而受到傷害的人工生殖技術患者，往往缺乏明確的追索權。受害者常常拒絕起訴。而起訴的人又經常以保密條款和保密協議庭外和解，使生殖錯誤和訴訟結果隱藏在陰影中。如果生育診所和（或）其母公司因丟失或處理不當卵子和胚胎而被起訴，他們通常能因為患者簽署的合約中某些條款，而免於承擔責任。這與 Prelude 這些公司外在光鮮亮麗的行銷和知名度，形成鮮明對比。‡ 那麼，該由誰負責確保生育診所及其所屬公司的行為，符合道德且負責任呢？

企業經常從失控的災難中，了解到自己的優勢和劣勢。儲罐故障事件為生殖行業不平衡的監管提供了一個罕見的切入點，但這並未成為它本可以帶來改變的關鍵時刻，而且 2021 年的歷史性判決──陪審團首次在涉及卵子和胚胎毀損的案件中裁定損害賠償──並沒有產生深遠的影響。當然，公共領域發生的訴訟不算小事，但正如我曾多次採訪的西雅圖生殖醫師沙因博士所說：「你想起訴得多凶都行，但你找不回你的生育力了。」

一個創造和維護潛在生命的產業，並在過程中成為利潤豐厚的市場，它本身理應承擔極大的責任。我的下一個任務顯然

---

‡ 「這非常令人難過，」一位直接了解儲罐故障情況的 Prelude 高級主管告訴我。「我們竭盡全力，以對患者最好的方式處理這件事。」至於 Prelude 收購太平洋生育中心的時機，他將其比作「買了一家航空公司之後，它的一架飛機從天上掉下來」。

是揭開生殖醫學的層層監督——或者說缺乏監督。

缺乏監督的人工生殖產業

自 1970 年代初以來，美國就制定了限制聯邦資助人類胚胎研究的政策。[6] 雖然，這聽起來像是生殖產業嚴格監管的清晰例證，但事實並非如此。聯邦監管往往是跟隨聯邦資助而來。如果沒有國家資助，這個爭議性的研究領域就沒有明確的國家指引。相反地，各州可以自行制定政策，各自為政，而私人資助的生殖設施，在運作上也沒有受到多少消費者監管或道德監督。[7]

人類胚胎研究的複雜情況，幾乎象徵著美國生殖產業的監管：乍看之下還不錯，但其實不怎麼樣。美國的生殖醫學的監管是靠聯邦和州法律的拼拼湊湊，以及診所的自我監督。[8]* 在聯邦層面，監管人工生殖技術主要由兩個機構負責。† 美國疾病管制與預防中心對疾病擁有管轄權，負責收集並發布有關人工生殖技術療程和出生率的數據，但規避其他直接監管機會。

---

* 相較之下，其他幾個國家設有國家級人工生殖技術監管機構。[9] 最知名的是人類受精和胚胎管理局（Human Fertilisation and Embryology Authority），這是英國的獨立監管機構，負責監督精子、卵子和胚胎在生殖治療和研究中的使用。
† 還有模糊的第三個規範：臨床實驗室改進修正案（Clinical Laboratory Improvement Amendments）於 1988 年由國會通過，並由醫療保險與補助服務中心（Centers for Medicare and Medicaid Services）執行。醫療保險與補助服務中心、食品藥物管理局和疾病管制與預防中心，對這項法律負有共同責任，該法律要求針對人類進行的所有診斷實驗室工作（就生殖患者而言是指精液和血液檢測），都必須遵守品質標準。但這項修正案並沒有擴及胚胎學[10]，而胚胎學涉及卵子的取出、受精以及卵子和胚胎的轉移和儲存。這些醫療程序不屬於該修正案的管轄範圍。

每年，診所都必須向疾管中心報告每一人工生殖技術療程的結果和基本細節[11]；但就算他們不報告，疾管中心也只會將他們列入「不報告」診所名單。食品藥物管理局將其人工生殖技術監管範圍限制為對藥物、設備和捐贈者組織的一般監管[12]；它不規範診所的實際療程。體外受精實驗室中發生的大部分事情，都不屬於食品藥物管理局的職權範圍，包括診所用來儲存生殖組織的低溫儲罐操作。‡

達成階段性任務

因此，現實的確是有幾個知名的政府機構，負責監督人工生殖技術的一些層面，但它們的監管責任（包括執行標準）都附帶警語。至於地方層面，大多數州並未對人工生殖技術進行任何實質監管。這意味著人工生殖技術在很大程度上是自我監管的，頂多有專業組織做一些監督。輔助生殖技術協會，就各種人工生殖技術相關主題撰寫報告和意見。美國生殖醫學會提出最佳作法——包括生育診所應事先制定政策，一旦發現涉及配子和胚胎的醫療錯誤，就立即向患者披露此類錯誤[13]——但其建議是自願性的，有時會被忽視。§ 美國病理學會（College

---

‡ 低溫儲罐被視為醫療設備，食品藥物管理局確實會對其進行監管——但不規範儲罐的使用。例如，該機構不會要求診所披露儲罐故障的頻率，或有多少樣本意外損毀。

§ 美國生殖醫學會承認，如果要求生育診所和醫生遵循學會指南，「可能會提高全國實踐的一致性」。[14] 即便如此，學會仍然認為人工生殖技術在美國受到高度監管。但它所指出能支持這一說法的例子都有附帶警語——就是我在此深入探討的這些。

第十四章　無活性

of American Pathologists)每年或每兩年造訪一次生育診所,對胚胎實驗室進行認證評估,這在大多數州是可選的。我採訪過的胚胎師都很尊重病理學會及其詳盡的檢查表,他們非常在意自己的實驗室是否擁有病理學會的核可。但生育診所可以選擇他們的實驗室是否要接受認證——同樣地,這在大多數州都不是強制要求。

凍卵產業沒說的事

我是在和一位生殖內分泌學家——她早上六點就騎上她的派樂騰飛輪車,這是她見病人前的日常鍛鍊儀式——在電話中討論該行業的制衡流程時想通的:生育診所之所以能壓下混亂和失誤,原因在於他們無須對任何人負責[*],至少無須對任何官方機構負責。沒有診所事故率的檔案室。沒有政府機構或當局認真監管生殖疏忽。沒有中央機構監督生殖療程。而業界最有分量的組織,例如美國生殖醫學會和輔助生殖技術協會,缺乏以任何相應方式執行其指導方針的權力。大多時候,該行業的自我監管做得很好。但一旦它們做得不好,正如我們所見,後果非常嚴重。

在這個卵子冷凍傳奇的陰暗面,你我都希望我能說出一個正在上路的解決方案,證明生殖行業的監管失敗和法律糾紛都有望解決。但我只能說:寬鬆的監管並非是全然的噩夢,雖然

---

[*] 除了他們的病人外,我在報導本書過程中採訪過的幾乎所有生殖醫師,都認為這是一項重大的責任。

缺乏監督的負面影響可能很大，但也有正面的地方。一是監管的風險可能會以一種非常不受歡迎的形式出現，例如反墮胎立法和嚴格且無益的胚胎銷毀法，這些法條可能會給生育診所帶來麻煩，正如第九章所討論的。在《多布斯案》之後的世界中，正如我們所看到的，關於受孕和墮胎的煽動性政治，已經開始侵害人工生殖技術和生殖醫師施展身手的能力。由反人工生殖技術的立法者制定更嚴格的法規，可能會使情況更糟。

另一個正面因素是自由。允許生殖醫師去做自家診所和實驗室數據顯示能為患者提供最佳成功機會的事，這一點很重要。不同於大多數歐洲生育診所，美國沒有統一的冷凍保存卵子標準作業，雖然缺乏微觀管理有其缺點，但好處之一是能鼓勵創新。諷刺的是，生殖醫學是一個快速變化的領域，其特徵往往是所依據的精確科學沒有人們想像的那麼多。正如西雅圖實驗室主任兼胚胎學家辛蒂·卡巴尼向我解釋的，人工生殖技術（ART，亦指藝術）的縮寫就像是暗含隱喻：「生殖領域能變得更好，是因為世界各地的人們為了自己合用，想出了更新、更好的方式。正因為如此，進步才會發生。」生殖產業需要更好的維護標準和更高的透明度，但希望不要是以犧牲負責任的科學發展或患者結果為代價。

你的卵子仍在冰封中

生殖疏忽、儲罐故障就像一記警鐘，讓我驚覺生殖產業的監管真空（regulatory vacuum）。它也讓我真心體會到卵子冷

凍和解凍後的現實,真正考慮冷凍卵子或胚胎的女性必須做出的處置決定。一共有三種選擇:儲藏保存、丟棄或捐贈(捐給其他試圖懷孕的夫婦、捐給科學研究使用,或是捐給胚胎捐贈計劃)。

對於女性來說,要決定何時停止儲存卵子或胚胎可能非常困難。專門治療不孕症的治療師經常聽到的問題是:一旦投資人為延長你可以決定要孩子的時間,你該如何決定結束它?即使有了兩、三個健康的孩子,許多女性也很難決定就此喊停。因為難以決定該捐贈或丟棄,許多患者乾脆停止支付儲存費用。診所會試圖聯繫患者,如果一連數年無果,他們就會認定卵子或胚胎被遺棄。可以說就算沒付租金,診所通常還是不太願意銷毀被遺棄的生殖組織,即使患者已經簽署同意書,表明在死亡、離婚或未支付儲存費用的情況下,如何處理他們的冷凍樣本。

胚胎處置問題經常出現的一個領域是離婚案件,夫妻必須面對如何處理胚胎的棘手問題。這通常會引起法律糾紛。假設一對夫妻在女方接受化療前冷凍胚胎。幾年後,他們離婚了,女方想使用胚胎,但男方提起訴訟阻止女方。法官認定他們在生育診所簽署的協議有效,上面寫著:只有在伴侶雙方同意的情況下,胚胎才能付諸使用。* 換個場景:丈夫因夫妻共同創造的冷凍胚胎起訴前妻,試圖違背女方的意願,要女方成為他孩子的親生父母。

---

* 大多數診所,都會要求夫婦在創造胚胎前簽署一份契約書,聲明他們做完體外受精後,對於剩餘胚胎的命運達成協議。

對這類情況的法律反應，以及卵子和胚胎的整體監護權因州而異。大多數州在分析胚胎爭議時，都承認生殖自主權的基本權利，法官經常做出有利於不希望使用胚胎一方的裁決。但情況並非總是如此：在某些州，「誰獲得胚胎？」這個問題的答案是「想把胚胎變成嬰兒的那一方」。2018 年，亞利桑那州通過一項全美首例法律，規定有爭議胚胎的保管權必須交給打算將其用於繁殖的一方。[15†] 法律明確指示離婚法院推翻夫妻雙方先前達成的協議，以利於想要使用冷凍胚胎的配偶。[‡] 在 2023 年一項招致批評的裁決中，維吉尼亞州一名法官部分依據了一項將奴隸定義為財產的 19 世紀法律，於裁決中允許離婚的女方繼續使用她與前夫共有的胚胎。[17] 路易斯安納州有一條法律將胚胎定義為「法人」（juridical persons），有權起訴和被起訴[18]；接受體外受精的女性不能丟棄未使用的胚胎。這不是一項新法律，是在 1986 年通過的。雖然，迄今為止該條法律的影響微乎其微，並且該州繼續提供生育治療，但路易斯安那州的胚胎法是全美最嚴格的，專家擔心這預示著更多州可能會出現這種情況。[19]

　　自從《羅訴韋德案》被推翻以來，這塊法律灰色地帶變得更加複雜[20]，但即使在此之前，法院也很難解釋有關胚胎監護

---

† 亞利桑那州政策中心主席凱西・赫羅德（Cathi Herrod），在談及亞利桑那州法律如何指導法院在離婚訴訟中出現爭議時，如何判給冷凍胚胎時表示：「就像法官在出現財產糾紛時做出裁決一樣，關於誰得到家裡養的狗的爭議——現在是誰得到共有胚胎——依據這條法律，也將由法官裁決。」[16]

‡ 反對將胚胎用於生殖的一方／配偶，通常可以免除針對由此產生的孩子的法律父母責任。但他們還是遭州方強迫，違心地成為生理學上的父母。

和卵子所有權的法律。[21] 雖然尚不清楚有多少卵子被冷凍，但美國目前儲存著大約 150 萬個冷凍胚胎[22]，大多等著創造它們的夫婦去使用。隨著涉及人類胚胎的爭議數量增加，以及關於冷凍生殖細胞的法律判例不斷出現，未來有關胚胎處置的法律很可能也會遵循相同的「支持選擇權」與「支持生命權」路線。看來，關於胚胎權利不斷演變的討論才剛剛開始。

胚胎監護與卵子所有權

有一天，我在《紐約客》的〈呼喊與低語〉（Shouts & Murmurs）專欄，看到一篇名為「你的冷凍卵子有一個疑問」的文章：

> 我現在住在冰箱裡，和你的十幾個卵子一起，而你卻不在這裡。所以我猜你現在是一個「你」，而我是一個「我」。但我現在還是像你一樣 35 歲嗎？我會一直停在 35 歲直到你把我解凍嗎？如果我們繼續接受這個說法——在我留在冰箱裡的這段時間，我暫時停止了衰老，因此目前處於假死狀態——這是否意味著我已經暫時停止存在？你應該能看得出來，我快嚇壞了。當然這不是你的問題！你做你的事。我只是在想應該和你聯繫一下，看你是否有一個大概的時間表。就是，如果你非得預測一下要讓我冷凍多久，你會怎麼說？給個大概的時間就好。[23]

這篇小短文很風趣，但它讓我第一次從不同的角度去思考這個過程。我開始關切那些冰存的冷凍卵子：它們能冷凍多久而不「變質」，在這種情況下，「變質」意味著什麼？

很少有研究關注懷孕以外的結果。其中一項還算近期的研究——該研究回顧了 1986 ～ 2008 年間發表的關於九百多個從凍卵生出嬰兒的報告[24]——與從新鮮卵子生出的嬰兒相比發現，先天性異常的發生率沒有差異，這意味著研究人員沒有發現從凍卵生出的孩子有較高的染色體異常或天生缺陷。2013 年的一項研究也發現類似結果。[25] 此外，目前沒有證據能指出，卵子在儲存過程中活性會降低，因此，據我們目前所知，卵子可以無限期地冷凍。雖然，大多數患者會在冷凍胚胎或卵子後 5 ～ 10 年內做出處置決定，但嚴格來說，在美國，冷凍生殖組織的儲存時間沒有限制。*[26]

雖然至少目前看來還算令人安心，似乎沒有任何充分的理由擔心冰存卵子的安全性，以及冷凍卵子所生孩子的潛在健康風險，但我並沒有忘記——同樣地——也沒有足夠的數據能讓我們完全放心。† 我們需要更大樣本量的研究來強化這個結論——以及所有卵子冷凍研究的其他結論。多年來專家們一直這麼呼籲。先前提到的針對 900 個凍卵嬰兒研究的作者，就提出了建立系統性結果報告機制的必要性，作者當時寫道：「了解因轉移冷凍保存、解凍加熱受精卵母細胞，而出生的嬰兒實

---

* 大多數診所會要求患者簽署契約書，規定其冷凍樣本保存一定年限，在這段時間之後患者可以再續約。

† 尤其是當我把目光從冷凍卵子上移開，並考慮到有研究指出，在生育治療的幫助下出生的孩子面臨各種升高的健康風險。相關案例請參閱註釋。[27]

際數量的實用知識,包括胎兒健康,是適切判斷這項備受追捧技術優點的重要一步。」[28] 作者表示,一個全球性的卵子冷凍登記處「將有助於確保這項技術最安全、最迅速的發展。」然而,這麼多年過去了,這樣的登記處仍未出現,而且多年來關於使用凍卵分娩婦女的資訊或後續情況也很少。如果以後有了更可靠的數據,我們將更了解凍卵出生的孩子出現先天缺陷的風險——如果有的話——以及在液態氮中儲存多年會對卵子產生怎樣的影響。

販賣希望的產業

在俄亥俄州,我親眼目睹了與人工生殖技術相關的永久影響,只是它鮮為人知。儲罐故障事件,與蕾咪的樂觀態度和我所沉浸在凍卵的一些樂觀面,形成了令人痛苦的對比。我愈是認真思索隨著女性回頭使用冷凍卵子,及解凍後會發生什麼事;就愈是發現自己仍然想知道凍卵失敗的個別案例,以及凍卵失敗的女性是否對這種艱難的結果有心理準備。

保羅·卡拉尼提(Paul Kalanithi)在他的《當呼吸化為空氣》(*When Breath Becomes Air*)一書中 [29],思考了建議患者應該做什麼是否是醫學專家的職責,或者他們只需提供訊息,然後等待患者和家屬權衡手中選項。他寫道,如今第二種模式已成為常態,因此選擇和醫療可能性的激增只是徒增壓力和困惑。當涉及生育治療時,很明顯,讓患者在知情下同意——各種處置選擇、成功率的現實、潛在的風險——非常重要。有些醫生在這方面做得很徹底;有些則不然。當我得知各家生育診

所的同意書沒有強制標準化時,我並不感到驚訝;我審閱過的幾份同意書之間的差異很大。輔助生殖技術協會在其網站上有一份詳細的同意書,供會員診所使用(或許更多的診所也應該使用)。其他有限的指導來自美國生殖醫學會的道德委員會[30],但如同我們所知,他們的指示僅存在於自我監管領域。適當的知情同意,需要醫生和患者就技術的風險以及有限的結果數據進行協作討論,然而我們很快就會看到,這種對話是例外,而不是規則。

但我即將了解到,生殖醫師協助患者管理對凍卵的期望,其重要性不容忽視。

全在一個籃子裡

之前提過,超過85%的凍卵女性仍未嘗試使用它們。[31]但有些人用了,她們所受的磨難,揭開了我們在新技術中走鋼索的危險本質。

自從冷凍卵子成為主流以來,有愈來愈多冷凍卵子無用的報導登上主要媒體。[32]演員兼作家莉娜・丹恩(Lena Dunham)就是一個著名的例子。在經歷了近20年子宮內膜異位症帶來的慢性疼痛後,丹恩做了手術切除子宮,11個月後,又切除了左卵巢。2020年,她冷凍了僅剩的卵巢仍在產生的卵子,希望代理孕母能將她的受精卵懷至足月。但她的卵子沒有一個成功受精。丹恩在《哈潑雜誌》(*Harper's Magazine*)一篇文章中談到自己生育力的終結,她寫道:「我

想要一個孩子。一路上,我的身體壞了⋯⋯我迷了路,待在市中心的六個卵子答應帶我回家。但是,每一步都讓這個過程更加遠離我的身體、我的家庭、我的現實。每一舉動都更加昂貴、更加絕望、更加孤獨。」[33]

低溫儲罐故障雖是冷凍卵子無法帶來寶寶的原因之一,但顯然是罕見情況。更常見的是儲存卵子時的保管問題,以及使用卵子製造胚胎時的解凍和受精過程。正如我們所看到的,這些問題可能是機械問題、科學相關問題或人為失誤的結果。有時,生殖醫師和胚胎學家能確認卵子無活性的原因;有時他們不能。無論如何,如果女性的凍卵或胚胎受損並且在解凍後無活性,患者幾乎永遠不會得到解釋。戴娜[*]是一位39歲的律師,她在紐約市冷凍卵子,搬到科羅拉多州後又將卵子運到那裡,卵子卻在運送過程中遺失——只有一個卵子送達接收的診所;兩家診所都聲稱不知道其他卵子的下落——她請了律師,花了數年時間試圖釐清楚真相,但一無所獲。「卵子死亡不會有人盤查,」戴娜告訴我。花費數千美元接受辛苦的療程,卻只得到一句「抱歉,沒有成功。也許再試一次?」可能會令人非常憤怒沮喪。但通常也只能得到這麼一句。

另一個成為頭條新聞的是布麗吉特・亞當斯(Brigitte Adams)的案例,她在39歲時冷凍了自己的卵子。亞當斯是行銷顧問,當時住在舊金山,在冷凍卵子時已經離婚恢復單身。她從使用捐贈精子做體外受精的朋友那裡聽說了凍卵,她

---

[*] 此處為化名。[34]

認為自己做了那麼多瑜伽，喝了那麼多綠果汁，她的生育能力應該還好。但後來亞當斯看到那位朋友經歷多輪體外受精，而她朋友的忠告——如果你有一天想當媽，你最好現在就開始——震驚了她。所以她想出一個計劃：現在就冷凍卵子，與 Mr. Right 相遇並結婚，在 40 歲之前生孩子（必要時使用她的冷凍卵子），永遠不要成為單親媽媽。

後來，布麗吉特‧亞當斯成為凍卵實際上的招牌人物。2014 年《彭博商業周刊》報導了關於凍卵及其令人興奮的承諾，就是以她為封面。當時，她對接受一種新的生育手術感到有些興奮，正如該雜誌語帶煽動地指出，這種手術為女性提供了更多選擇去「追求全都要」——儘管她也因缺乏關於手術的資源而感到沮喪；醫生和生育診所網站都沒有提供太多資訊。這就是為什麼她在做凍卵的過程中，創立了 Eggsurance，這個部落格後來發展成為一個強大的社群——同類中的第一個——人們在這裡分享關於整個凍卵過程的小提示。在《彭博社》的報導後，亞當斯接受了各大媒體的採訪，並現身早晨脫口秀節目，向全世界講述她冷凍卵子後感受到的自由感。許多考慮接受手術的年輕女性，在亞當斯的故事中看到了幸福結局的路線圖。她的生活並沒有沿著她想像的完美線性道路發展，她們的生活也沒有。卵子冷凍是在道路完全消失前改變路線的一種方法。

2016 年底，亞當斯已經年近 45 歲了，仍然沒有遇見「那個人」。於是放棄了多年前「永遠不要成為單親媽媽」的想法後，她決定自己建立一個家庭。她興奮地解凍五年前冰存的

11個卵子,並選擇了一個精子捐贈者。然後可怕的消息開始傳來。兩個卵子未能熬過解凍過程,另外三個未能受精。剩下六個胚胎,其中五個似乎異常。最後一個,由她的冷凍卵子產生的唯一一個染色體正常胚胎,被植入她的子宮。但是,正如我們所知,並非所有移植的胚胎都會繼續發育。最後她得到毀滅性的消息:這個胚胎也失敗了。

布莉吉特之後的故事

我在2019年秋天見到布麗吉特。在我們會面前幾個小時,我聽到她在一個充滿生育專家——就是年復一年聚集在美國生殖醫學會年會上的那些專家——的大廳裡發表演講。那一年的年會在費城舉行,冷凍卵子一如既往地成為熱門話題。

「我在冷凍卵子時就已經知道沒有任何保證,」布麗吉特告訴觀眾。她穿著一件簡單的開襟衫、黑色休閒褲和低跟鞋。「我研究過機率。但多年來,我的卵子一直處於冰凍狀態,我開始認為這些規則不適用於我。我心想,『它們當然還能用。』」她在身後電影院大小的螢幕上播放了下一張幻燈片,接著停下來,抬頭看著它。這張幻燈片解釋了從冷凍卵子到嬰兒的過程,並展示了倒金字塔,就是生殖醫師有時會用來描述卵子冷凍損耗率的那個——也是佐爾博士在描述她如何為患者提供諮詢時,向我展示的幻燈片。「這是我希望當初能看到的圖表,」布麗吉特轉身面向觀眾說道,她的聲音悲傷但堅定。「這張幻燈片應該護貝後送給每一位凍卵者。」她受邀在這場

大型會議上發言，提供患者對卵子冷凍的觀點，並明確地針對醫生發表演說——而她也正是這麼做的。

後來我們在會議中心頂層的中庭見面。布麗吉特已經沉浸在卵子冷凍的世界裡十年，至少今天這一點呈現出來了。「我累了，」她抱歉地說，她看起來很沮喪。她把一縷齊肩的金髮別在耳後，然後低聲告訴我，她現在知道當初應該問些什麼，然後也許會嘗試採取不同做法。

其中一個就是冷凍更多的卵子。一名醫生最近復審布麗吉特的檢測，他們發現她的生育能力下降得比同齡女性的預期值更加嚴重，這代表根據她的年齡和檢測結果，她需要大量的冷凍卵子——比她取出的要多得多——才能懷孕。但沒有人告訴她這一點。除了至少再做一個療程外，布麗吉特還會冷凍胚胎而不是卵子。「我不會再等待職業生涯中的最佳時機才成為母親。我會更早擁抱母職，」她說。當她說起聽到自己的卵子無活性以及植入的胚胎沒有懷孕時，布麗吉特的眼中積起了淚水。我想伸手越過桌子擁抱她，但我只是感謝她分享她的故事。她不必參加這次生殖醫學會議，在數千名生殖醫師面前解釋他們的科學技術在她身上如何失敗了。但她來了，談論那殘酷的諷刺：作為凍卵的招牌人物，她的冷凍卵子最終失敗了。布麗吉特並沒有要求成為這項技術中的傳奇角色，但她願意分享所發生的事——卵子是如何一個接一個，全部出錯——因為隨著冷凍和解凍卵子的女性數量持續增加，布麗吉特說：「我知道會有更多女性遇到和我一樣的事。」

布麗吉特的例子是這個過程中許多潛在缺陷的泥沼之一。

發生在她身上的事大多無可避免——至少目前還不能。但我們可以從她的故事中學習，她也堅持要求我們這樣做。* 如今，布麗吉特持續發表有關卵子冷凍的演講並接受採訪，但她想傳遞的訊息已然改變。現在她談的是凍卵的行銷炒作和過度承諾。她鼓勵女性多加了解生育基礎知識，因為她知道許多凍卵者並不清楚詳細過程，尤其是現實成功率。†

科學有窮盡

科學能做的有限。當她的冷凍卵子失敗這一毀滅性打擊到來時，布麗吉特深刻體會到這一點，在某種程度上感覺好像是她的診所讓她失望了。反思起來令人沮喪：如果當時能獲得更多資訊，如果她知道該問什麼，然後勤奮地提出更多問題——她對這一切的想法就會完全不同。雖然布麗吉特仍然支持卵子冷凍，但她堅信女性需要接受更好的知情教育，了解不良結果的可能性，而生殖產業需要更加透明。她對凍卵者通常只看到故事的一半——樂觀的一半，仍舊感到沮喪。他們需要同時看到兩面。‡

---

* 特別是因為，正如她所指出的，現在凍卵的女性比第一波卵子冷凍者（她也是其中的一員）年輕得多，她們在嘗試使用冷凍卵子之前也需要等待更長時間。
† 值得再次提醒的是，在年齡較大時凍卵會增加卵子染色體異常的可能性，這是年齡和遺傳學的現實。而且同樣地，冷凍和解凍過程也有其固有風險。
‡ 另一個不同且更務實的部分也很重要：布麗吉特指出考慮和學習實際使用冷凍卵子的重要性。正如我們所看到的，這非常複雜，正如她所說，「如果你打算在第一部分——冷凍——上花掉所有錢，你還必須知道要用這些冷凍卵子生出一個孩子還差些什麼，尤其是費用方面。」

當我聽到布麗吉特的故事時，我對盡可能弄清楚一開始該問什麼問題是多麼重要的，深有共鳴。以及：發生在她身上最糟糕的事情之一，最終如何導致發生在她身上最好的事。布麗吉特仍然決心成為母親。經過一段黑暗的哀悼和心靈探索後，她再次開始體外受精，這次是用捐贈的卵子與捐贈的精子受精，產生胚胎後植入她的子宮。2018 年 5 月，45 歲的她生下了女兒喬琪。

露絲‧阿克曼（Ruthie Ackerman）在 35 歲時冷凍了她的卵子。那時她剛結婚，但幾年下來她和丈夫一直在生孩子問題上反覆爭論。把卵子冰存著，感覺就像是允許她慢慢來——思索她偶爾對母職產生的矛盾心理，思考如何對待她的婚姻。她完全相信卵子冷凍經常重複的行銷訊息：*慢慢來。當您需要時，您的卵子就在這裡*。快轉幾年，現已離婚的露絲遇到了現在的伴侶羅布。他們討論了生孩子的可能性，因為她有冷凍卵子，她仍然不著急。凍卵六年後，露絲回頭解凍她的卵子，結果她冷凍的 14 個卵子中只有八個存活。他們用羅布的精子試圖使八個卵子全都受精。其中三個卵子確實受精了，但沒有一個發育成有活性的胚胎。

我問露絲做了凍卵最後卻一場空是什麼感覺，她談起在她看來，她的生殖醫師沒有徹底引導她審閱知情同意書。「我希望有人對我說，『要跟你說一聲，我很高興能有這些科學和技術供你使用——但它可能有效，也可能失效。』」她說，語氣夾雜了悔恨與憤怒。「於是我就那麼等著。我願意等到羅布來，因為我認為我們有那些卵子。」我問起她書寫自身經歷文

章中的一句話：我覺得與其說是我的卵子辜負了我，不如說是我辜負它們更多。她解釋，她在二十多歲時沒有做她的朋友都在做的事：接受某些工作，遇到某種類型的男人，賺一定數量的錢。「我覺得自己因為不夠有戰略性而受到懲罰，」她告訴我。她解釋說，這是因為她沒有努力爭取作為一個女人「應該」得到的一切，所受到的懲罰。而結果——感覺就像她因為相信可以按照自己的時間表而全都要的幻想，以及依賴一種沒有保障的技術而付出的代價——就是她的卵子起不了作用。

我會跑起來，用最快的速度冷凍它

這段旅程走到現在，我已經遇到了數十位患有不孕症的高齡女性。大多數人都使用自己或捐贈的卵子做了體外受精；許多人最終生下了一個或兩個孩子。當我告訴這些女性我正在考慮冷凍卵子時，幾乎所有人都（主動）建議：如果我在你這個年紀，我會用跑的，而不是用走的，到最近的地方去冷凍卵子。我知道她們是出於好意，也希望她們在嘗試生孩子之前就知道凍卵，或者有機會凍卵。但布麗吉特和露絲的經歷，說明了冷凍卵子故事中罕被提及的另一部分：它令人失望的力量。她們的冷凍卵子並沒有變成嬰兒，當她們得知自己的卵子沒有活性時，這也代表她們的自然生育能力從此消失。與我們經常從醫生、社交媒體和朋友那裡聽到的歡慶時刻形成鮮明對比，她們的卵子是令人心寒的提醒，這種遠非完美的手術仍然充滿了謎團、心碎和未滿足的期望。

她們的故事也為那些考慮凍卵以便以後生孩子的人，提供了具體的實用建議：

- 不要等太久才解凍卵子，因為在嘗試使用之前你不會知道它們是否會成功。
- 一定要冷凍大量卵子，因為大多數冷凍卵子不會發育成染色體正常的胚胎。
- 做好功課，在冷凍前向你的生殖醫師和診所詢問有內涵的問題，並堅持進行徹底的知情同意討論。

關於最後一點：潛在的凍卵者在選擇生育診所時，需要考慮許多因素，但最重要的兩點是診所的成功率及其胚胎實驗室。* 詢問胚胎形成率和活產率，以及你所在年齡層的成功率——如果該診所不願透露結果或幾乎沒有結果可言，請謹慎行事。詢問實驗室安全規定。胚胎實驗室的水準參差不齊；一家生育診所實驗室的幾乎每個方面，都可能與對街的實驗室不同。當我問及那時擔任輔助生殖技術協會主席的提莫西・希克曼（Timothy Hickman）博士時，他說：「你要是把一位出色的生殖內分泌學家放在一個功能較差的實驗室中，這位生殖醫師得出的結果一樣會非常差。實驗室確實是整個產業的關鍵部分。」此外，也要查看資格：你會希望你的生殖醫師接受過婦產科、生殖內分泌學和不孕症領域的專科培訓和委員會認證。

---

* 有關選擇生殖醫生和實驗室重要性的更多信息，我推薦 FertilityIQ 關於該主題的五個模組課程（收費，但值得）：fertilityiq.com/fertilityiq/the-ivf-laboratory/introduction-to-the-ivf-laboratory-and-course-plan。

最後，詢問冷凍卵子確切的儲存地點。

儲罐故障事件兩年後，也是我在美國生殖醫學會會議上與布麗吉特會面幾個月後，一場不同的清算即將發生——一場重大災難將嚴重衝擊卵子冷凍，以及，嗯，一切。

第十五章

重新想像生殖

無法想像

　　科羅拉多州的疫情始於冬末轉初春的模糊交界。起初我們對冠狀病毒一無所知,也不知道自己會被困多久。在 2020 年初的那幾個月裡,我們只知道一場重大流行病正在顛覆世界。Covid-19 死亡人數不斷增加,那數字讓人又驚又恐。新常態入駐我們的家、我們的超市和我們的生活。我們開始去哪裡都戴著口罩。我們變得更加害怕。我們不斷刷網路上的可怕新聞。我們困在一處。我等待著因為得長時間獨自待在家的焦慮襲來。我以為我會抗拒這種靜態,會想方設法讓自己不去想這種消寂的狀態。我很擅長在害怕孤獨時製造噪音。沒想到,隨著日子的重量變化,在我感覺時間慢下來時,我也跟著慢了下來。我熟悉了自家附近的聲音,在博爾德市中心一小片我稱之為家的地方。我感覺自己既開放又封閉;脆弱的部分暴露,但

我想把它們藏起來。黃昏時分我在街上行走，寂靜空蕩的人行道令我震撼。我躺在客廳的地板上，把雙腿抱在胸前，驚訝於不再每時每刻都在做些什麼、去往某處的感覺。我獨自一人消磨度日，而且樂在其中。我記得那感覺就像一個小小的奇蹟。

在疫情期間，有許多女性都去做，但我沒有做的一件事，就是冷凍我的卵子。在全球疫情襲捲下，保留生育能力有了新而迫切的意義。全美各地生育診所凍卵的女性數量原本就已逐年增加，而在 Covid-19 疫情期間，這一數字仍在持續上升——儘管大多數診所在疫情最初的幾個月被迫休診並暫停生育治療。與疫情前相比，取卵數量總體增加了 39%[1]，有趣的是，35 歲以下的凍卵者顯著增加，患者初次諮詢和取卵之間的時間也顯著縮短。2020 年 8 月～2021 年 10 月期間，在全美各地設有四十多家分院的 Shady Grove Fertility，與 Covid-19 疫情爆發前 15 個月相比，冷凍卵子的女性數量增加了 95%。[2] Kindbody 的營收在 2021 年增長為原來的四倍，診所數量增為原來的三倍。[3] 與 2019 年相比，紐約大學朗格尼生殖中心在 2022 年開始凍卵療程的女性患者——總體上更為年輕——人數幾乎增加為三倍。[4] 在英國，卵子和胚胎冷凍療程是成長最快的生育治療形式，從 2019～2021 年，診所的冷凍卵子業務成長了 60%[5]，專家表示，這有部分是疫情造成的。

起初，我因疫情居然對卵子冷凍市場有這麼大的影響感到驚訝。之後我詢問了幾位生殖心理學家，才了解其背後脈絡——這宛如大地震的事件如何影響人們對生育和家庭的看法。對許多女性來說，包括我自己，隨著生活變得安靜，我們

卵子的聲音變得更大。這場疫情讓我們有機會重新考慮很多事情：我們住在哪裡，我們如何工作，我們和誰約會，以及我們想要建立什麼樣的家庭，選擇的和血緣的。在 Covid-19 疫情帶來的焦慮以及由此引發的約會荒中，許多有能力承擔費用的人，或者為支付費用的雇主工作的人——投資了冷凍卵子。

疫情推波助瀾

許多女性認為這次疫情更像是為她們提供凍卵的機會，這是有實際原因的。成千上萬的人突然發現自己有更多時間、遠距工作和更少旅行。許多人因為花的錢更少而擁有更多可用資金。其他透過搬回家人身邊來對抗孤立的人，也獲得更多的情感支持。存在性的原因也發揮了作用。Shady Grove Fertility 的心理支持服務總監雪倫・科維頓（Sharon Covington）告訴我，由於許多女性待在家裡無法約會，於是轉而思索她們生命中最重視的是什麼，「她們意識到時間在流逝。她們感到極度孤獨和孤立，並想著：『好吧，我不知道我是否會找到伴侶，但我知道我想要一個家庭，我想保留這個選擇。』所以她們決定去做卵子冷凍。」

法蒂瑪[*6]就是這樣，她告訴我，這場疫情促使她在 2020 年 9 月冷凍卵子，當時她 36 歲。法蒂瑪來自巴基斯坦，現居洛杉磯，她向我講述了她因文化習俗而感受到應該在二十來歲結婚生子的壓力。她一直想成為母親，但年過 30 之後，她突然意識到在眾兄弟姐妹和同輩親戚之中，沒剩幾個人尚未生子

時，她開始接受自己沒有親生孩子的事實。但疫情來襲後，她感到一種鋪天蓋地的悔恨，如果她真的決定有一天要孩子，她可能早已沒了選擇。這時，她的雇主——她在教育界工作——開始透過生育福利公司 Carrot 提供生育治療保險。「這場疫情讓我感到對生活中的一切都缺乏控制，」法蒂瑪說。「有太多的不確定和模糊地帶。冷凍卵子是我可以控制的事情。這真的讓人感到很有力量。」

也許你會想，在這種情況下——生活被按下暫停，但卵子一如既往地繼續老化——我也可能決定這樣做。從表面上來看，這是一個非常合適的時刻。我現在 30 歲了。我沒有出門約會，這時候也沒人會出門約會，我們的社交生活在可預見的未來都被擱置了。有時我發現自己比以往任何時候，都更迫切地思考孩子的事。你可能會認為，在沒有「合適」伴侶的情況下，我會更容易合理化卵子冷凍。所以你可能認為，現在比我旅程中其他任何時刻都更適合冷凍我的卵子。你這麼想完全沒錯。儘管這可能很符合邏輯，但我似乎無法聽從這套邏輯。我做了研究，徹底檢視了所有角度。然而我仍然沒有得出我以為自己能得出的結論，可以讓我冷凍卵子並在晚上安睡，對自己的決定充滿信心。

我並不是唯一一個不知道如何度過這一刻的人，我在疫情期間這麼想過上千次。現在，控制以一種不同的方式出現在我的腦海中，我的大腦充斥著想「控制」的挫敗衝動，在這場史無前例的事件中，這種感覺成了我和其他許多人的生活常態。我們如何應對失去控制？我的答案是，至少部分是，全心投入

了解卵子冷凍的未來——這是我探索之旅的最後一塊拼圖。

使用冷凍的卵子

儘管在疫情期間有大量女性冷凍卵子，但卵子冷凍有一個面向始終沒有改變，那就是這項技術最終無法兌現承諾的恐懼。也許我太天真，才會認為現在應該有成功率的明確數據，但事實是大多情況下，數據仍未出現。

「我真心認為，現在冷凍卵子的這一代女性是開拓者。」西雅圖生殖內分泌學家沙因博士在 2020 年 4 月的視訊通話中說：「5～10 年後，這些人將幫助我們了解它對人們的效果到底如何。因為現在我們還沒有數據。」透過電腦螢幕，我注意到她臉上流露出真正的關切。我不習慣看到她皺著眉頭。在沙因博士的 TikTok 和 Instagram 教育影片（這些影片在生殖界很有名）中，她通常是輕鬆諷刺的，而且很風趣。「我擔心我的行業和醫生會遭到強烈抵制，」她繼續說道。「當人們回頭使用卵子結果卻失效時，他們會非常生氣，因為他們會覺得自己沒有得到良好的諮詢。」[*]

不久前，FertilityIQ 的黛博拉・安德森-比亞利斯曾向我提起這種潛在的強烈抵制。「我認為，一旦卵子失效，很多

---

[*] 然而現在，沙因博士比較樂觀了。她認為現在人們更加意識到卵子冷凍缺乏保證，以及療程的利弊。與多年前冷凍卵子雞尾酒會風靡一時相比，她現在不再那麼擔心了。愈來愈多人分享他們的凍卵故事，這讓她感到鼓舞——不僅有成功的故事，還有失敗的故事。「人們對卵子冷凍的（各種）潛在結果有了更好的準備。」她說。我不能說自己完全同意她的觀點，但她改變的立場讓我感到更有希望。

第十五章　重新想像生殖

人會不可避免地感到失望，」她說。「到時將會出現一場清算。我相信，這會讓那些把凍卵行銷成輕鬆簡單的快速解決方案及保證的機構很難看——而我認為這不是一件壞事。」舊金山生殖內分泌學家、Spring Fertility 聯合創辦人彼得·克拉茨基（Peter Klatsky），在 2021 年《紐約客》的一篇文章中語氣強烈地表示：「等這些女性回頭使用卵子時，那將會是一場噩夢，」他說。「我們整個領域都會很慘。這可能會讓人們說，『嗯，卵子冷凍沒用。』因為各診所之間的結果差異太大了。」[7] 我採訪過的專家一致認為，問題不在於是否會發生冷凍卵子的強烈抵制，而是何時發生。能稍加補救這種情況的一種方法是：現在就針對成功使用冷凍卵子的可能性，進行更誠實和有教育意義的對話。

在我研究和報導卵子冷凍的這幾年，發生了兩個重大變化：一是卵子冷凍的汙名減輕了，二是雇主為此付費的比例大幅增加——儘管可及性和負擔能力仍然是主要問題。我誠心希望，隨著潛在的凍卵者更加知情，我們能在這份變化清單中加入提升透明度以及符合現實的期望設定。*

我在持續思考這項技術的缺陷時，也一直在思索凍卵的黎明是如何與一種相對新穎的情感湊巧吻合：對於許多女性來說，能夠在想要孩子的時候生孩子是獨立的最終標誌。對於現代女性的自我意識而言，這種自主的象徵也許比其他任何東西都更重要。回顧過去，我們可能會說卵子冷凍是女性生殖生活

---

* 研究人員正在開發工具以幫助考慮凍卵的人，做出正確決定。[8] 我希望這一舉動能促成卵子冷凍的實際費用和效益更加透明。

的下一個革命。但就算它不是——即使它最終沒能如女性所期望的,提供她們重新調整生育時間表的機會——我們還是必須承認,過去十年卵子冷凍大幅改改變了我們對生育、家庭以及女權主義的看法。

然後,在疫情期間待在家想著有這麼多女性急於凍卵,而我怎麼沒去時,我得知有一家生殖技術公司終於有可能解決該產業最大的問題之一:冰存卵子和胚胎的保護和健康。一等解禁,我立刻就跳上飛機去一探究竟。

生育之地

2022 年 4 月,我飛往紐約市參觀 TMRW Life Sciences,這是一家生物技術新創公司,目標是實現生殖組織儲存和管理的自動化。關於這家公司的各種風聲——投資者包括彼得・提爾(Peter Thiel)[†]、Google Ventures,甚至是艾米・舒默——讓我認為這家低溫儲存企業將是生殖未來的重中之重。

走到該公司位於曼哈頓下城(Lower Manhattan)的美國總部時,我經過一所學校旁,一群孩子在陽光下玩躲避球,這種原本平凡無奇的場景,在疫情爆發兩年後讓我覺得彌足珍貴。我搭乘電梯到達 TMRW Life Sciences 的主樓層,然後被帶到一個小房間,在那裡我摘下口罩,依照該公司的 Covid-19 規定做了快篩。幾分鐘後,辛西亞・哈德森(Cynthia Hudson)前

[†] 譯按:PayPal 共同創辦人。

來接待我。哈德森戴著珍珠耳釘、穿著灰色樂福鞋和藍色半拉鍊套頭衫，內搭有領襯衫，散發出兼具科學家和企業家的氣息，這很合適，因為她是 TMRW Life Sciences 的臨床戰略副總裁，也是擁有二十多年經驗的胚胎學家。她領著我到一樓的一個巨大房間，裡面存放著 TMRW Life Sciences 白色、時尚的低溫冰箱——該公司的 CryoRobots。最新型號 CryoRobot Select 看起來就像蘋果公司製造了一臺超級複雜、超大型的 ATM，可以儲存並吐出冷凍卵子和胚胎。

近 50 年前人類體外受精發明以來，人工生殖技術取得了許多進步，但其中一個主要方面基本上沒什麼改變：萬年不變的生殖組織冷凍儲存方法。而成立於 2018 年的 TMRW Life Sciences 即將改變這一現狀。它推出了所謂的「世界上第一個自動化平台」，整合了軟體與硬體，可數位化追蹤冷凍胚胎、卵子和精子。TMRW Life Sciences 開發的軟體使用無線射頻識別（RFID），一種身分管理編碼系統。RFID 的原理類似於汽車的車輛識別號碼（VIN）或書籍的 ISBN 號碼，但也使用標籤和讀取器，取代大多數生育診所用來識別患者配子和胚胎的手寫標籤。無線系統還能記錄稽核軌跡，自動捕捉誰做了什麼以及何時進行等數據，並持續監控儲罐的液位和溫度。該公司的硬體是 CryoRobots，相當於大多數診所用來儲存冷凍生殖細胞的儲罐或杜瓦瓶。傳統的杜瓦瓶看起來很像農場裡的老式金屬牛奶罐；而 TMRW Life Sciences 的儲罐則讓我聯想到《星際大戰》（*Star Wars*）裡的機器人 R2-D2（只是變得跟冰箱一樣大），因為它們都很高科技。

TMRW Life Sciences 的系統已通過食品藥物管理局批准，當患者準備使用卵子或胚胎時，機器會像自動販賣機一樣撿起樣本然後交付給胚胎師。CryoRobots 內的感測器每天會進行數千次自動檢查，以監控內部儲放組織的安全性和健康狀況。[9]（該公司的座右銘是：「TMRW 不眠不休，所以你可以安心入睡。」）這一點尤其令人印象深刻，因為以目前冷凍組織的儲存方法，要檢查一個人的卵子或胚胎的唯一方式，是手動打開儲罐並將冷凍組織從液態氮中取出，在此同時不免會干擾到其他患者的樣本。*

生殖產業的最大進步

　　我們站在其中一臺大型冰櫃旁交談，哈德森時而雙手插在深色牛仔褲的口袋裡，時而興奮地向我展示 CryoRobot Select 的虹膜掃描安全功能。身為資深胚胎學家的哈德森，對於美國大多數生殖實驗室目前使用的低技術、易出現人為失誤的系統是多麼不可取，有著第一手了解。「他們都是非常專業的人，」她指的是胚胎師，「但我們必須為他們配備更好的工具。我認為，一旦患者知道還有這種選擇，他們很快就會開始堅持這一點。」也許是哈德森的熱情具有感染力，也可能是因為我想起在儲罐故障事件後，在俄亥俄州墓地採訪患者的感覺，以及看到杜瓦瓶排成一排塞在生育診所後方辦公室桌子底

---

* 一個杜瓦瓶——生育診所通常使用的類型——可以容納大約 200 名患者的樣本。TMRW Life Sciences 的機器可以容納大約 20 倍的容量。

第十五章　重新想像生殖　389

下的景象,總之,我在看向 CryoRobot 內部時感到一陣興奮,很肯定我看到的是生殖產業幾十年來最大的進步之一。

如果 Kindbody 是生殖領域的 SoulCycle,那麼 TMRW Life Sciences 的監控系統就是生殖界的 Google Nest Cam[*]與 ADT Home Security[†]的結合體,能提供有關冷凍樣本的即時資訊,並在事情發生之前識別問題。指揮中心管理來自全美每臺 TMRW CryoRobot 的數據,透過預測性分析方法,遠端監控診所的系統。總有一天,患者將能夠透過 TMRW 的應用程式(仍在開發中),以虛擬方式查看他們的卵子或胚胎。也許可以說這是一款產前嬰兒監視器。

TMRW Life Sciences 與全美超過 50 家診所合作,部分為有多個中心的連鎖機構,這些診所已經或正在棄用杜瓦瓶,轉為使用 TMRW Life Sciences 的 CryoRobots 和自動化系統。TMRW Life Sciences 也正在進軍海外。除了紐約的設施外,該公司正在開發幾個區域生物儲存庫,打算用來儲存來自全美各地患者的配子和胚胎。患者可透過生育診所或以個人為單位儲存至 TMRW Life Sciences;截至撰寫本文時,該公司對直接使用 TMRW 儲存的個人消費者收取約 600 美元的年費,就一般儲存年費來說屬於偏低價位。[‡]

一開始 TMRW Life Sciences 在宣傳時就先預測,到本世紀

---

[*] 譯按:室內安全攝影機。
[†] 譯按:高端居家保全系統。
[‡] 如果患者預付多年儲存費用,TMRW Life Sciences 會提供折扣。大型冷凍庫網絡 ReproTech 提供患者類似的預付折扣,且儲存價格也低於平均水準。一般來說,如果患者安排將卵子從她做冷凍的診所轉移到異地儲存設施,通常可以降低卵子儲存費用,有時可以降低一半。

末將有 2 ～ 3 億體外受精嬰兒誕生。事實上，有些生育專家還認為這個數字過於保守[10]，但 TMRW 的重點是這些體外受精大多數將仰賴不計其數的冷凍卵子和胚胎——如此驚人的數量，很快就會讓目前的體外受精基礎設施無法因應。TMRW Life Sciences 將自己定位為——未來幾年數十萬需要儲存冷凍配子的生育患者的解決方案。而我們確實需要一個解決方案。在 2018 年儲罐故障事件後，以及隨著愈來愈多胚胎混淆案例登上頭條新聞，患者有十足理由詳加審視他們的冷凍生殖組織的處理方式。TMRW Life Sciences 的創辦人約書亞・艾布拉姆（Joshua Abram），將這場災難比作鐵達尼號的沉沒。「如果說鐵達尼號注定撞上冰山，那問題很明顯是出在沒有足夠的救生艇——更重要的是沒有在問題出現前就洞燭機先。」艾布拉姆在我們第一次交談時說。「拿這來比喻當今生育診所的情況其實很恰當。風險大多數時候都是隱而不顯的。」儘管風險隱而不顯，但也應該在它們導致災難性後果之前有所對策——而這正是他們所做的。TMRW Life Sciences 希望搶先一步，預防極端頭條新聞以及日常生育診所實驗室中看不見的錯誤，讓卵子和胚胎的遺失或混淆永遠不會發生。

消失的胚胎

科蒙特（Tara Comonte）是 TMRW Life Sciences 的前執行長，於 2023 年 6 月卸任，她從 Shake Shack[§]（在該公司擔任總

---

§ 譯按：來自紐約的知名漢堡連鎖店。

裁兼財務長）來到這家女性科技新創公司。和生殖技術領域的許多女性一樣，科蒙特也是一位體外受精媽媽。她在 40 歲出頭時生下一個女兒。她的體外受精療程留下的五個冷凍胚胎，目前存放在位於曼哈頓總部的 TMRW 冷凍庫中，2023 年初，科蒙特將它們從她接受生育治療的診所轉移到了 TMRW 冷凍庫。「我們正處於全新一代的患者透明度時代，而我認為這早該出現了。」50 歲的科蒙特在我造訪幾週後受訪時說道：「（大多數）患者不知道儲存寶貴的卵子和胚胎的方式有多麼過時。我認為，當人們意識到儲存方式幾十年來一直沒有改變時，將會感到震驚和當頭棒喝。」

幾個月後，我採訪了一位女士，她的故事讓人格外清楚地意識到更可靠的生殖細胞儲存方案的需求。2022 年 6 月，丹妮爾當時懷孕八個月，她正忙著想辦法將她和丈夫剩餘的冷凍胚胎移出德州。《羅訴韋德案》剛剛被推翻，丹妮爾和許多生活在限制更嚴格的州，在生育治療後還有剩餘卵子或胚胎的人一樣，她擔心這一裁決會影響到她的胚胎。所以，她和丈夫決定把剩餘的胚胎移到另一個州，如果他們選擇再要一個孩子，他們會去那裡使用。

丹妮爾打電話給她的生育診所詢問轉移胚胎的事，結果診所跟她說，不知道她的胚胎在哪裡。診所最後還是找到了這些胚胎，但丹妮爾後怕不已。「在那之前我從未質疑過這一點：我的胚胎在哪裡，誰在看著它們，以及它們有多安全。」她告訴我。我想起大多數生育患者一旦選定了診所，就只能接受診所的儲存方法和價格，沒有其他更好的選擇來儲存他們的遺

傳物質。在那之後，丹妮爾在社交媒體上知道了 TMRW Life Sciences，並立即與之聯繫。她是 TMRW 安排將胚胎運送到紐約設施的第一位患者。

當然，用數位機器取代人類作為保管人也存在風險，但人為錯誤的可能性，遠超過 CryoRobot 混淆培養皿上條碼的可能性。我愈是思索 TMRW Life Sciences 的革命性技術，就愈是覺得生殖產業儲存和監測生殖組織的現有方法很糟糕。什麼樣的投資——冷凍卵子和胚胎絕對是一種投資——你永遠無法看到、檢查、驗證？你什麼時候會付了數千美元，卻無法得到保證你委託保管的東西毫髮無損？顯而易見的，生殖產業早就該翻新這個有缺陷的系統。但即使是明顯的缺陷也需要時間來修復。

正在發展中的人工生殖技術

在我 TMRW Life Sciences 之行結束後的幾週內，突破性的生殖技術一直縈繞在我的腦海中。很明顯，冷凍保存的未來關鍵之一將是自動化。當然，科學家將繼續形塑生育的未來，因為畢竟是他們為我們帶來如今的技術。但卵子冷凍並不是改變人工生殖技術格局的唯一創新。「在女性體外，無需兩個人之間的性交而使卵子受精的能力，已經帶來了其他許多進步和生殖即興創作，可以擴展和擴大我們可以何時、與誰（如果有的話）生孩子的可能性範圍。」雷貝嘉・崔斯特（Rebecca Traister）在她的書《單身，不必告別》（*All the Single Ladies*）

中寫道。[11] 關於生殖醫學的前景已經有不少著述，但一些正在開發中的技術實在太瘋狂了，不能不提。

卵巢組織冷凍可能是下一個卵子冷凍。這項手術的實驗標籤已於 2019 年移除[12]，隨著這項技術的不斷進步，已經實現了數百例活產。[13] 醫生透過手術切除女性的卵巢或部分卵巢，然後冷凍卵巢產生卵子的部分——含有卵泡的卵巢組織外層。等女性準備好懷孕時，再將卵巢組織解凍並移植回體內，以恢復生育能力和內分泌功能。* 這項手術主要針對即將接受化療以治療癌症，但想要保留生育能力的青春期前女孩進行（凍卵對她們來說不是一種選擇）。但它也可以（並且正在）用於那些在癌症治療前沒有時間凍卵的成年女性、希望保留生育親生孩子機會的跨性別男性，以及想要推遲更年期的女性。就後者而言，女性會取出卵巢切片（與卵子冷凍一樣，愈年輕愈好），幾年後一旦她進入更年期，醫生就會將組織移植回她的體內，恢復她的性激素，暫停更年期及其令人不快的副作用。

子宮移植。2017 年 12 月，在德州達拉斯，一名出生時沒有子宮的婦女生下了孩子。這項具有里程碑意義的事件，是貝勒大學醫學中心（Baylor University Medical Center）正在進行的子宮移植臨床試驗的一部分，在美國為首例。「我剛入行時，我們甚至連超音波檢查都沒有。」接生嬰兒的婦產科醫生小羅

---

* 卵巢組織重新植入的位置，取決於患者的情況。如果她沒有切除整個卵巢，可以將組織放置在卵巢附近，使它重新獲得血液供應，而卵巢活動（包括產卵）會在幾個月後恢復。醫生也曾經將卵巢組織移植到前臂、腹壁和恥骨上方的區域，這些地方有幾條血管，有助於卵巢組織生長和產生卵子。（如果卵巢組織移植到骨盆以外的其他地方，患者只能透過體外受精懷孕。）

伯特・甘比（Robert T. Gunby Jr.）在接受《時代》雜誌採訪時說道。[14]「現在我們能植入他人的子宮並生下孩子。」雖然子宮移植可能不會成為主流——也沒有必要——但對於有需求的患者來說，這是一項革命性的手術，也是生殖科學的一大突破。[†]

可以延長女性生育能力的藥物。長期以來，卵巢老化一直是未被充分研究的領域，但這種情況正在開始改變，因為研究生殖壽命的專家正致力於找出延長卵巢年限的方法，因此吸引了更多的資金和關注。他們的研究可能有助於了解如何透過延後更年期，延長一個人的生育年齡，甚至是壽命。科學家還發現了一種藥物可以延長蛔蟲的卵子活力——蛔蟲的未受精卵會呈現類似人類卵子與年齡相關的品質下降——理論上可以將女性的生育能力延長 3～6 年。能減緩更年期和延長卵巢自然運作的藥物，已經在開發中。

人工智慧，正在幫助胚胎師更好地挑選出最有可能帶來健康生產的胚胎。更進一步說，更精確地挑選活性胚胎進行植入，還可以提高成功率、降低流產風險，同時降低體外受精成本。同樣在發展中的項目還有：編輯卵子和精子以消除疾病。

人造子宮。研究人員已經開發出基本的人造子宮，證明可以將自然懷孕與生育孩子的過程分開。人類胚胎體外發育

---

† 也許比科學進步更引人注目的是，有超過 70 名女性聯繫貝勒中心表示有興趣捐贈子宮。這些女性——其中許多人與潛在的接受者沒有任何關係——自願切除並移植子宮，不是為了延長接受者的生命（大多數器官移植的情況都是如此），而是為了給陌生人一個成為母親的機會。

第十五章　重新想像生殖　395

（ectogenesis，即人類或動物在人工環境中孕育的過程）已經開發好幾年了。儘管不知道還要多少年才能成為現實，但人類的完全體外發育和「無母生育」的可能性，將產生無數的道德和法律影響，特別是在墮胎權方面。

　　在實驗室培養的卵巢。2021年，在成功將小鼠皮膚細胞轉化為受精卵[15]的五年後，兩位日本生殖生物學家建構了一個完全由小鼠幹細胞製成的卵巢類器官（organoid，類似器官的微型結構）。[16] 這兩位科學家現在正嘗試用人類幹細胞複製微型卵巢，利用它們來培育卵子也是目標之一。近期的卵巢幹細胞發現，促使了研究人員致力於建造人工卵巢，以產生卵子並為癌症倖存者啟動荷爾蒙功能，並有可能推遲更年期。

　　製卵技術。體外配子生成（in vitro gametogenesis, IVG），是指將非生殖性成人細胞轉化為人工配子。這項新興技術涉及在實驗室中利用人體內的任何細胞，訂製為人類卵子和精子。對於生育患者而言，體外配子生成可以解決卵子不足的問題，因為根本不需要取卵。如果可以用一個人的幹細胞在實驗室製造出卵子和精子，進而創造胚胎，那麼光靠一個人就可以生育出親生孩子，而同性伴侶也可以生下擁有雙方基因的親生孩子。最後，這項技術可以消除或至少大幅減少一項風險，即年輕、大致健康的女性暴露於目前刺激卵子生產所需的高劑量荷爾蒙。體外配子生成「正處於實現的邊緣。」[17] 2023年，一位生殖生物學專家如此告訴全國公共廣播電台（NPR），「而體外受精很可能從此改變。」

　　研究人員也花了數年時間探索，如何使從體內提取的卵子

成熟。這個過程稱為體外成熟（in vitro Maturation, IVM），也就是提取女性未成熟的卵母細胞，然後在體外「成熟」。美國生殖醫學會最近宣布該技術為非實驗性。有了體外成熟，就不再需要那些自行注射和卵巢刺激藥物，因此比傳統體外受精和卵子冷凍所需的藥物、金錢和時間更少，而體外成熟正是 2020 年成立的生物技術新創公司 Gameto 的關注重點。*Gameto 希望使生育治療更安全、更平易近人，共同創辦人是馬丁・瓦爾薩夫斯基——也許你還記得，就是創立了全美大型連鎖生育診所 Prelude 的那一位。

用僅剩餘的一切

女性生育治療的重點，向來是盡可能充分利用女性剩餘的一切。一旦發現一種可以透過幹細胞技術再生人類卵子的方法，這種情況將會改變，這也許是上面提到的尖端技術中影響最大的一個。生育的未來部分，取決於開發新的程序和技術——但也有部分取決於更加理解我們現有的技術。當開發卵子冷凍技術的義大利醫生在 1980 年代開始合作時，他們沒想過卵子冷凍會成為滿足女性「全都要」[19] 願望的一種方式。但這正是我們對它的看法——而且我們正在迅速接受冷凍卵子，

---

* 由醫生轉型為企業家的 Gameto 執行長迪娜・拉登科維奇（Dina Radenkovic），在 2023 年《紐約客》的一篇文章中表示：「我們可望讓女性在做體外受精時副作用更少，臨床時間更短，費用更低——而且，比如說，在卵子冷凍站（egg freezing kiosks）就能做到。我把這看成是美容工作室的延伸，對你的生殖和壽命表現得積極主動，是關愛自己的行為。」[18]

卻沒有停下來思考，隨著愈來愈多人推遲生育，社會正在發生怎樣的變化。或者說，這意味著什麼——它對現代文化、對我們的影響——這麼多女性，包括我自己，在我們年輕且有生育能力時，卻不覺得能自由地懷孕。*

醫學、道德以及對親職的追求

大約在這個時候，我問候了表妹布莉琪的近況，必須立即開始癌症治療代表了她無法提前冷凍卵子。現在她每月注射Zoladex[21]——一種荷爾蒙療法，可以阻止黃體激素的釋放，使她的身體停止產生雌激素——促使卵巢在化療期間停工，目的是幫助保存她的生育能力。

布莉琪在乳房切除手術後醒來時，感到前所未有的疼痛，她的第一個想法是：我永遠不想讓我的女兒或孫女經歷這一切。她和克里斯知道，她還需要一段時間才能安全地嘗試懷孕，但他們開始深入研究計劃生育方案，因為他們現在知道他們的孩子有50％的可能遺傳基因突變。兩人決定，如果布莉琪的生育能力維持住了，而且如果他們負擔得起——兩個非常

---

* 對於將卵子冷凍和人工生殖技術等於生殖自由這種流行觀點，還是讓我感到矛盾。我經常思考這個問題，最近一次是在聽 podcast 節目《取卵》(The Retrievals，暫譯)時，這是由 Serial Productions 和《紐約時報》聯合製作的五集敘事系列，聽完令人毛骨悚然。「基本上從一開始，生育治療的核心矛盾之一就是：這是父權制度還是女權主義制度？」[20] 記者兼主持人蘇珊・伯頓（Susan Burton）說。「一方面，你有一個自上而下的系統，坦白說，是由男性設計的，有大量的藥物和醫生告訴你如何處理你的身體。另一方面，能夠決定何時以及如何生孩子——以及生殖醫學為各種情況的患者提供的可能性——這也是生殖自由。如果你有機會接觸到的話。」

大的如果——他們將對兩人的胚胎進行基因檢測，並選擇最健康的一個利用體外受精懷孕。他們會使用 PGT-M，這是一種對胚胎進行的檢測，旨在尋找特定致病基因的存在，因此得以識別哪些胚胎沒有 BRCA 基因突變。[†] 現在，布莉琪很有信心自己能夠戰勝癌症，但可能因此無法生兒育女反倒讓她憂心不已。我當然會戰勝癌症，她在被診斷出癌症的那週在日記中寫道。但一想到這可能會剝奪我們擁有孩子的能力，我就無法釋懷。在克里斯的商學院畢業典禮那天，布莉琪在觀眾席上垂淚，想著她原本應該跟他們的小寶貝坐在一起，而不是惶恐著她是否會有孩子。

布莉琪完成化療的幾個月後再次來了月經，這時她的腫瘤科醫生告訴她，她的「卵巢非常強壯」。她高興極了。在等待醫生同意開始冷凍胚胎的期間，她做了她在壓力情況下通常會做的事：列出待辦事項清單。她研究了保險選擇，加入了線上支援團體，以及緊盯她和克里斯的儲蓄帳戶餘額。[‡] 布莉琪被診斷出癌症大約兩年後，也就是完成癌症治療六個月後，她進行了第一次取卵，用克里斯的精子使卵子受精，並對所得胚胎進行基因檢測。在接下來的三年裡，她爭分奪秒做了六次取卵，想在不得不動手術切除輸卵管和卵巢之前[§22]，盡可能冷凍

[†] PGT-A 是一種更通用的植入前基因檢測形式，可篩檢常見的染色體異常。選擇性胚胎移植——識別和使用成功懷孕機會高的胚胎過程——是許多有遺傳性疾病風險夫婦的一種選擇。

[‡] 他們製造出 19 個胚胎，都使用 PGT-M 做了 BRCA1 檢測；其中五個沒有 BRCA1 突變且染色體正常。

[§] 為了降低卵巢癌死亡風險，外科醫師通常會為攜帶 BRCA1 基因突變的女性（通常在 35〜40 歲間）切除卵巢和輸卵管。理想情況下，這時她們已經完成生育。

第十五章　重新想像生殖　　399

更多的 BRCA1 陰性胚胎。因為體外受精、基因檢測和得以挑選胚胎，布莉琪擺脫了可能透過自然懷孕遺傳 BRCA1 的擔憂和內疚。33 歲時，她用兩人染色體正常的冷凍胚胎生了一個兒子，後來又生下一個女兒。兩個孩子都沒有 BRCA1 突變。

布莉琪告訴我：「我非常感激科學讓我們能夠做出這樣的選擇，讓我們的下一代過上更安全的生活，我也很感激我們的保險涵蓋這部分。」*面臨威脅生育能力疾病的人，往往要焦頭爛額地從各種來源籌錢來保護其生育能力[23]，龐大的財務壓力讓原本就已沉重的情況雪上加霜。目前關於生殖權利的政治氛圍，也讓她的感激之情更加高漲。「當我需要墮胎時，我馬上就預約好在距離我家不到五公里的診所，安全合法，」她說。「我負擔得起。我經常想到這一點：有多少女性和夫婦，尤其是現在，必須做出跟我們一樣令人心碎的決定，卻沒有機會或手段給自己最好的機會治療癌症。這實在令人氣憤。這根本就和『捍衛生命權』背道而馳。」

胚胎基因檢測很複雜，除了許多優點外，肯定也有缺點。但布莉琪的故事清楚展示了體外受精和基因檢測的力量。當我回想她所經歷的一切，我再次被使她能夠擁有親生孩子的先進科學和技術所震驚——為什麼要發明這些技術，它們使什麼成為可能，以及它們所帶來的一切。人工生殖技術，已經讓數

---

* 克里斯當時的雇主承擔了四輪體外受精費用；最後兩輪由布莉琪的雇主承擔。後來布莉琪回想時說：「我敢說，如果我們沒有保險，體外受精與 PGT-M 可能不會成為我們的選擇，而我對自己生育能力和這種情況的許多感受，很可能截然不同。」

百萬人的生活變得更好。它將繼續提供幫助。但我也理解另一種更冷靜無情的觀點：我們可以使用某些工具來製造嬰兒，並不代表我們應該這樣做。生物界線和倫理準則要求我們思考那些沒說出口的問題：科學到底能將人類生育能力的界線推到多遠？又應該到多遠呢？

關於生殖倫理的思辨

我們這個領域，比醫學範疇的任何領域都更有能力真正改變我們所知的社會，我手機螢幕上的文字這麼寫著。這則簡訊來自紐約 Shady Grove Fertility 的體外受精總監安娜特・布勞爾（Anate Brauer）博士。我曾多次發簡訊向她詢問，我所了解到的最新生物醫學技術可能有何影響。我知道，像布勞爾博士這樣的生殖醫師，長期以來一直在權衡這些新的人工生殖技術發展的潛在影響，近期她和其他專家的對話，幫助我澄清了其中的一些道德和倫理影響。

隨著基因檢測變得更加複雜和普遍，有關篩選胚胎和對其進行處置選擇的決定，將變得更加困難。這是一條充滿爭議與風險的道路。體外配子生成，可能加速走向設計嬰兒的未來。人類胚胎中的 DNA 編輯引發了倫理問題，即有爭議的基因編輯技術在臨床上用於修正胚胎缺陷，甚至讓胚胎升級。這樣的實驗室過程也允許使用 CRISPR[†] 等 DNA 工程工具，進行不受

[†] CRISPR 指的是 clustered regularly interspaced short palindromic repeats（聚集規則性間隔短迴文重複序列）（非常拗口）。

限制的基因編輯，使體外受精原本就有的爭議更為加劇：對於選擇性墮胎和優生學篩選的憂懼。不過，在此之前，人類基因工程的進步，可能會透過植入前基因檢測來體現。隨著遺傳學家愈來愈熟練地繪製出與人類特定屬性相對應的 DNA 序列，植入前基因檢測——可允許性別選擇的技術，美國體外受精患者一直在使用——可能會愈來愈多地用於更詳細地篩選胚胎，包括智力[24]甚至外貌特徵。對於像布莉琪這樣的人來說，植入前基因檢測是一項改變人生的技術，讓他們可以生下孩子、又不會遺傳某些不良的基因突變，但不難想像，這項技術未來會成為公眾選擇性廣泛使用的另一種人工生殖技術形式。

關於生殖革命的倫理和哲學辯論愈演愈烈，而這又要回到人工生殖技術缺乏監管的問題，以及這種缺乏監管如何導致生殖行業在沒有太多法律或道德約束的情況下，迅速發展。為此，《科技嬰兒》（*Babies of Technology*，暫譯）一書的作者概述如果能建立一個聯邦行政機構[25]，負責維護美國所有人工生殖技術療程，以及卵子和精子使用情況的資料庫，會是什麼樣子。作者說，擁有這樣一個機構的優點，包括監控生育診所的廣告以確保準確性，以及——可說是最重要的——確保所有不同社會經濟水準的人，都能平等獲得生育治療的機會。監管機構還可以制定詳細的規則管理診所的運作方式，並有權懲戒不遵守規定的診所。這是一個令人嚮往的願景——遺憾的是目前連影子都還沒有。

總而言之，這些科學發展預示著生殖完全在體外進行的未來。史丹佛大學生物倫理學家亨利・格里利（Henry Greely）

在《性的終結》（*The End of Sex*，暫譯）中寫道，以生育為目的的性行為即將過時。他認為，遺傳學和幹細胞研究領域的技術發展，意味著在不久的將來，「人類將開始非常廣泛地、有意識地選擇遺傳變異，進而至少選擇我們孩子的一些性向和特徵。」[26] 這才是最可怕的事。直到深入這趟旅程，我才完全理解這一事實。我愈了解科技如何從根本上改變生殖，就愈是對創造人類生命的低效、複雜、極度隨機的舉動著迷。我也愈來愈鍾愛我的一個卵巢，希望有一天它能產生一個卵子，與一個好的精子相遇，在我體內子宮的溫暖巢穴中生長。大多數女性仍在以老派的方式生孩子。但如果格里利的預測是準確的，生孩子的性行為遲早會被拋棄，那麼，我期待能在嘉年華落幕前趕緊感受一次。

生命中的美好意外

　　幾年前，聖誕節後的第二天，我的哥哥嫂嫂把一張節日賀卡推過餐桌，示意我母親打開。裡面是一張超音波照片，背面寫著預產期。我的父母笑容滿面——他們成為祖父母的願望即將實現——而我的眼淚也不自覺地湧出，一半是因為震驚，一半是因為喜悅，整個人激動不已。幾個月後，在疫情期間，我哥哥嫂嫂的第一個孩子，一個健康的女嬰出生了。這是一個謙卑的提醒，儘管我們試圖預測和控制一切，但關於生活中最重要時刻的選擇，有時總是會出人意料。

　　在疫情期間，我發現自己在思考我和班分手後的感想：

不確定的事太多,除了知道我們的關係中缺少一些基本的東西——深層的相互信任與尊重,這是我事後才意識到的——以及如果少了這一點,我就無法更進一步,無法在我的理智和內心中讓這段關係繼續下去。現在我對卵子冷凍也有類似的感覺。有一段時間,我無法信任自己在凍卵方面所做的或未做出的任何決定,除非我確信自己已經竭盡所能地了解它的各個方面。因此,隨著我的旅程進展,我走得更遠、更深入,去尋找我所尋求的答案,相信這世界——科學、故事、不容分辯的事實——勝過相信自己。但我走得愈遠,就愈意識到我所尋求的答案就近在眼前。我初次稍有這樣的感悟,是在不久前的義大利之行——那一刻一切都改變了。

第十六章

一名記者和她的卵巢

走進過去

那是幾年前的一個九月,我飛往義大利參加一位家中故交的婚禮。動身之前,我寄了電子郵件給娜耶拉・法布里博士和艾萊奧諾娜・波爾庫博士(這兩位生物學家和生殖醫師 30 年前在波隆那大學的發現,永遠改變了凍卵的發展軌跡),請求見面。我想知道在她們開發這項技術的幾十年後,並在近幾年成為主流,她們現在對這項技術的看法。我們在走向何處?

在從米蘭到波隆那的火車上,我複習了我的筆記。抵達後我從火車站步行到波隆那大學,一邊讚嘆壯觀的門廊——兩側排列著柱子、上有遮蔽的人行道——這座城市最著名的景色。我經過精品服飾店和停滿摩托車的小巷。聖母瑪利亞的雕像遍布各處,這座城市的天主教根源隨處可見。波隆那大學和我想像的一模一樣,富麗堂皇、古老莊嚴。我走進大學的醫院大

樓,打電話給生物學家法布里博士,讓她知道我已經到了。(這兩位博士已經沒有一起工作,所以我在她們各自的辦公室與她們見面。)幾分鐘後她來迎接我。

法布里博士穿著實驗室的白袍,胸前的口袋裡插著鋼筆,脖子上掛著繫在鍊子上的粉紅色眼鏡。她有一頭金色直髮,膚色蒼白,塗著藍色的睫毛膏,沒有塗指甲油。我跟著她穿過大樓內部,來到位於地下室的辦公室,就在她工作的實驗室附近。淺棕色的走廊讓我想起了 1970 年代的更衣室。看起來和感覺起來與我在家鄉參觀過明亮、現代化的卵子冷凍診所,截然不同。不過倒也不令人意外,畢竟這是研究型醫院。

「坐吧,坐吧,」當我們進入她的小辦公室時,法布里博士說。我坐在她辦公桌對面的椅子上,環顧四周。成堆的文件、幾張在會議上拿到的掛牌、一面小壁鏡。在她身後的塑膠檔案櫃疊得很高。一片雜亂之中,有幾個小物特別引人注目——一張賀卡上有一個卵子和精子正在互相交談,而電腦的螢幕保護程式是一碗義大利燉飯。

我們談及她在 2001 年因成功冷凍保存人類卵子的新穎(預玻璃化,pre-vitrification)方法,而獲得的全球專利,以及她如何開始飛往世界各地的實驗室和研討會談論這項技術。當我們討論到這個產業的發展方向時,我問法布里博士,她是否認為卵巢——而不是卵子——冷凍是生育力保存的未來趨勢。「不是未來——而是現在,」她糾正道,然後滔滔不絕地講起他們系所最近發表的一項長達 20 年的臨床研究,涉及超過一千名接受卵巢組織冷凍保存和移植的患者。[1] 法布里博士

解釋，卵巢組織冷凍是目前唯一適用於青春期前女孩，和無法冷凍卵子的成年患者生育力保存技術。

在她看來，出於非醫療原因冷凍的女性，冷凍卵巢組織可能會比冷凍卵子更適合，部分原因不光是為了卵子和寶寶，正如我們所看到的，它還可以重新啟動荷爾蒙產生和推遲更年期。這似乎很合乎邏輯：如果你可以保留整個工廠和製造新車的能力，那何必只保留十幾輛車呢？「如果 Google 決定冷凍保存卵巢，」她說，意思是，如果 Google 願意像凍卵一樣為女性員工支付冷凍卵巢組織的費用，「世界上的每個人、每個診所，都會開始做這件事。」

生命中的美好意外

那天下午，我坐在大學醫院前的石牆上等波爾庫博士。開始下小雨了，夏末的細雨。我們約好見面的幾分鐘後，一輛黑色的汽車加速駛向入口處，擦過一根高高的石柱。我嚇到站起來。那輛車剛剛是不是撞上柱子了？它怎麼停到走道上而不是馬路上？我看到從駕駛座鑽出穿著一身黑的高個子女人。她繞過柱子，汽車還碰在那上面。這不可能是波爾庫博士——

「娜塔莉？」她朝我的方向輕喊著，直盯著我。

我把包包掛上肩膀，開始朝她走去。「波爾庫博士，」我伸出手說。她握了一下就放開了。

「下雨，」她指著自己的車說道，像在解釋。「來吧，」她說完就朝玻璃門走去。我們輕快而安靜地走在一樓的大走廊

上。我還在想,她就那樣把貼著柱子的車留在走道上了。

波爾庫博士的辦公室很寬敞,有著大扇的窗戶,當我們走進去時,強勁的空調冷氣迎面襲來。「要不要來一顆巧克力蛋?」她問道,一邊遞給我一顆用粉紅色箔紙包裹的糖果。看到波爾庫博士的第一眼,我第一個想到的是。她的外表與法布里博士簡直就是對比。波爾庫博士與她的前同事年齡差不多,都是65歲左右,她的膚色較深,有著一頭深色捲髮,穿著黑色長裙和黑色鞋子。與法布里博士的淺淡明亮相比,她就像是暗色版本。

我們談話時,波爾庫博士坐在辦公桌前。她身後的布告欄釘著一張1999年10月報紙上她自己的照片。「這看起來像是一個奇蹟,因為沒有人相信人類卵子受精和懷孕的能力,」她回憶起1997年,她和法布里博士首次成功以凍卵帶來活產的傳奇故事。

法布里博士負責的,是改變遊戲規則的冷凍保護劑解決方案,波爾庫博士發現使用單一精子卵質內顯微注射——也就是將精子直接注射到卵子中,使其受精的方法,至關重要。波爾庫博士告訴我,在論文發表後不久,她在美國生殖醫學會年度會議上,接受了幾次記者採訪,以及當美國的生殖醫師來到義大利學習這項技術時,她感到多麼自豪。當我問及她對卵子冷凍研究的投入時,她解釋說這主要是因為,有數以千計的胚胎冷凍後被拋棄。「我相信人類可以在醫學上取得進步,不用以這種糟糕的方式破壞和涉及生命根源,」她說。

回到原點

　　我早就打定主意,要利用與兩位世界一流的卵子冷凍專家交談的難得機會,向她們詢問我個人的卵巢與卵子難題。當我告訴法布里博士我反覆猶豫是否要凍卵時,她做了個怪表情——沒有試圖隱藏——當我問她為什麼面露擔憂時,她告訴我我還年輕,但警告我別等到 35 歲後才去做這件事。「那更接近危險期,」她指的是卵泡逐月減少,「到時候下降幅度會更大。」波爾庫博士的說法更為直率。「就你而言,你應該冷凍,」她就事論事地說。「每一天、每一月,你都會面臨卵巢再次扭轉的風險。如果你現在懷孕了,那是件好事。但就算是這樣,如果你很容易發生卵巢扭轉,它也可能在懷孕期間發生。」

　　我不知道自己希望波爾庫博士說些什麼,但顯然不是這些。我還來不及回答,她就接著說:「在這裡做吧。」她的語氣很有說服力,有些咄咄逼人,但也很熱情,非常義大利。「省下你的錢,在起源地也是最好的地方進行手術。」波爾庫博士解釋,在義大利,如果有醫療原因,女性可以免費接受卵子冷凍。政府買單。當我提醒她,我不是義大利公民時,她好像沒有聽進去,並告訴我這可能會花費我 5000 歐元左右——在美國做冷凍卵子的話要花好幾倍的錢。「美國的價格太瘋狂了,」她說。「在錢是主要目標的地方,醫療就不會好。對病人不利,對醫學不利。」她停了下來,伸長脖子向窗外看去。「哦,太好了,我的車還在。」她解釋,有時當她把車停在大

樓入口前的走道上時，大學的工作人員會把車移走，但今天她運氣好。

話題從懷孕期間卵巢發生問題的風險上轉開，讓我鬆了一口氣——我的卵巢相關擔憂清單上又增加了一項——直到波爾庫博士又補充了一句：「只剩下一個卵巢風險很高。如果你是我女兒，我會替你做。」我驚訝地揚起眉毛。波爾庫博士無意中說出的話，和諾伊斯醫生在我最後一次見到她時，她對我說的話大同小異——那是我和諾伊斯醫生的最後一次約診，儘管當時我並不知道那會是最後一次：如果你是我女兒，我會叫你去做冷凍。當我向波爾庫博士提到這一點時，她說：「你知道的，妮可．諾伊斯是在這裡學會這項技術的。」

到了這時候，我可能不該對我的凍卵之旅繞了一圈又回歸原點，感到如此驚訝。

當我走出醫院大樓時，太陽已經漸漸西沉。我一路小跑想趕上火車返回米蘭，我的黑色平底鞋在凹凸不平的鵝卵石上不停打滑。終於及時趕到，我整個人癱在座位上，大汗淋漓，氣喘吁吁。我把鼻子貼在窗戶上，看著外面飛馳而過的風景。地平線上一抹血紅。過了幾個月，我才把這一切串連起來：正好是四年前，在大洋彼岸同樣溫暖的九月某一天，我走進曼哈頓一家酒店內熱鬧的房間，走進了卵子冷凍的未來。這就是這趟旅程開始的地方。今天，我踏入了卵子冷凍開始的地方——不久之後我才意識到，這裡也是這段旅程尾聲的一部分。

在義大利待了幾天後，我搭上飛機回家。當飛機接近落磯山脈並開始下降時，我向窗外望去，看到一個更大的故事。身

為一名追求卵子冷凍手術的年輕女性，以及作為撰寫有關生育力不斷變化的格局和革命性生殖技術的年輕記者，我親身經歷了卵子冷凍的轉變。回想著一路以來的曲折情節、猶疑不定的時刻，以及在這個決定上反覆掙扎的我。20 歲，在醫院，卵巢奇蹟般地保住了。25 歲，看著地鐵上的凍卵廣告笑出聲，從第一次踏入冷凍卵子雞尾酒會那一刻起，就對搶先一步而感到沾沾自喜。30 歲之際，單身且不確定，視角現在轉向內心，因為我發現自己照亮了堅持一生的信念：我注定要成為母親。

大多數旅程都有其階段，我到現在才明白，這趟旅程也不例外。一開始是困惑，然後是憂慮和恐懼，現在則是一種模糊的接納和決心。我終於明白，要做出凍卵的決定，我需要的不是時間。也不是花費多年報導或爬梳我的醫療紀錄，試圖拼湊出痛苦的手術，以及我的生殖系統到底發生了什麼事及其原因的故事。而是這個：容許自己放下這個決定，知道我可能無數次地做出又推翻這個選擇，但不管哪一個答案都不會完全正確。

變樣的故事

回到科羅拉多州後，我開始和一個比我大幾歲的男人約會。他是一位電影製片人，聰明而複雜，有點離經叛道。非常敏感而有耐心，有著狂野的心靈和任性無禮的一面，而我覺得這樣很可愛。他有時會沉浸在自己的世界，就像藝術家一樣。

他教我攀岩、衝浪和抽菸。他向我提出挑戰，以一種夾雜了煩惱和挫敗的方式促進我的成長。我們會熱情地聊上幾個小時，談論夢想和抱負、我們喜愛的書籍和音樂、我們一起製作的敘事電影。性愛是如此美妙，幾乎每次過後都讓我們久久失語。

和電影製片人墜入愛河，就像攜手前往一個尚不存在的地方。那種興奮令人目眩，就像我們去衝浪時，並行跨坐在各自的衝浪板上，注視著巨浪，這些巨浪讓我們感到非常渺小，但一點也不孤單。有時我會看著電影製片人，清晰而篤定地知道，我們擁有其他人窮盡一生都在尋找的東西。在夏威夷一片碰巧找到的黑沙灘上，在感恩節我父母山屋的廚房裡，牽手在蘇荷區的鵝卵石街道上，在下加州（Baja California）深藍大海中從我的衝浪板到他的衝浪板——一股小但強烈的湧動，讓我的心跳漏拍，某種宇宙力量在撥動我們的連結之弦。

我們的關係沒有一條清晰的主線，也沒有一個合理的敘事大綱。他來來去去，長期離開博爾德去外地，我不介意，直到我開始介意。我們分手了；我們又復合了。關於承諾他總是含糊其詞，而我則對自己的需求吞吞吐吐，難以誠實表達自己想要什麼。說真的，我從來沒有對任何人有過像對他那樣的感覺。我也從來不曾為任何人有過那樣的感覺。但我不敢對自己承認這一點——更不用說對他承認了，尤其他總是一副隨時要抽身而去的樣子——這讓我們很容易因為白熱化的化學反應，和知識上的惺惺相惜而傾心投入，卻又在面對情感的親密和為讓關係長久該做的努力時，猶豫不決。感覺複雜和精采地活著還不夠，不管我有多麼希望這樣就夠了。此外，我們對孩子的

渴望也不同。我知道，電影製片人會成為一位很棒的父親，但有時他說不想要孩子，有時又說他不確定。這對很多人來說是老掉牙的故事，但對我來說是新鮮事，又過了一段時間，我才忍痛從我們微妙而激烈的糾纏中抽離。這一次，我們兩人都以各自悲傷但真實的理由說服自己離開，感覺真的走到了盡頭。

愛會讓你感到束縛和自由，不是一定要大聲索求並緊緊抓住才是真愛。電影製片人讓我學會了這一點。他還教會我──更確切地說，是向我展示──質疑即使是看起來最確定的事情，也可能是健康且有幫助的。他在和我討論未來可能一起生孩子時，有時會溫和地挑戰我那不容分辯「我想要孩子，而且向來如此」的立場──不是因為他想讓我改變主意，而是因為他真的對這種信念的根源感到好奇。坦白說，這是一個很好的問題：我想要有親生孩子的畢生願望，是如何成為我所篤定的一件事，也許是唯一一件事？我沒有得到一個徹底、強而有力的答案，直到現在還是沒有。但是，雖然審視過後我內心的篤定並沒有因此削弱，但我不再緊抓不放精心描繪的寶寶和親職願景──我開始擁抱這樣的可能性：對我來說，就像對其他許多人一樣，母職可能會以各種意想不到的方式展開。

這不該是為回應焦慮

這個故事原本可能有截然不同的走向。幾年前那個微風徐徐的夏日，可能會發生這樣的事：我可能失去剩下的卵巢。那可能將是我第二人生的第一天，從此成為一個無法生育孩子

的 20 歲年輕人。然而，第二次手術的那一天，我獲救的卵巢引發了一段複雜的旅程，因為一個我原本從未需要或想要去問的問題——關於卵子和卵巢，以及更多：我將自己的身分認同押在我的生育能力，以及按照我的條件和時間表懷孕的能力程度上；生殖科技的力量與影響；我渴望保證和握有主控權的習慣。心裡想著變樣的故事，我再度與曼蒂、蕾咪和蘿倫聯繫。

曼蒂現在 35 歲左右，她和昆西還住在奧克蘭，住在以前我去過的同一棟房子裡。我們剛通電話不到一分鐘，她就分享了一個重大消息：她懷孕三個月了。她和昆西的胚胎仍然在冰存，沒有動。「我在嘗試懷孕的過程中，因為已經冷凍了胚胎，所以超級放鬆的。」當我問到自然受孕是否改變了她對凍卵的看法時，曼蒂說：「儘管我知道我們不能百分之百依靠冷凍胚胎，但至少是個慰藉。」有一段時間，母職仍然是一張永遠比不完的利弊清單，但在冷凍胚胎後的某個時間點，她開始愛上了生孩子這個想法。「我一直害怕不確定性，而現在我懷孕了，這是最不確定的事情，」她笑著說。「直到我接受了這種不確定性，我才開始感到興奮。現在我敞開懷抱迎接未來。我不再感到徘徊不定，因為我全押了。」我已經習慣了她聲音中的焦慮，但今晚在電話裡，她聽起來很平靜。她告訴我的這些話裡帶著一種力量，甚至是智慧，讓我不禁泛淚。

雖然，曼蒂在冷凍胚胎後的很長一段時間內，都對自己冷凍胚胎的決定感到滿意，但現在她對為此投入的所有金錢、時間和壓力，有了不同的感覺。一開始她和昆西對能這麼快懷孕感到非常興奮和驚訝。但現在她告訴我，「我覺得被騙了。自

從我發現卵巢有囊腫後,過去十年我一直很害怕。結果我一下就懷孕了,我忍不住會想,『那這一切是為了什麼?』」再回頭看,她很希望自己當初沒有被焦慮帶著走。她被吸進一個她現在描繪成試圖灌輸恐懼的產業。「卵子冷凍被視為一種解決方案,但它並不真的是——而且通常,就像我的情況一樣,我甚至不知道是否真的有問題。」她說。「我花了數千美元,打了一堆可怕的針,經歷了那麼多情緒上的折磨。我所做的一切都是為了感覺更安全,試圖掌控自己的未來。但我現在知道了,你無法掌控人生。誰都沒辦法。」至於她現在對卵子冷凍的看法,她告訴我,「我希望我當初沒有做。當然我現在說這話很容易,因為我已經懷孕了。但我想我們永遠不會用到這些備用的冷凍胚胎。如果我將來真的想要更多的孩子,可是沒辦法自然受孕,我真的覺得我也不會怎麼樣。」

她停頓了一下。「不光是我的卵巢比我想像的更有韌性,我本身也是一樣,」她的聲音柔和而穩定。「而且我現在還是這樣。」

在我們掛斷電話前,曼蒂告訴我她的預產期是什麼時候,我聽了倒抽一口氣:她的預產期是我生日。我們為這種首尾相接的感覺而笑。在她分娩前幾週,曼蒂發簡訊告訴我,她的懷孕應用程式告訴她,如果你懷的是女孩,她已經具備了她這一生中能有的所有卵子。曼蒂呻吟了一聲然後笑出聲,當我讀到她的訊息時,我也笑了。

※

對即將滿 40 歲的蕾咪來說，生活發生了很大的變化。在我們最後一次交談的幾天後，她在約會應用程式上遇到了一個人，之後傳了一張他們兩人去健行的照片，看起來正在熱戀中。見見湯瑪斯[*2]，她在訊息中寫道。99.9% 是那一個。幾個月後，她傳了一張驗孕呈陽性的照片給我。他們在一個月前才停止使用保護措施，原本以為以蕾咪的年齡，他們可能需要一年的時間才能懷上，但當她幾乎立即懷孕時，他們感到非常驚喜。他們在北卡羅來納州的一座法院結婚，然後搬回蕾咪的家鄉加州。等我們視訊時，現在已經是主治醫生的蕾咪正在休產假。她容光煥發，頭髮高高地盤起，正在給一個月大的女兒餵母乳。她身後的壁爐架上裝飾著聖誕襪和蕾咪的幾顆水晶，都是湯瑪斯精心布置的。

她和湯瑪斯開始約會後不久，就談到她的冷凍卵子。「有它們做後盾，讓我感到非常從容，」蕾咪說。「我們想要第二個孩子，但會再等一等。」她曾經對湯瑪斯開玩笑說，如果她要走使用精子捐贈者為她的凍卵受精的那條路，他擁有她會選擇的所有特徵，並告訴他，「你正是我想要交配的那種表現型！你是我的百萬美元精子。」蕾咪經常很樂觀，即使在她很累的時候也是這樣，但當我們交談時，我注意到她看起來是多麼踏實和快樂。她確實是。「我再做夢一百萬年也想不出我現在生活的現實，」當她的女兒挨蹭著轉過頭去時，她說。

然後，當他們女兒四個月大時，蕾咪發現她又懷孕了。第

---

* 此處為化名。

二個孩子來得有點出乎意料。等她和湯瑪斯從震驚中恢復過來後，他們興奮極了。在她第一次懷孕期間，蕾咪告訴我，他們未來的寶寶很可能得用到她的冷凍卵子。現在她說：「冷凍卵子費了那麼多事啊！」

永遠無法確定

在一個溫暖的秋日早晨，我在公寓附近的一家咖啡館和蘿倫見面，她現在已經將近 45 歲了。我上一次見到她是在休士頓，當時她意外懷孕了——在經歷了可怕的卵子冷凍驚嚇後，但不是用她的冷凍卵子懷上的。現在她幾乎是獨自撫養孩子。她的兒子伊森坐在我們中間，一邊舔著早餐捲餅上的酸奶油，一邊玩著散落在桌上的玩具車。他們來這裡拜訪一位朋友，蘿倫以前在博爾德上大學，她很高興能帶伊森來她以前住過的地方看看。她穿著牛仔褲、垂墜的紅色上衣，戴著超大太陽眼鏡，深棕色的頭髮在腦後盤成一個髮髻。我問起她的冷凍卵子，想知道它們怎麼了，蘿倫告訴我她不知道它們在哪裡，這讓我很震驚。她收到了來自不同廠商的儲存帳單——她凍卵的診所多年來多次更改了計費系統——她猜她的卵子還在診所裡，但不確定。[†]「我對我的卵子安全無恙的信心為零，」她告訴我。她最後還是放棄了針對柳菩林過失，和第一次失敗的凍卵療程採取法律行動。那只會讓她再花一大筆錢，帶來更多

[†] 蘿倫打了好幾通電話試圖確認她卵子的位置，但一無所獲。她沒有支付儲存費用，也不願意付給診所或相關廠商更多的錢，她的卵子冷凍療程簡直就是一場噩夢。

壓力。「當時我壓力太大，心煩意亂，無法承受訴訟帶來的更多壓力，」她告訴我。

雖然蘿倫仍然有些怨念，但由於她出乎意外的幸福結局，蘿倫並沒有因為冷凍卵子的命運而失眠。它們代表的是她再也不需要的備用計劃。「如果我沒有冷凍卵子，我永遠不會擁有伊森，」她一邊告訴我，一邊遞給四歲的伊森一張一美元的鈔票，讓他交給附近拉大提琴的音樂家。幾分鐘後，伊森帶著開心的笑容蹦蹦跳跳地回到桌子旁。蘿倫一直不確定自己該如何生孩子，直到她年近 40 時開始考慮凍卵，以及她告訴我，她懷疑自己是否有勇氣成為單親媽媽。然後，在她打破卵針的那天晚上和之後的幾個月裡，她的生活以她從未預料到的方式發生了變化。如果能重來一次，她還是願意，不過她會在更年輕的時候冷凍卵子。她有了伊森，雖然經歷了可怕的卵子冷凍磨難，也或許那正是原因——她永遠無法確定。但如果會改變她現在的結局，那麼她不會改變發生過的任何一件事。

11 個美麗的卵泡

所以，我打算拿我的卵巢怎麼辦？

一部分的我希望這是一個明智的回答，而不是糊塗了事。但我已經記不清有多少次，我坐下來思考這個我很想回答的問題，然後又擱置了。我花了很多年才做出關於凍卵的決定。還因此寫了這本書。

隆冬的某一天，我躺在床上，望著窗外結冰的樹枝。在我

手中——多年前我卵巢的超音波照片，現在已經褪色變灰，以及我最新的照片，閃亮而清晰，來自幾天前我的婦產科年度回診。在預約時，我要求做經陰道超音波檢查我的卵巢。「是的，我記得，你只有一個卵巢。」技師說道，她還記得我，而我前一次做超音波檢查是兩年前了。「你知道該怎麼做吧，」她走出房間時說。我脫掉腰部以下的衣物，躺到檢查台上，把腳放到馬鐙上。技師返回並調暗燈光。幾分鐘後：「你有 11 個美麗的卵泡，」她一邊說，一邊將螢幕轉過來給我看。那是我的卵巢，裡面有卵泡，螢幕上是柔軟的黑色橢圓形，當她向我數出它們時，它們似乎在跳動。「耶！」我笑著說。可愛的小卵巢，我心想，臉上洋溢著一種奇怪的自豪和寬慰。看看你，還在努力工作。11 個未來的卵子。我們甚至還沒有嘗試；我們甚至還不需要它們。「你還有時間，」醫生幫我做完檢查、討論了我的卵泡數後告訴我。她談論的是我的卵子，但彷彿也在說我人生中一種價值觀的轉變。我的年齡意味著情況對我有利，即使只有一個卵巢——至少現在是這樣，在最佳情況下，未來幾年也是。離開婦科醫生的診間時，我深感安慰，儘管先前我並不認為有什麼問題；同時充滿希望，儘管我並沒有要嘗試懷孕。

時間。我還有，他們這麼告訴我。很多人沒有。

如果你是我女兒，我絕對會叫你冷凍卵子。兩位醫生的話在我腦海中迴響。徵詢多位醫生後又無視他們的建議似乎很愚蠢。現在看來依然如此。

但這正是我所做的。

在那個 11 個美麗卵泡的約診後，我對卵子冷凍做出了一個新的決定：我不再試圖做出決定。決定停止嘗試決定，其實是以更簡單的方式說不。當我們轉向、換路、離開、放手，清晰就隨之而來。當我們臣服，清晰就隨之而來。不一定總是如此，也許，但經常如此。做出決定這件事本身，幫助我們到達我們要去的地方。在地裡打下一根木樁，然後繼續前進。我終於領悟到，重點其實不是卵子。而是決定本身或停止決定會帶來什麼。所以，我放下了做出「正確」決定的念頭和隨之而來的壓力。長久以來，我對世界的信任超過了對自己的信任，多年來只朝外尋找證據和答案，幾乎從未往內探尋過——現在我到達了某種中間狀態。這裡朦朧而令人不適，然而無可否認的真實。

永遠無法確定

卵子冷凍是一項強大但不完美的技術。對很多很多女性來說，這是一個值得的選擇。但我在這麼久之後終於認定，對我來說不是。

如果錢不是問題，如果我們對生育藥物的潛在風險有更多了解，如果我確信會在五年內使用我的冷凍卵子，如果有可靠的數據證明有更多卵子能熬過解凍，我可能明天就會去冷凍我的卵子。但現在，我已經認定——除非出現某種緊急情況或緊急醫療需要，讓我不得不選擇冷凍我的卵子——我能為我的卵巢和擁有親生孩子的願望做的最好的事，就是照顧好我的身體

和我的心,盡我所能。按照醫生的指示繼續服用避孕藥,以保護我的卵巢並使它保持冬眠。如果當我準備懷孕時發現自己面臨不孕,我可能會決定做體外受精。如果有一天我真遇到了那條河,我就會渡過那條河。如果有一天我做了體外受精,但仍然無法擁有親生孩子,我只能希望這不會是我曾經想像中萬念俱灰的場景。我母親多年前的話現在又浮現在我腦海中:你還是會有孩子的,當我從拯救卵巢的手術中醒來時,她捏著我的手輕輕地說。即使他們不得不把它摘掉,你總有一天還是會成為母親。

　　屋外,黑影在傍晚的暮色中舞動。我把自己裹在毯子裡,凝視著臥室的窗外,超音波照片就放在我的枕邊。我想到了自己學到的一切和尚不知道的一切——以及有一天我會如何回顧這一切,尤其是這一刻,當我終於接受「不知道也沒關係」。我會記得自己步入 30 歲之際的感覺:未來整整十年正在敲門,而我正在重新審視我的問題。

✦

　　有一段時間,我偶爾會發現自己在想:也許我還是會去凍卵。因此,我想充分利用我的這段旅程發揮實際意義。本著這種精神,我提出以下幾個想法。

　　如果現在我要冷凍卵子,我會這樣做:我會參加 FertilityIQ 一些綜合線上課程,並使用其經過驗證的評論,幫助我選定信譽良好的醫生和診所,而且這個診所要能提供低利

融資選項和多療程折扣。我會強烈考慮在美國以外的地方冷凍，可能是在歐洲，因為費用只有美國的幾分之幾。我會詢問診所的胚胎學工作人員水準、實驗室規定以及冷凍卵子的懷孕率。在訂購昂貴的藥物前，我會研究專業藥房。我會將凍卵存放在使用 TMRW Life Sciences 儲存技術的診所，或 TMRW Life Sciences 生物儲存庫中，還有絕對會找一個對生殖選擇友善的州。我會停止服用避孕藥——這次會與我的婦產科醫生進行漫長的討論後——然後用 Modern Fertility 的家用試劑盒檢測我的荷爾蒙濃度，然後再請教生殖內分泌科醫生。我會使用線上卵子冷凍預測計算器，輸入我的具體數字，計算我可能會得到多少卵子。如果我與他人建立了忠誠的關係，可以預見自己會和他一起生兒育女，我可能會冷凍胚胎而不是卵子。

達成階段性任務

最後——如果你只能從這一串建議清單中記住一點，那一定是這一點——我不會把冷凍卵子誤認為冷凍時間。我會盡力不把我的冷凍卵子當成一種 OK 繃，一種掩耳盜鈴的理由，去推遲面對關係、想要孩子的願望和生活中出現的困難問題。因為，雖然卵子冷凍可以引發積極、強大的心理轉變，但它並不能保證女性對自己的生活有更多的控制權。她可能相信確實如此——蕾咪、曼蒂和蘿倫都有過這種感覺——但是，這種安心感的確非常真實，但實際的控制部分只是一種幻覺。接受這一點，會讓一切變得不同。

我知道你很擔心，也理解你可能會被那璀璨美景、潛力、力量以及圓滑的保證所吸引。我也曾陷進去過。無知、金錢和恐懼的完美風暴，使它成為一個極度誘人的世界，令人迷失。我也渴望得到答案，並擔心知道的不夠多，無法為接下來可能發生的事情做好準備，所有我們無法計劃的不確定性，都會改變我們的行進軌跡。

我知道你希望有一個人或一件事能告訴你該怎麼做。不幸的是，有太多人與事能夠且樂意告訴你該做什麼。你的身體說：滴答。你的婦產科醫生說，別傻了，你還年輕。嘗試一年後再來看。你的父母說，你還沒搞定自己的事業和愛情嗎？我在你這個年紀的時候……你的前男友說，也許你應該留在我身邊。你的社群媒體通知，你認識的每個人都結婚生子了，所以這裡有一個冷凍卵子的廣告，你會看到一千遍。你的雇主說，我們會支付費用，已經為你提供了保障。所以，去冷凍你的卵子，繼續工作，先別生孩子。（或者也許是你的工作說，卵子冷凍？我們甚至不涵蓋流感疫苗。）我知道這一切對你來說都很真實，因為我也經歷過。我有自己權衡風險和利益的方法，你也是。我們的最佳對策，就是利用手邊所能獲得的所有事實和知識，包括內心和外界，做出深思熟慮的決定。

只有你才能對你的卵子、卵巢和生育能力（無論是現在還是未來），做出這些決定。但其實這不是關於凍卵的是非題，不是嗎？而是關於不要相信你的生育能力是需要征服的這種說法。是關於不要將權力交給所有要求你屈服的人和事。是關於體認到權衡利弊很難，真的很難。是關於說，現在，No。這

樣你就可以更好地說，Yes, oh yes。

去找出屬於你的答案吧

當我著手寫這本書時，我打定主意要找出明確的答案。我的追尋卻長成了另一個樣子。對於蕾咪、曼蒂和蘿倫來說，冷凍卵子迎來了之後發生的事情，使她們變得更加開放、情願和接納。決定不冷凍卵子，對我也有同樣的效果。現在，我放棄了確定性。我不再試圖預測我的生育能力，也不再想知道未來是否能懷孕、成為母親、與伴侶生兒育女。我不再試圖想像結局了。

然而，我原本想從另一個角度報導許多人做出的決定，並說，Yes，你應該冷凍你的卵子；或是，No，你不應該去做。親愛的讀者，我沒辦法說這些話。我能提供的只有旅程上的路標。關於我走過或差點走過的那些岔路的喃喃低語。溫和提醒你，鬆開緊抓不放的方向盤。運用這些資訊，去斟酌你正面臨或即將面臨的決定。讓這項技術及其可能性，挑戰你。擁抱這些問題，即使它們會引起焦慮和不適。看不見的力量將繼續影響你，就像他們影響我一樣。將你的生活視為一系列的選擇，如實地看見。不要拖延該面對的問題。而且最重要的是：允許自己不知道所有答案。

我提供自己的經驗，以女性也以記者的身分，跋涉過這片生育之地。

而關於生育的科學和故事，仍在繼續。

致謝

在許多方面我都得飛快成長,才能寫出這本書。現在終於寫完了,我最想說的是:耶!

我們之所以是我們,能做我們所做的事,都是因為身邊的團隊。寫書也許是個人任務,但絕對不是一個人能做成的事。如果沒有許多最棒的人——家人、朋友、導師、師長、編輯——過去幾年來的支持與鼓勵,就不可能有這本書。而我永遠感激。

我知道這篇致謝無可避免會漏提一些人,如果我忘了提及,請原諒是我那凌亂的大腦出了錯,而非我的心。

非常感謝所有受訪者開放且慷慨的精神,尤其是大方分享個人旅程的幾名女性。我要深深感謝蕾咪、曼蒂和蘿倫,讓我進入她們的生活和凍卵經歷,希望我的文字如實公正地呈現了她們。還有班,又名 Ponman,我很高興當我在第一次約會時告訴你這本書,以及可能會把你寫進去時,你沒有起身逃離。謝謝你對新聞業和我的工作有著堅定不移的信念,謝謝你的優雅,謝謝你把起司凝乳(cheese curds)介紹給我。

說再多感謝也不夠的是我的文學經紀人,Elias Altman,感謝你熱情地接手這本書,並從一開始就大力支持。不是每個作家都有幸擁有一位經紀人同時也是才華橫溢的編輯。沒有比你更好的讀者和經紀人了。謝謝你留下許多寬慰的鼓勵字條——

現在還貼在我書桌前的牆上——感謝你在整個過程中堅定的指引。持續向前。

我衷心感謝夢幻編輯 Susanna Porter，她精闢的評論和嚴謹的工作，幫助我將這個故事打磨成形。身為新手讓人十分緊張，當我一路跌跌撞撞時，她以無限的耐心和同情心迎接著我。感謝你投入大量的時間，幫忙把這本書雕琢到最好。

Ballantine 和 Penguin Random House 的許多大好人，都為這本書付出許多，尤其是 Cindy Berman、Kim Hovey、Pam Alders、Sue Warga、Carolyn Foley、Brianna Kusilek、Allison Schuster、Robin Schiff、Barbara Bachman 和 Anusha Khan。謝謝你們為了把這本書帶到這世界所做的一切。

我很幸運能夠擁有傑出的老師和導師一路指引著我。紐約大學 Arthur L. Carter Journalism Institute 的傑出教授教導我成為一名年輕的記者，並提供了豐富的智慧。衷心感謝 Robert Boynton 的指導和持續支持；Brooke Kroeger 鼓勵我投稿，後來成為我第一篇載刊關於凍卵的故事；Ted Conover 關於沉浸式報導的啟發性教導；還有 Perri Klass 幫助我把這份材料從研究生論文塑造成書籍提案。感謝 Lauren Sandler 的忠告，我從她那裡學到了有關新聞和人生的重要課程。我深深感謝 Lauren Sandler 的 Bud 與 Beth Warner、Cassie Kircher、Crista Arangala 和 Drew Perry，他們將我塑造成作家、思想家和學習如何在世界上生存的人。也要感謝 Heather Gatley，對我早期有強大的影響。

我要格外感謝 Katherine Zoepf，在我有信心動筆之前，她

就在我身上看到了這本書──沒有她，就不會有這本書。感謝你寶貴的指導，你的友誼，以及讓我覺得我有話要說。

我要感謝 Kelsey Lannin 肩負起對本書進行事實核查的艱鉅任務，不錯漏任何一點；還要感謝 Kelsey Kudak 提供了重要的事實核查支持，並且非常敏感。衷心感謝你們讓這些頁面更加盡善盡美。也要感謝 Sarah Stodder，這位傑出的研究員很早就和我一起跌進了許多兔子洞。

這本書得到了 Alfred P. Sloan Foundation Program for Public Understanding of Science and Technology 的資助，我永遠感謝他們使我能夠進行事實查核和額外的研究。衷心感謝 FASPE 以及這項深具啟發性的獎學金，所提供的課程和專業人脈。非常感謝 Logan Nonfiction Program 和 Carey Institute for Global Good，給我空間和時間理清這本書的主題。也要感謝 Logan 其他才華橫溢的作家和創意人員，看到了還需要什麼，還要感謝 Adrian Nicole LeBlanc、Rafil Kroll- Zaidi 和 Mark Kramer 幫助我理清思路。

我衷心感謝眾多生殖內分泌學家、胚胎學家、創辦人和其他專家，其中許多人曾在書中提到或在註釋中引用，他們與我分享了他們的知識和時間，並在報導中占據關鍵角色。我要感謝我曾參考其關於生殖和生育力著作的記者、作家和學者，他們在這個領域的工作既有益又鼓舞人心，特別是 Marcia C. Inhorn、Anna Louie Sussman 和 Rachel E。我也要非常感謝以下人員的專業知識和幫忙事實核查（通常很少或根本沒有預警），幫助我找出自己的一些盲點和疏漏：Temeka Zore、

Lora Shahine、Leslie Ramirez、Natalie Crawford、Julie Lamb 和安娜特・布勞爾。感謝 Amy Sparks、Timothy Hickman 提供並幫助我解釋凍卵的統計數據，特別感謝 Society for Assisted Reproductive Technology 的 Ethan 和 Pat。

衷心感謝 Bridget Jameson 和 Jenn Brown 閱讀初期草稿，並提供寶貴貢獻；感謝 Alex Brokaw 那嚴厲的愛；感謝我的母親，她永遠在第一時間閱讀我寫的東西，也是這本書的第一位讀者。也要非常感謝 Susan Knoppow 在本書只是短短的 Google 文件時，給予支持和熱心指教，並感謝 Shannon Offerman 的建言。

幾位朋友和家人非常熱心地提供了編輯服務，很感謝他們的幫助。Michael Pearl、Hannah Stadlober、Katrina Lampert 和 Molly Varoga 將採訪轉成文字稿；Rachel Wood 回答了許多與生殖健康相關的醫學問題；Sean O'Connor 協助構思封面，並在此過程中提供了精明的見解。感謝 Elena Horn、Michael Orleans 和 Peter Cooper 陪同我前往義大利和加納的報導之行，並感謝 DeeDee Montgomery 促成了一次重要的討論。

特別感謝那些在我報導和撰寫本書不同部分時，在各個城市為我提供一張桌子供我寫作，和一張床供我安寢的人們，特別是 Brokaw、Montgomery 和 Corrao 家。感謝我在科羅拉多州和紐約的前治療師，幫助我在這一路上保持理智：Nancy、Evan、Rich、Marjorie 和 Emily。也要感謝讓本書的部分報導有個早期去處的刊物，以及我有幸與之合作的幾位才華橫溢的編輯，特別是《衛報》的 Jessica Reed、《紐約時報》的 Erik

Vance 和當時在《紐約時報》的 Bijan Stephen。

　　有許許多多非常好的人，太多了，無法在此一一列舉，在這次艱難的寫書任務中，用他們的友誼鼓舞了我，特別是在最後衝刺階段。這裡必須特別指出幾個人：Rachel Wood、Alex Brokaw、Jenn Brown 和 Sam Kern，他們讓我能一天天地堅持下去。無盡地感謝 Andrew Hyde 超出世間的慷慨，並在我最需要的時候提供了避風港、贊助和一杯威士忌。感謝 Sarah Maslin、Lindsey Smith、Laura Orland、Christine Cassaro、Hannah Stadlober、Lauren Lambert 和 Emily Montgomery，這些我生命中有幸認識的傑出女性，給了我源源不斷的支持。感謝 Kyle 在我步履維艱時的支持，在我最需要的時候為我加油打氣。感謝 Julie，謝謝你總是能讓我提起精神，感謝 Maggie 多年來用言語和爆米花滋養我。

　　一個、兩個、500 個擁抱，送給 Brumbaugh/Hiller 家族，我深深感激能與你們成為家人。謝謝你們帶給我的歡笑、溫暖，謝謝你們以各種方式接納我、愛我。

　　我的祖父母就在這些字裡行間。我母親的母親 Patricia Jameson 在我寫這本書的時候去世了。我想念您的笑聲和智慧，外婆。我永遠感謝我父親的雙親 Lauren 和 Sidney Ann Lampert，他們幫助我完成了大學和研究生學業，使我能夠進入作家一行。爺爺：我多麼希望能把這本書放到您手上。

　　寫這一部分非常困難，因為我不知道當這本書出版時，我親愛的外公 George 「Bud」 Jameson 是否還在我們身邊。但是外公，如果您正看到這裡，我想要您知道，能看到您拿著這本

書,要比任何人拿著都更令我高興。感謝您長期以來一直是我的頭號粉絲。您和您的人生將永遠啟發著我。

最後深深一鞠躬並致以永恆的謝意給我的家人:Peter Lampert、Alison Jameson、Katrina Lampert、Ben Lampert、Ali Lampert、Pete Groves(還有 Indy、Bear 和 Teddy。以及 Piper:我們想念你,小甜妹。)你們的愛和支持,是我生命中一切美好與真實的基石。

我非常幸運擁有這樣一對父母,他們教我追求自己的熱情,以及具有冒險精神通常就足夠了。他們堅定不移的信念和鼓勵,對我的意義遠超出言語所能描繪。媽媽,你是我羽翼下所乘的風。爸爸,我的磐石,你永遠是我第一個求助的人。永遠的擁抱與輕拍。

最後,我要感謝喬納森(又名電影製片人):我們的故事是這趟旅程中最意想不到、最精彩的部分。六年前,我們第一次去健行我向你提起這本書時,我怎麼也想不到我們會在它出版前三週結婚。你陪伴這本書的時光幾乎和我一樣長,並且始終相信我,即使在我都忘了要相信自己的時候。感謝你的一切,但特別感謝你以優雅和耐心,苦等我不得不「待在書洞裡」的漫長日子,並幫助我度過最艱難的時刻。今日更甚,前所未有的熱烈——我愛你。

全書註釋請掃：

The Big Freeze
A Reporter's Personal Journey into the World of Egg Freezing and the Quest to Control Our Fertility

大凍卵時代
一場關於選擇、控制與生育自由的真實故事

作　　者	娜塔莉・蘭珀特（Natalie Lampert）	出　　版	感電出版	
譯　　者	蔡丹婷	發　　行	遠足文化事業股份有限公司	
編　　輯	賀鈺婷、呂美雲		（讀書共和國出版集團）	
封面設計	許晉維	地　　址	23141 新北市新店區民權路108-2號9樓	
內文排版	邱介惠	電　　話	0800-221-029	
		傳　　真	02-8667-1851	
副 總 編	鍾顏聿	電　　郵	info@sparkpresstw.com	
主　　編	賀鈺婷			
行　　銷	黃湛馨	The Big Freeze		
		Copyright © 2024 by Natalie Lampert		
印　　刷	呈靖彩藝有限公司	All rights reserved including the right of reproduction in whole or in part in any form.		
法律顧問	華洋法律事務所　蘇文生律師	No part of this book may be used or reproduced in any manner for the purpose of training artificial intelligence technologies or systems. This edition published by arrangement with Ballantine Books, an imprint of Random House, a division of Penguin Random House LLC. Complex Chinese Language Translation copyright © 2025 by SparkPress, a Division of Walkers Cultural Enterprise Ltd. All rights reserved.		
ISBN	978-626-7523-51-3（平裝本）			
	978-626-7523-47-6（EPUB）			
	978-626-7523-48-3（PDF）			
		如發現缺頁、破損或裝訂錯誤，請寄回更換。		
定　　價	520元	團體訂購享優惠，詳洽業務部：(02)22181417 分機1124		
出版日期	2025年7月（初版一刷）	本書言論為作者所負責，並非代表本公司／集團立場。		

國家圖書館出版品預行編目(CIP)資料

大凍卵時代：一場關於選擇、控制與生育自由的真實故事/娜塔莉.蘭珀特(Natalie Lampert)著；蔡丹婷譯. -- 新北市：感電出版：遠足文化事業股份有限公司發行，2025.06
432面；14.8×21公分

譯自：The big freeze : a reporter's personal journey into the world of egg freezing and the quest to control our fertility

ISBN 978-626-7523-51-3（平裝）

1.CST：卵子　2.CST：人工生殖　3.CST：生殖技術　　　　　　　　396.8　　　114006354